Edizioni PensareDiverso
Collana "Il Campo di Coscienza".

Biologische Ordnung entsteht aus Unbestimmtheit.

Bruno Del Medico

Quantenbiologie und universelles Bewusstsein.

Die Hypothese der Verschränkung in Lebewesen.

Bruno Del Medico Editore.
ISBN 9791282549356
Edizioni PensareDiverso
edizioni@delmedico.it
www.giardinoquantico.it

Zusammenfassung.

Auf der Suche nach der verborgenen Intelligenz der Welt.

Es gibt Momente in der Geschichte, in denen sich die Wissenschaft, fast ohne es zu bemerken, an einer Schwelle wiederfindet. Es ist keine klare Grenze, sondern eine subtile Lücke, wie sie in Rumis persischer Mystik beschrieben wird, wo „die Tür, die du suchtest, bereits offen war". Heute führt diese Lücke direkt zum Kern einer Frage, die so alt ist wie die Menschheit selbst: Was ist Leben wirklich? Und vor allem: In welchem Verhältnis steht es zum Bewusstsein?

Seit über zwei Jahrhunderten operiert die Biologie erfolgreich innerhalb des mechanistischen Paradigmas: Zellen als Maschinen, Gene als Programme, Gehirne als hochentwickelte Prozessoren. Ein wirkmächtiges Narrativ, das vieles erklären kann. Aber nicht alles. Seltsamerweise entschlüsselt die Technologie das Unendlich Kleine und künstliche Intelligenz repliziert Funktionen, die einst als ausschließlich menschlich galten. Gleichzeitig scheinen manche Phänomene immer schwerer mit dem uns bekannten Verständnis von Materie zu erklären zu sein.

Dies geschah beispielsweise, als Physiker und Biologen entdeckten, dass viele lebenswichtige Funktionen – von der Photosynthese bis zur Sinneswahrnehmung, von enzymatischen Reaktionen bis zur embryonalen Morphogenese – Prinzipien der Quantenphysik zu nutzen scheinen. Kohärenz, Tunneln, Verschränkung. Begriffe, die ursprünglich das Verhalten von Elektronen und Photonen beschreiben sollten, nicht das von Zellen und Organen. Doch nun tauchen sie in der Dynamik des Lebens selbst auf.

Wohin führt all dies? Vielleicht zu einer radikaleren Sichtweise des Lebens: nicht einfach Materie, die sich selbst organisiert, sondern Information, die sich durch Felder, Symmetrien und nichtlokale Prozesse strukturiert. Eine Sichtweise, in der Leben nicht länger als biochemischer Zufall erscheint, sondern als Ausdruck einer tieferen Ordnung.

David Bohm, einer der führenden Physiker des 20. Jahrhunderts, sprach von einer „impliziten Ordnung“: einer verborgenen Ebene der Realität, fundamentaler als die Materie selbst, aus der Form, Bewegung und – einigen Interpretationen zufolge – sogar Bewusstsein hervorgehen. Gleichzeitig behaupten viele östliche Weisheitstraditionen seit Jahrtausenden die Existenz eines universellen „Bewusstseinsprinzips“, einer subtilen Matrix, die alle Lebewesen verbindet.

Dank der Fortschritte in Systembiologie, Quantenphysik und Neurowissenschaften lässt sich diese Hypothese heute mit neuen wissenschaftlichen und philosophischen Methoden untersuchen. Die Frage rückt somit wieder in den Vordergrund, relevanter denn je: Entsteht Bewusstsein aus dem Leben oder entsteht Leben aus Bewusstsein?

Der Autor dieses Buches favorisiert die zweite Hypothese und postuliert, dass Organismen – von Bakterien bis zum Menschen, von Pflanzen bis zu Planetensystemen – individuelle Ausdrucksformen eines universellen Bewusstseinsfeldes sind. Dies ist keine mystische Idee, sondern eine mögliche natürliche Erweiterung der tiefsten Implikationen der Quantentheorie.

Ziel ist es nicht, die Wissenschaft durch Metaphysik zu ersetzen oder beide naiv zu verschmelzen. Vielmehr soll gezeigt werden, dass Biologie und Physik bei genauer Betrachtung nicht nur miteinander kommunizieren, sondern konvergieren. Diese Konvergenz birgt möglicherweise ein neues Verständnis von Leben, Geist und dem Universum selbst. Dieses Buch lädt den Leser zu einer Reise durch diese Zusammenhänge ein: eine Reise, die mit der Quantenstruktur lebender Organismen beginnt, die Rolle von Information und Feld untersucht und schließlich zur wohl verwirrendsten Frage führt: Wenn das Universum von einem Bewusstseinsfeld durchdrungen ist, dann ist jede Lebensform nicht nur ein Organismus, sondern ein Fenster zur verborgenen Intelligenz der Welt..

TEIL I – EIN NEUER BLICK AUF DAS LEBEN.

Wenn Biologie auf Ungewissheit trifft.

An der Schwelle zum Unsichtbaren. Wo Leben auf Quantenphysik trifft.

Es gibt Momente in der Geschichte der Wissenschaft, in denen Fragen interessanter werden als Antworten. Momente, in denen ein Mikroskop, eine Gleichung oder ein nächtliches Experiment in einem schlecht beheizten Labor ein unerwartetes Fenster zur Realität öffnet. Es geschah in Kopenhagen in den 1920er-Jahren, als Niels Bohr am Hafen entlangspazierte und über das Rätsel des Welle-Teilchen-Dualismus nachdachte; es geschah in Pasadena, als Max Delbrück, ein Physiker, der zur Biologie wechselte, erkannte, dass Gene als Informationssequenzen und nicht als Materiebausteine interpretiert werden können; und es geschieht heute, inmitten von Supercomputern, gefangenen Photonen und Quantenbiologie-Laboren, wo – vielleicht zum ersten Mal – versucht wird, Leben nicht als Mechanismus, sondern als ein zutiefst informationelles Phänomen zu verstehen.

Der erste Teil dieses Buches entspringt eben diesem Schwindelgefühl. Der Schwindel, der entsteht, wenn man erkennt, dass das, was wir einst „Biologie“ nannten, vielleicht nicht mehr ausreicht. Dass rein mechanistische Erklärungen, so elegant und überzeugend sie auch sein mögen, etwas Wesentliches ausblenden: die Fähigkeit von Lebewesen, sich selbst zu organisieren, Entscheidungen zu treffen, Kohärenz zu bewahren und inmitten der Entropie Ordnung zu schaffen. Als ob das Leben eine geheime Verbindung zu einer tieferen Ebene der Realität hätte, einer Ebene, auf der Unsicherheit keine Grenze, sondern eine Möglichkeit ist.

Das Ende der mechanistischen Illusion.

Jahrhundertelang betrachteten wir Organismen als komplexe Uhrwerke, als perfekt geölte Zahnräder, angetrieben von chemischen Reaktionen. Ein Modell, das wunderbar funktioniert hat: von Vesalius bis Claude Bernard, von der Genom-Revolution bis hin zu molekularen Editierungstechniken. Doch bereits 1944 deutete Erwin Schrödinger in einem kleinen Buch mit dem überraschend prophetischen Titel „Was ist Leben?“ an, dass Leben auf noch unbekannte physikalische Prozesse zurückgreifen könnte. Schrödinger ahnte, dass Lebewesen eine unwahrscheinliche Ordnung aufrechterhalten, als ob sie auf eine verborgene Informationsquelle zurückgriffen.

Heute kehrt diese Intuition in Form experimenteller Daten zurück. Keine Metaphern, keine erzwungenen Analogien: Daten. Über Moleküle, die in heißen Umgebungen Quantenüberlagerungen zu nutzen scheinen, über Zugvögel, die das Erdmagnetfeld durch Quantenreaktionen in ihrem rechten Auge wahrnehmen, über Enzyme, die chemische Reaktionen durch Protonentunnelung ermöglichen.

Es ist, als hätte die biologische Welt im Laufe der Evolution gelernt, mit der Quantenebene in Dialog zu treten, ohne von ihr überwältigt zu werden. Aus dem Unbestimmten nur das zu nehmen, was sie braucht, um ihre Effizienz, Sensibilität oder Anpassungsfähigkeit zu steigern. Kann die Biologie die Quanten also wirklich weiterhin ignorieren?

Ein neuer Horizont: Leben als verkörperte Information.

Seit Jahrzehnten wird ein Wort in Physik, Biologie, Neurowissenschaften und Kosmologie verwendet: Information. Wir finden es in den Arbeiten von John Wheeler, der 1989 in Austin die berühmte „It from Bit“-Theorie vorschlug, nach der die physikalische Realität aus elementaren Informationsentscheidungen entsteht. Wir finden es in der Systembiologie, die die Zelle als Signalprozessor und nicht als Behälter biochemischer Reaktionen betrachtet. Und wir finden es in der Quantenfeldtheorie, in der Materie lediglich eine momentane Verdichtung eines zugrundeliegenden Feldes ist.

In dieser zunehmend informationsreichen Welt erscheint das Leben als organisierte Ordnung, als Insel niedriger Entropie, die entgegen aller Wahrscheinlichkeit äußerst präzise Formen und Funktionen bewahrt. Erstaunlich ist nicht nur seine Komplexität, sondern auch seine Kohärenz: die Fähigkeit, inmitten eines Universums voller Fluktuationen eine Identität zu bewahren.

Hier öffnet sich die Tür zu einer umfassenderen Sichtweise. Nicht zu einer Flucht in die Metaphysik, sondern zu der Erkenntnis, dass Wissenschaft und Philosophic nie Feinde waren: Sie sprachen lediglich unterschiedliche Sprachen und beginnen vielleicht heute, einander wieder zu verstehen.

Leben als Schwelle: Die Intuition des Bewusstseinsfeldes.

Dieser Teil des Buches geht einer Frage nach, die viele Wissenschaftler lieber unbeantwortet lassen: Warum scheint das Leben auf die Welt zu „reagieren“, als ob es mehr wahrnimmt, als es messen kann? Warum zeigen einfache Organismen wie Bakterien Formen der Kooperation und Anpassung, die über reinen Zufall hinauszugehen scheinen? Warum entzieht sich das Bewusstsein – dieses hartnäckige Mysterium – weiterhin jedem Versuch einer materiellen Erklärung?

Dieses Buch bietet einen Deutungsschlüssel, der nicht den Anspruch erhebt, eine vollständige wissenschaftliche Theorie zu sein, sondern vielmehr eine fruchtbare Arbeitshypothese: Es existiert ein universelles Bewusstseinsfeld, eine tiefgreifende

Informationsmatrix, mit der alle Lebewesen verbunden sind. Eine Art implizite Ordnung, um David Bohms Begriff zu verwenden, die den Formen der Welt vorausgeht und sie erhält.

In diesem ersten Teil werden wir nichts beweisen, denn das ist nicht unser Ziel. Stattdessen wollen wir zeigen, wie die moderne Biologie bei genauer Betrachtung der von den Pionieren der Quantenphysik beschriebenen Realitätsebene immer näher kommt. Wir wollen auch darlegen, wie die Idee eines Bewusstseinsfeldes, weit davon entfernt, ein mystischer Überrest zu sein, zu einer Linse werden kann, durch die sich Phänomene neu interpretieren lassen, die die Wissenschaft selbst zunehmend als unerklärt oder überraschend tiefgründig erkennt.

Bevor wir uns also mit den Details befassen – Quantenkohärenz, enzymatisches Tunneln, zelluläre Information, gebrochene Symmetrien –, lädt diese Einleitung den Leser ein, die gewohnte Sichtweise auf das Leben als Mechanismus zu überdenken.

Vielleicht ist das Lebewesen eher eine Botschaft als eine Maschine, ein Prozess in ständiger Beziehung zum Unbestimmten, eine Schwelle zwischen dem, was ist, und dem, was sein kann. Und genau an dieser Schwelle beginnt unsere Reise.

I°. Leben an der Schwelle des Quantenreichs.

Wenn der Mechanismus versagt: Warum die Biologie allein nicht mehr ausreicht.

Seit über einem Jahrhundert beschreibt die Biologie das Leben mit der beruhigenden Sprache der Maschine. Ein Organismus wie ein biochemisches Getriebe, eine Zelle wie eine effiziente Fabrik, die DNA wie ein ein für alle Mal geschriebenes Programm. Es war eine wirkungsvolle und fruchtbare Erzählung, die zu außergewöhnlichen Ergebnissen führte: Impfstoffe, Antibiotika, Gentechnik, Transplantationen, gezielte Therapien. Niemand kann das leugnen. Doch gerade auf dem Höhepunkt ihres Erfolgs begannen sich in dieser Vision subtile, aber hartnäckige Risse zu zeigen.

Es ist kein Zufall, dass bereits in den 1940er-Jahren einige Wissenschaftler ein theoretisches Unbehagen verspürten. 1944 hielt der österreichische Physiker und Kriegsflüchtling Erwin Schrödinger in Dublin eine Reihe von Vorlesungen, die später in einer Broschüre veröffentlicht wurden, die zu einem Klassiker werden sollte: „Was ist Leben?“ Schrödinger war kein Biologe, sondern einer der Väter der Quantenmechanik. Und genau aus diesem Grund erlaubte er sich eine naive und radikale Frage: Wie kann Leben Ordnung und Stabilität in einem Universum bewahren, dessen Entropie stetig zunimmt?

Tatsächlich entwickelt sich laut dem zweiten Hauptsatz der Thermodynamik jedes isolierte System hin zu immer ungeordneteren Zuständen. Doch lebende Organismen scheinen das Gegenteil zu tun: Sie bauen hochorganisierte Strukturen auf, erhalten interne Unterschiede (Konzentrationen, Gradienten, Formen) aufrecht, reparieren sich selbst, pflanzen sich fort und widerstehen dem Chaos über sehr lange Zeiträume.

Die aufkommende Molekularbiologie antwortete einige Jahre später mit der Entdeckung der DNA-Struktur durch James Watson und Francis Crick im Jahr 1953 in Cambridge. Das „Geheimnis des Lebens“ schien endlich entschlüsselt: eine Doppelhelix, vier Stickstoffbasen, ein replizierbarer chemischer Code. Und jahrzehntelang funktionierte diese Antwort. Doch sie schloss die Frage nicht ab. Sie verschob sie nur.

Leben als Ausnahme von der Trägheit der Materie.

Betrachten wir einen lebenden Organismus mit den Augen eines Physikers, treten sofort Merkwürdigkeiten zutage. Eine Zelle ist ein unglaublich geordnetes System, weit entfernt vom thermodynamischen Gleichgewicht, das ständig Energie und Information mit seiner Umgebung austauscht. Sie ist keine einfache „chemische Maschine“, sondern ein Prozess, der sich selbst erhält, repariert, anpasst und auf molekularer Ebene Entscheidungen trifft. Der Biologe und Nobelpreisträger Ilja Prigogine sprach von „dissipativen Strukturen“, Ordnungsformen, die gerade aus Fluss und Unordnung entstehen. Doch selbst diese Kategorie, so differenziert sie auch sein mag, erschließt das Geheimnis nicht vollständig.

Warum laufen beispielsweise grundlegende biochemische Reaktionen mit einer Präzision und Geschwindigkeit ab, die den klassischen Gesetzen der Chemie zuwiderlaufen? Warum funktionieren Enzyme, als wüssten sie im Voraus, wohin sie gehen sollen? Warum weist die Photosynthese, die in den Laboren von Berkeley und Cambridge mit ultraschnellen Techniken untersucht wurde, Effizienzen auf, die eine Koordination jenseits der einfachen zufälligen Kollision von Molekülen zu erfordern scheinen? Hier stößt die klassische Biologie an ihre Grenzen. Ihre Gleichungen funktionieren, aber sie erklären nicht alles vollständig. Sie beschreiben das Wie, nicht das Warum.

Der Kern des Problems ist der Reduktionismus: die Idee, dass es zum Verständnis eines komplexen Phänomens genügt, es in seine elementaren Bestandteile zu zerlegen. Es ist eine wirkungsvolle Methode, die wir von Galilei und Newton geerbt haben und die der modernen Wissenschaft zu Reichtum verholfen hat. Doch das Leben scheint sich dieser vollständigen Demontage zu widersetzen. Wie Goethe im Faust sagt: Die Zerlegung von Lebewesen erlaubt es uns, ihre Teile zu erfassen, aber dabei verlieren wir, was sie lebendig macht: das „Band", das einigende Prinzip, den Sinn.

In den 1970er und 1980er Jahren führten der chilenische Biologe Humberto Maturana und sein Schüler Francisco Varela das Konzept der „Autopoiesis" ein: Ein lebendes System definiert sich weniger durch seine Bestandteile, sondern vielmehr durch das Beziehungsnetzwerk, das diese fortwährend hervorbringt und regeneriert. Die Zelle ist kein Ding, sondern ein Prozess. Aber welcher Art von Prozess?

Wenn wir versuchen, dieses Netzwerk allein chemisch und mechanisch zu erklären, bleibt immer etwas unerklärt: die Einheit des Organismus, sein globaler Zusammenhang, seine Fähigkeit, als Ganzes zu reagieren. Es ist, als könnten wir, selbst wenn wir jeden einzelnen Musiker eines Orchesters untersuchten, die Harmonie der Symphonie nicht erklären.

Information ist nicht nur Chemie.

Ein weiterer entscheidender Punkt ist der Begriff der Information. In der Biologie sprechen wir ständig von genetischer Information, zellulären Signalen, Codes und Botschaften. Aber was ist diese Information wirklich? Eine Molekülfolge? Oder etwas Subtileres?

In den 1940er Jahren definierte Claude Shannon Information mathematisch, unabhängig von ihrer Bedeutung. Doch das Leben scheint bedeutungsvolle Information zu nutzen: Signale, die für das empfangende System relevant sind. Ein Hormon, ein Neurotransmitter, ein Aktionspotenzial sind nicht bloß physikalische Ereignisse: Sie sind Kommunikationsakte innerhalb eines Systems, das „interpretiert".

Hier erweist sich die Sprache der mechanistischen Biologie als unzureichend. Sie spricht von Ursache und Wirkung, doch sie kann Bedeutung, inneren Zweck und das, was Aristoteles als „formale Ursache" bezeichnet hätte, kaum erklären. Es überrascht daher nicht, dass einige theoretische Biologen, wie Stuart Kauffman, von „Gesetzen der Selbstorganisation" sprechen – Gesetzen, die sich weder auf Genetik noch auf natürliche Selektion zurückführen lassen.

Dieses Unbehagen ist nicht marginal. Es durchdringt verschiedene Disziplinen und manifestiert sich an unerwarteten Orten: in Bewusstseinsforschungszentren, in biophysikalischen Laboren, in Debatten über den Ursprung des Lebens. Beim Versuch zu erklären, wie träge Materie Systeme hervorbringen kann, die wahrnehmen, sich erinnern und antizipieren können, erscheint die Biologie allein wie eine unvollständige Landkarte.

Es geht nicht darum, sie aufzugeben, sondern ihre Grenzen zu erkennen. Wie der britische Biologe J.B.S. Haldane in den 1920er Jahren schrieb: „Das Universum ist nicht nur seltsamer, als wir es uns vorstellen, es ist seltsamer, als wir es uns vorstellen können." Ein Satz, der oft renommierten Physikern zugeschrieben wird, und das nicht ohne Grund.

Zu sagen, dass die Biologie nicht mehr ausreicht, bedeutet nicht, ihr Scheitern zu erklären. Es bedeutet anzuerkennen, dass sie an einer Schwelle steht. Jenseits dieser Schwelle reicht die Sprache der klassischen Physik – deterministisch, lokal, linear – möglicherweise nicht mehr aus. Und vielleicht ist dies genau der Punkt, an dem Biologie und Quantenphysik aufeinandertreffen: nicht als intellektuelle Modeerscheinung, sondern als theoretische Notwendigkeit.

An der Schwelle zur Quantenebene erscheint das Leben nicht länger als bloßer chemischer Zufall, sondern deutet auf ein tieferliegendes Gefüge hin, in dem Materie, Information und Ordnung auf nicht zufällige Weise miteinander verwoben sind. Aus dieser fruchtbaren Unzulänglichkeit der Biologie erwächst unsere Reise. Nicht um das Bekannte zu verleugnen, sondern um uns mit neuem Ernst zu fragen, was wir noch zu fragen haben – und vielleicht sogar zu fragen ist.

Wenn die Wissenschaft wieder die letzten Fragen stellt.

Lange Zeit wurde das Wort Metaphysik in Laboren mit einer gewissen Verlegenheit, wenn nicht gar offenem Misstrauen, ausgesprochen. Nach dem Triumph der experimentellen Methode im 19. und 20. Jahrhundert schien es, als könne die Wissenschaft endlich auf die „großen Fragen“ verzichten: Warum existiert etwas und nicht nichts? Was ist die Realität wirklich? Hat die Welt einen intrinsischen Sinn oder nicht? Diese Fragen galten zwar als respektabel, aber man überließ sie am besten den Philosophen, Theologen oder den verstaubtesten Regalen der Universitätsbibliotheken. Doch fast still und leise sind diese Fragen zurückgekehrt. Nicht aus Nostalgie, sondern aus Notwendigkeit.

Der erste Schlag gegen den Traum einer gänzlich „a-philosophischen“ Wissenschaft kam nicht aus der Biologie, sondern aus der Physik. Zu Beginn des 20. Jahrhunderts erschütterte die Quantenmechanik in den Korridoren der Universität Göttingen und den Cafés Kopenhagens scheinbar unantastbare Gewissheiten. Werner Heisenberg formulierte 1927 die Unschärferelation; Niels Bohr sprach von Komplementarität; Max Born legte nahe, dass im Kern der Materie keine Trajektorien, sondern Wahrscheinlichkeiten existieren.

Dies waren nicht nur neue Gleichungen. Es war ein grundlegender Perspektivenwechsel. Albert Einstein, der einen entscheidenden Beitrag zur Entstehung der Quantentheorie leistete, verbarg seine Bedenken nie. Der berühmte Satz „Gott würfelt nicht“ – geschrieben in einem Brief von 1926 – war kein Slogan, sondern Ausdruck einer metaphysischen Sorge: Was bleibt von der Realität, wenn der Beobachter Teil des beobachteten Phänomens wird?

Von diesem Moment an konnte sich die Physik nicht länger Fragen entziehen, die ihr bis vor Kurzem fremd erschienen: Was ist ein Ereignis? Was ist eine Messung? Was bedeutet Existenz auf fundamentaler Ebene?

Wenn der Beobachter nicht mehr neutral ist.

Die Rückkehr der metaphysischen Frage entspringt vor allem hier: der Rolle des Beobachters. In der klassischen Physik war der Beobachter eine harmlose Präsenz, ein externer Zuschauer. In der Quantenphysik löst sich diese Unterscheidung auf. Der Akt des Beobachtens trägt dazu bei, das Beobachtete zu definieren.

John Archibald Wheeler, einer der bedeutendsten Physiker des 20. Jahrhunderts und ein Mitarbeiter Bohrs, sprach von einem „partizipatorischen Universum“. In seinen Seminaren in Princeton in den 1970er Jahren legte Wheeler dar, dass das Universum kein vorgegebenes Objekt, sondern ein Prozess sei, in dem die Beobachtung eine konstitutive Rolle spielt. Eine These, die, so formuliert, näher an Kant oder Berkeley als an die Experimentalphysik zu sein scheint. Dennoch entstand sie aus Berechnungen, Gedankenexperimenten und rigorosen Reflexionen über die Grundlagen der Theorie.

Wenn diese Perspektive mit der Erforschung lebender Systeme – die beobachten, bewerten und reagieren – verknüpft wird, drängt sich unweigerlich die metaphysische Frage auf: Ist Bewusstsein ein bloßes Nebenprodukt der Materie oder eine tiefere Dimension der Realität, die die Wissenschaft erst allmählich zu erahnen beginnt?

Biologie, Geist und das Problem der Bedeutung.

Im Laufe des 20. Jahrhunderts kristallisierte sich das Problem des Bewusstseins als eines der großen ungelösten Rätsel heraus. 1995 sprach der Philosoph David Chalmers vom „harten Problem des Bewusstseins“: Warum und wie erzeugen physikalische Prozesse im Gehirn subjektive Erfahrungen? Nicht Funktionen, nicht beobachtbare Verhaltensweisen, sondern das Gefühl selbst: die Farbe Rot, Schmerz, Freude.

Diese Frage hat unverkennbar einen metaphysischen Charakter. Dennoch steht sie heute im Mittelpunkt wissenschaftlicher Konferenzen, Forschungsinstitute und Fachzeitschriften mit Peer-Review (wissenschaftliche Zeitschriften, in denen Artikel vor der Veröffentlichung von Experten des jeweiligen Fachgebiets kritisch begutachtet werden).

Seit 1994 findet regelmäßig in Tucson, Arizona, die Konferenz „Auf dem Weg zu einer Wissenschaft des Bewusstseins“ (TSC) statt. Neurowissenschaftler, Physiker, Philosophen und Mathematiker diskutieren dort offen Hypothesen, die die Grenze zwischen Wissenschaft und Metaphysik berühren – und mitunter überschreiten.

Dies ist keine naive Rückkehr zum Spiritualismus des 19. Jahrhunderts. Vielmehr ist es die Erkenntnis, dass Kategorien wie Information, Bedeutung und Erfahrung nicht ohne Weiteres auf Energieaustausch oder chemische Reaktionen reduziert werden können. Das Leben und insbesondere der Geist scheinen einen umfassenderen begrifflichen Rahmen zu erfordern.

Metaphysik als Horizont, nicht als Dogma.

In diesem neuen Kontext kehrt die Metaphysik nicht als abgeschlossenes System oder als geoffenbarte Wahrheit zurück, sondern als Horizont des Hinterfragens. Es ist ein Wandel im

Ton, noch vor dem Inhalt. Wie Karl Popper schrieb: „Wissenschaft beginnt und endet in der Metaphysik“: Sie beginnt mit nicht überprüfbaren Hypothesen und endet mit der Generierung neuer Fragen, die über das unmittelbar Überprüfbare hinausgehen.

Selbst einige zeitgenössische Wissenschaftler, fernab jeglicher Mystik, erkennen dies offen an. Carlo Rovelli, theoretischer Physiker und einer der Begründer der Schleifenquantengravitation, hat wiederholt betont, dass die moderne Physik uns zwingt, Konzepte wie Zeit, Kausalität und Identität neu zu überdenken. Nicht freiwillig, sondern zwangsläufig.

Wenn die Wissenschaft komplexe, selbstorganisierende, informationssensitive Systeme – wie lebende Organismen – untersucht, ist die metaphysische Frage kein intellektueller Luxus, sondern eine Konsequenz.

Die Rückkehr metaphysischer Fragen in der Wissenschaft markiert somit eine kulturelle Schwelle. Es ist keine Ablehnung der wissenschaftlichen Methode, sondern ein Eingeständnis ihrer Grenzen. Wo quantitative Beschreibung auf Erfahrung, Sinn und die Einheit des Lebens trifft, entdeckt sich die Wissenschaft erneut als hinterfragend.

Und vielleicht ist es genau hier, wo Biologie und Quantenphysik einen Dialog auf gemeinsamer Ebene beginnen, wo die Frage nicht mehr einfach lautet, wie die Welt funktioniert, sondern was für eine Welt es ist, in der Leben und Bewusstsein entstehen können. Eine uralte Frage, die die Moderne auf Eis gelegt hatte und die nun mit überraschender Selbstverständlichkeit wieder an die Tür der Labore klopft.

Der Quantenpfad: eine Brücke zu einem neuen Realitätsverständnis.

Es gibt Momente in der Ideengeschichte, in denen es nicht mehr möglich ist, einfach neue Daten zum alten Bild hinzuzufügen. Wir müssen die Perspektive wechseln. Der Quantenpfad entstand genau so: nicht als eine weitere Theorie, sondern als Schwellenüberschreitung, als konzeptionelle Brücke, die unser vermeintliches Wissen über Materie, Leben und Realität mit einem radikal anderen Horizont verbindet.

Zu Beginn des 20. Jahrhunderts ahnte niemand, dass die Erforschung des Wasserstoffspektrums oder des Verhaltens von Elektronen letztlich den Begriff des „Objekts“ selbst infrage stellen würde. Doch genau das geschah. Die Realität erschien plötzlich nicht mehr als eine Ansammlung fester und unabhängiger Dinge, sondern offenbarte sich als ein Netz aus Beziehungen, Wahrscheinlichkeiten und Potenzialen.

Von der Welt der Dinge zur Welt der Beziehungen.

Einer der tiefgreifendsten – und oft missverstandenen – Aspekte der Quantenphysik ist die Abkehr von der Ontologie der „Dinge“ zugunsten einer Ontologie der Beziehungen: Auf fundamentaler Ebene existieren Eigenschaften nicht an sich, sondern entstehen durch Wechselwirkung.

Diese Idee, die in der Physik auf präzisen mathematischen Formulierungen beruht, weist eine überraschende Resonanz in der Biologie auf. Ein Organismus ist nicht die einfache Summe seiner Moleküle: Er ist ein System dynamischer innerer und äußerer Beziehungen, das seine Identität durch Veränderung bewahrt. In diesem Sinne scheint die Quantensprache – bestehend aus Zuständen, Übergängen und Korrelationen – besser geeignet, Leben zu beschreiben als das starre Lexikon der klassischen Mechanik.

Es ist kein Zufall, dass bereits in den 1940er Jahren Erwin Schrödinger, ein Flüchtling in Dublin während des Krieges, warnte, dass es notwendig sei, die damals bekannten physikalischen Gesetze zu überwinden, um Leben zu verstehen. Schrödinger schlug keine Quantenbiologie im technischen Sinne vor, aber er öffnete einen konzeptionellen Bruch: Leben als Phänomen, das die üblichen Kategorien von Ordnung, Kausalität und Materie in Frage stellt.

Der Quantenweg führt in die Wissenschaft ein Konzept ein, das bis dahin philosophisch heikel erschien: Wahrscheinlichkeit. In der klassischen Welt ist das, was nicht tatsächlich ist, nichts. In der Quantenwelt hingegen haben Möglichkeiten ontologisches Gewicht: Ein unbeobachteter Zustand wird nicht „ignoriert“, sondern ist unbestimmt.

Dies hat tiefgreifende Konsequenzen für das Leben. Biologische Systeme reagieren nicht nur mechanisch auf Reize, sondern scheinen Möglichkeiten zu erkunden und aus vielen kompatiblen Entwicklungspfaden zu wählen. Es ist kein Zufall, dass der theoretische Biologe Stuart Kauffman, der sich mit Komplexität und Selbstorganisation beschäftigte, die Biosphäre als kreativen Raum beschrieb, der sich nicht vollständig aus den Grundgesetzen ableiten lässt.

Die Quantenphysik liefert hier ein eindrucksvolles Bild: Realität nicht als vorgegebenes Drehbuch, sondern als Prozess, in dem Neues entstehen kann. Diese Idee knüpft an antike philosophische Einsichten an (von Aristoteles und seiner Unterscheidung zwischen Potenzialität und Aktualität bis hin zu Henri Bergson und seinem „Élan vital“), findet aber auch heute überraschenderweise Anklang in der Spitzenforschung.

Die Grenze zwischen Physik und Bedeutung.

Ein weiteres entscheidendes Merkmal der Quantenphysik ist ihr Bezug zur Bedeutung. In der Biologie ist die Rede von Information unvermeidlich: Gene, Zellsignale, neuronale Netzwerke. Doch Information ist, wie sowohl Shannons Theorie als auch Gregory Batesons spätere Überlegungen gezeigt haben, nicht bloß Quantität: Sie ist der Unterschied, der den Unterschied ausmacht.

In der Quantenwelt sind Information und physikalische Realität eng miteinander verwoben. Experimente zur Rolle von Information – von Rolf Landauers Formulierungen in den 1960er Jahren (Landauers Prinzip) bis hin zur jüngsten Forschung zur Quanteninformation – legen nahe, dass das, was wir über ein System aussagen können, untrennbar mit dem Wesen des Systems verbunden ist.

Überträgt man diesen Ansatz auf lebende Systeme, stellt sich unweigerlich die Frage: Ist das Leben nicht ein Prozess, in dem Information eine beinahe „aktive", organisierende Rolle spielt? Der Quantenpfad liefert keine endgültige Antwort auf diese Frage, bietet aber eine konzeptionelle Brücke, um sie neu zu formulieren, ohne sie auf Mystik oder Reduktionismus zu reduzieren.

Dem Quantenpfad zu folgen bedeutet letztlich, eine weniger beruhigende, aber reichhaltigere Realität zu akzeptieren. Eine Realität, in der die klare Trennung zwischen Subjekt und Objekt verschwimmt, in der Zeit nicht immer linear verläuft und in der alles Existierende tiefgreifend miteinander verbunden ist.

Es ist kein Zufall, dass einige Physiker, von David Bohm mit seinem Konzept der impliziten Ordnung bis hin zu neueren Überlegungen zur nichtlokalen Natur von Quantenphänomenen, in diesem Rahmen eine Realität erkannt haben, die eher einem Feld als einer Ansammlung isolierter Teilchen ähnelt. Ein dynamisches, strukturiertes, informiertes Feld. Auf dieser Brücke – zwischen Physik, Biologie und Philosophie – entsteht eine neue Vorstellung von Realität: keine Maschine aus Einzelteilen, sondern ein einheitlicher, kreativer und zutiefst relationaler Prozess. Der Weg der Quantenphysik ist noch keine vollständige Karte, aber er weist eine Richtung.

Die kühnste Hypothese: das Feld des Bewusstseins als unsichtbarer Hintergrund des Lebens.

An diesem Punkt der Reise geht es nicht mehr darum, ob die Quantenphysik unsere Sicht auf die Realität verändert hat – das ist nun unbestritten –, sondern darum, inwieweit wir bereit sind, ihre Implikationen zu tragen. Die Hypothese eines universellen Bewusstseinsfeldes entsteht genau hier: nicht als Flucht ins Unbestimmte oder Mystische, sondern als ein – gewiss kühner – Versuch, das ernst zu nehmen, was die Quantenphysik in Bezug auf die Phänomene des Lebens und des Geistes anzudeuten scheint.

Von einem „Feld" zu sprechen ist an sich keine wissenschaftliche Ketzerei. Die Physik des 20. Jahrhunderts hat die Vorstellung isolierter Teilchen schrittweise durch die fundamentaler Felder ersetzt: das elektromagnetische Feld, Quantenfelder bis hin zum Higgs-Feld, das in den 1960er Jahren theoretisch vorhergesagt und 2012 am CERN in Genf experimentell nachgewiesen wurde. In diesem Kontext erscheint die Vorstellung, dass Bewusstsein eine Felddimension haben könnte, nicht länger als sprachliche Kuriosität, sondern als Metapher – oder vielleicht mehr –, die ein bereits bestehendes Paradigma erweitern will.

In weiten Teilen der modernen Wissenschaft wurde Bewusstsein als Nebenprodukt betrachtet: als Epiphänomen der Gehirnaktivität, faszinierend, aber letztlich unwesentlich. Doch wie David Chalmers in den 1990er Jahren feststellte, bleibt das sogenannte harte Problem des Bewusstseins bestehen: Warum und wie sollten physikalische Prozesse subjektive Erfahrung hervorrufen?

Die Feld-des-Bewusstseins-Hypothese kehrt diese Perspektive um. Was wäre, wenn Bewusstsein nicht das Endergebnis extremer materieller Komplexität wäre, sondern eine fundamentale Dimension der Realität, mit der biologische Systeme in Resonanz stehen? Es wäre nicht das erste Mal, dass die Wissenschaft etwas als „fundamental“ anerkennen muss, das zunächst abgeleitet erschien. Zeit, Energie und Information selbst haben ein ähnliches konzeptionelles Schicksal erfahren.

In diesem Licht betrachtet, erzeugen lebende Organismen – und insbesondere Nervensysteme – Bewusstsein nicht aus dem Nichts, sondern modulieren, fokussieren und machen es in individuellen Formen erfahrbar. Diese Vorstellung erinnert an antike philosophische Traditionen, ohne jedoch mit ihnen übereinzustimmen: vom Spinozismus mit seiner Vorstellung einer einzigen Substanz mit unendlichen Attributen bis hin zur Philosophie Henri Bergsons, der Bewusstsein als eine diffuse Dimension der Realität sah, die nicht auf den Menschen beschränkt ist.

Inspirationen aus der Tiefenphysik.

Einige Physiker hatten den Mut, diese Grenzen zu erweitern. David Bohm beispielsweise sprach von einer impliziten Ordnung, einer zugrundeliegenden Realität, in der Materie und Geist keine getrennten Entitäten, sondern Aspekte eines einzigen Prozesses sind. Bohm entwickelte keine „Theorie des Bewusstseins“ im engeren Sinne, doch sein Werk inspirierte Generationen von Wissenschaftlern, über die cartesianische Trennung hinauszudenken.

Auch John Wheeler legte nahe, dass Information – und damit implizit der Akt der Beobachtung – eine konstitutive Rolle in der physikalischen Realität spielt. Nicht ein anthropozentrisches Bewusstsein, sondern eine tiefgreifende Teilhabe des Beobachters an der Welt. In diesem Szenario kann das

Bewusstseinsfeld als der Horizont verstanden werden, innerhalb dessen diese Teilhabe möglich wird.

Es ist wichtig zu betonen: Wir befinden uns hier nicht im Bereich direkter experimenteller Beweise, sondern im Bereich von Arbeitshypothesen. Die Wissenschaft, insbesondere in ihren kreativsten Momenten, benötigte stets Hypothesen, die die Forschung leiten konnten, noch bevor sie überprüfbar waren. Demokrits Atom, Einsteins Raumzeit, Freuds und Jungs Unbewusstes entstanden auf diese Weise: als gewichtige Vermutungen, bevor sie messbare Fakten wurden.

Einer der interessantesten Aspekte der Bewusstseinsfeld-Hypothese ist ihre Fähigkeit, Kontinuität herzustellen, wo das moderne Denken oft Brüche gesehen hat: zwischen unbelebter und lebender Materie. Zwischen Leben und Geist. Zwischen Organismus und Umwelt.

Wenn die Realität in ein informiertes und potenziell bewusstes Feld eingebettet ist, erscheint das Leben nicht länger als statistisches Wunder in einem gleichgültigen Universum, sondern als eine besondere Ausdrucksform dieser tiefgreifenden Ordnung. Es ist nicht verwunderlich, dass einige theoretische Biologen selbst in einfachen Systemen von „Empfindungsfähigkeit“ oder „Protokognition“ sprechen, ohne ihnen reflexives Bewusstsein zuzuschreiben.

Hier ist sprachliche Vorsicht geboten. Niemand behauptet, eine Zelle „denkt“ oder ein Stein „ist sich bewusst“ im menschlichen Sinne. Doch die Anerkennung von Graden, Ebenen und Modulationen des Bewusstseins – anstatt eines abrupten ontologischen Sprungs – ist eine philosophische Position, die zunehmend an Unterstützung gewinnt, von Galen Strawsons zeitgenössischem Panpsychismus bis hin zu einigen prozessualen Realitätsinterpretationen, die von Alfred North Whitehead inspiriert wurden.

Die Annahme des Bewusstseinsfeldes als Arbeitshypothese bedeutet nicht, einen neuen Glauben anzunehmen, sondern die Art der Fragen zu verändern, die wir stellen. Nicht mehr nur: Wie funktioniert ein biologisches System?, sondern auch: Auf welcher Ebene der Realität nimmt es teil? In welcher Beziehung steht es zum Ganzen, dessen Teil es ist?

In diesem Sinne hat die Hypothese auch kulturelle Bedeutung. Es knüpft an Intuitionen an, die die gesamte Denkgeschichte umspannen, von der Anima Mundi der Neuplatonen bis hin zu bestimmten östlichen Visionen, die das Bewusstsein als das Gefüge der Existenz begreifen. Neu ist heute, dass diese Intuitionen nicht länger im Gegensatz zur Wissenschaft stehen, sondern den Dialog mit ihr suchen – mithilfe der (noch unvollkommenen) Sprache der Quantenphysik und der Biologie komplexer Systeme.

Das Feld des Bewusstseins ist daher kein Abschluss, sondern ein Anfang. Es ist der Versuch, Leben und Geist nicht als lokale Anomalien zu begreifen, sondern als Fenster, durch die das Universum sich auf gewisse Weise seiner selbst bewusst wird. Es ist gewiss ein intellektuelles Wagnis. Doch wie alle großen Wagnissen in der Wissenschaftsgeschichte ist es die Erkundung wert.

II°. Quantenkohärenz in lebenden Systemen.

Die Herausforderung der Kohärenz im thermischen Chaos.

Es gibt ein Paradoxon, das wie kein anderes seit Langem zwei Welten trennt: die elegante und fragile Welt der Quantenphysik und die heiße, feuchte und laute Welt der Biologie.

Die Quantenphänomene, die Studierende und Forschende faszinieren – Superposition, Interferenz, Kohärenz – scheinen unter extremen Bedingungen zu gedeihen: Temperaturen nahe dem absoluten Nullpunkt, abgeschirmte Labore und sorgfältig isolierte Systeme. Leben hingegen gedeiht bei Raumtemperatur, eingebettet in ständiges thermisches Chaos, bombardiert von Molekülkollisionen, Vibrationen und Fluktuationen.

Jahrzehntelang schien die Schlussfolgerung offensichtlich: Quantenphysik kann in Lebewesen nicht überleben. Zu empfindlich, zu instabil. Doch wie so oft in der Wissenschaftsgeschichte erweist sich gerade das, was „offensichtlich" erscheint, im Laufe der Zeit als zu vereinfacht.

Quantendekohärenz kurz erklärt.

Stellen Sie sich eine Münze vor, die nicht nur Kopf oder Zahl zeigt, sondern beides gleichzeitig. In der Quantenwelt ist das kein Trick: Es ist Superposition, eine der erstaunlichsten Ideen der modernen Physik. Das Problem ist, dass diese „magische Münze" extrem empfindlich ist. Sobald man sie genauer betrachtet oder sie mit ihrer Umgebung in Berührung kommt, verliert sie ihr besonderes Verhalten und wird zu einer normalen Münze. Dieser Übergang ist im Wesentlichen Quantendekohärenz.

In der mikroskopischen Welt können Teilchen wie Elektronen oder Photonen gleichzeitig mehrere Zustände annehmen. Es ist, als würden sie gleichzeitig mehrere Wege beschreiten. Solange sie isoliert bleiben, existieren diese Möglichkeiten friedlich nebeneinander. Doch die reale Welt ist nie wirklich isoliert: Es gibt Luftatome, Schwingungen, elektromagnetische Felder, thermisches Rauschen. Jede noch so kleine Wechselwirkung mit der Umgebung wirkt wie eine Art „Störung“, die Informationen über das Quantensystem speichert.

Und hier kommt die Dekohärenz ins Spiel. Es ist nicht so, dass das Teilchen plötzlich „entscheidet“, was es sein will; vielmehr hören die verschiedenen Möglichkeiten auf, sich gegenseitig zu beeinflussen. Es ist wie bei einem Chor, der in perfekter Harmonie singt: Sobald jemand anfängt zu sprechen oder ein defektes Mikrofon eingeschaltet wird, löst sich die Harmonie auf. Die Stimmen sind zwar noch da, bilden aber keinen einheitlichen Klang mehr.

Ein bekanntes Beispiel ist Schrödingers Katze. Eine Quantenkatze könnte gleichzeitig lebendig und tot sein, doch im Alltag beobachten wir eine solche Situation nie. Warum? Weil ein Objekt von der Größe einer Katze ständig und heftig mit seiner Umgebung interagiert: Luft, Licht, Wärme. Dekohärenz tritt so schnell auf, dass Superposition praktisch unsichtbar wird. Die makroskopische Welt erscheint uns klassisch, gerade weil Dekohärenz allgegenwärtig ist.

Es ist wichtig zu verstehen, dass Dekohärenz nicht dasselbe ist wie „Messung“ im herkömmlichen Sinne. Ein menschlicher Beobachter mit Notizbuch ist nicht nötig: Die Umgebung genügt. Die Natur beobachtet sich in gewisser Weise fortwährend selbst.

Dekohärenz steht heute im Mittelpunkt vieler Forschungsarbeiten, insbesondere im Bereich der Quantencomputer. Diese Geräte funktionieren präzise dank Superposition und Quanteninterferenz, müssen aber mit Dekohärenz kämpfen, die diese Eigenschaften tendenziell zerstört. Der Bau eines Quantencomputers bedeutet daher, einen Bereich der Welt zu schaffen, in dem die „magische Münze“ etwas länger in der Schwebe bleiben kann, bevor sie auf Kopf oder Zahl landet.

Kurz gesagt: Dekohärenz ist die Brücke – oder vielleicht der Bruch – zwischen der seltsamen und möglichkeitenreichen Quantenwelt und der festen und scheinbar einfachen Alltagswelt, die wir kennen.

Rauschen als Feind ... oder als Verbündeter?

In der Physik bezeichnet der Begriff Dekohärenz den raschen Verlust von Quanteneigenschaften, wenn ein System mit seiner Umgebung interagiert. In den 1970er und 1980er Jahren zeigten Wissenschaftler wie Heinz-Dieter Zeh und Wojciech Zurek, wie die Umgebung Quantensysteme fortwährend „vermisst“ und sie dadurch in klassisches Verhalten zurückfallen lässt. Es schien das Ende aller Quantenbestrebungen in der Biologie zu sein.

Doch ab den 1990er Jahren bröckelte etwas. Einige Biophysiker begannen sich zu fragen, ob thermisches Rauschen tatsächlich nur ein Feind sei. Die beinahe ketzerische Frage lautete: Was wäre, wenn lebende Systeme gelernt hätten, Rauschen nicht zu eliminieren, sondern es zu nutzen?

Diese Idee ist der Biologie gar nicht so fremd. Bereits in den 1940er Jahren hatte Erwin Schrödinger – derselbe Schrödinger wie die berühmte Katze – vermutet, dass Organismen weit vom thermodynamischen Gleichgewicht entfernt bleiben, indem sie sich mit „Negentropie“ oder Ordnung nähren. Heute würden wir sagen: Information. Kohärenz wäre in diesem Sinne keine fragile Ausnahme, sondern eine dynamische Errungenschaft, die sich ständig erneuert. Einer der häufigsten Denkfehler besteht darin, Quantenkohärenz als etwas Statisches zu betrachten, als eine Art perfekten Kristall, der durch einen einzigen Atemzug zerbrechen kann. In lebenden Systemen hingegen gleicht Kohärenz – wenn sie denn auftritt – eher einem Tanz als einer starren Struktur.

Einige theoretische Modelle legen nahe, dass molekulare, Protein- oder elektronische Netzwerke durch gezielte Interaktion mit ihrer Umgebung vorübergehend kohärente Zustände erreichen können. Nicht Isolation also, sondern intelligente Kopplung. Wie ein Geiger, der die Geräusche im Raum nicht ausblendet, sondern sie antizipiert und in sein Spiel integriert.

Diese Sichtweise findet auch außerhalb der Physik Anklang. Der Philosoph und Anthropologe Gregory Bateson sprach von „verbindenden Mustern" und betonte, dass das Leben nicht durch isolierte Elemente, sondern durch dynamische Beziehungen definiert wird. So betrachtet wird Kohärenz zu einer relationalen Eigenschaft: Sie entsteht, wenn die Teile „wissen", wie sie zusammenhalten, selbst – und gerade – unter schwierigen Bedingungen.

Es ist wichtig, dabei eine nüchterne Haltung zu bewahren. Nicht alle Wissenschaftler sind überzeugt, dass Quantenkohärenz eine bedeutende Rolle in der Biologie spielt, und die Debatte ist noch lange nicht abgeschlossen. Experimentelle Belege sind oft indirekt, Modelle komplex und Interpretationen umstritten.

Doch allein die Tatsache, dass sie nun in Fachzeitschriften wie „Nature Physics" oder den „Proceedings of the National Academy of Sciences" ernsthaft diskutiert wird, signalisiert einen Paradigmenwechsel. Wir stehen nicht länger vor einer Randmeinung, sondern vor einem anerkannten, wenn auch noch im Aufbau befindlichen Forschungsfeld.

Eine konzeptionelle Schwelle: vom Überleben zum Sinn.

Philosophisch betrachtet eröffnet die Herausforderung der Kohärenz im thermischen Chaos eine umfassendere

Perspektive. Wenn Leben in der Lage ist, selbst für kurze Momente Formen von Quantenordnung in einer ungeordneten Umgebung aufrechtzuerhalten, dann ist es nicht einfach eine gut geölte biochemische Maschine. Es ist ein System, das auswählt, filtert und integriert. Im Hintergrund kehrt die im vorherigen Kapitel eingeführte Hypothese des Bewusstseinsfeldes zurück. Kohärenz könnte nicht nur als physikalisches Phänomen, sondern auch als eine Art der „Ausrichtung“ auf eine tiefere Ordnung der Realität interpretiert werden. Natürlich kein Beweis, aber ein Hinweis: Das Leben widersteht dem Chaos nicht durch frontale Konfrontation, sondern indem es verborgene Resonanzen darin findet.

Wie der Physiker und Nobelpreisträger Ilja Prigogine schrieb, als er Systeme fernab des Gleichgewichts untersuchte: „Unordnung ist nicht das Gegenteil von Ordnung, sondern eine Bedingung für deren Möglichkeit.“ Vielleicht ist Quantenkohärenz in Lebewesen genau das: eine subtile Ordnung, die dort entsteht, wo wir sie am wenigsten erwarten, mitten im Rauschen.

Und wenn dem so ist, dann ist das Leben keine unwahrscheinliche Ausnahme in einem blinden Universum, sondern einer der Wege, auf denen das Universum lernt – vorübergehend, lokal –, mit sich selbst kohärent zu bleiben.

Photosynthese: Wenn Pflanzen Quantenpfade berechnen.

Jedes Mal, wenn wir ein von der Sonne beschienenes Blatt betrachten, beobachten wir einen der entscheidendsten Prozesse in der Geschichte des Planeten. Die Photosynthese hat die Erdatmosphäre verändert, den Sauerstoff ermöglicht, den wir atmen, und – direkt oder indirekt – nahezu alle Nahrungsketten angetrieben. Trotz unseres Verständnisses der chemischen Schritte hat dieser scheinbar „einfache“ Mechanismus in den letzten Jahrzehnten eine unerwartete Komplexität offenbart.

Die Frage, die Biophysiker verblüfft hat, ist ebenso naiv wie beunruhigend: Wie gelingt es Pflanzen, Lichtenergie so unglaublich effizient einzufangen und weiterzuleiten? In manchen Fällen erreicht die Effizienz fast 95 %. Ein Wert, der für einen Ingenieur beinahe peinlich wäre.

Berkeley, 2007: Quantenenergie dringt ins Blatt ein.

Der Durchbruch gelang 2007 nicht in einem tropischen Wald, sondern in einem Labor der University of California, Berkeley. Der Physiker und Chemiker Graham Fleming und sein Team untersuchten einen photosynthetischen Komplex eines grünen, schwefelhaltigen Bakteriums (Chlorobium tepidum), den sogenannten FMO-Komplex (Fenna-Matthews-Olson). Mithilfe ultraschneller Spektroskopie beobachteten sie etwas Unerwartetes: Signale von Quantenkohärenz bei der Lichtenergieübertragung.

Vereinfacht ausgedrückt scheint die von den Pigmenten absorbierte Energie keinem linearen Pfad zu folgen, wie ein

Ball, der von einem Molekül zum anderen springt. Vielmehr verhält sie sich wie eine Quantenwelle, die gleichzeitig mehrere Wege erkundet, sich selbst beeinflusst und dann den effizientesten Weg zum Reaktionszentrum „wählt“, wo die Energie in Lebensreaktionen umgewandelt wird.

Man kann ohne Übertreibung sagen, dass die Pflanze für einen Bruchteil einer Sekunde zu rechnen scheint. Von „Berechnung“ zu sprechen bedeutet nicht, einem Blatt bewusste Absicht zuzuschreiben. Es ist eine technische Metapher, die Quantenphysikern bereits vertraut ist. Richard Feynman argumentierte in den 1980er Jahren, dass die Natur alle möglichen Wege eines Teilchens nach dem Prinzip der „Wegsummen“ „berechnet“. In der Photosynthese scheint etwas überraschend Ähnliches zu geschehen: Energie verteilt sich wie eine Wellenfunktion über ein molekulares Netzwerk und findet den optimalen Weg nicht durch Ausprobieren, sondern durch globale Resonanz.

Das Überraschendste ist, dass all dies bei Raumtemperatur geschieht, inmitten des thermischen Chaos, das wir im vorherigen Kapitel besprochen haben. Nicht in einem Kryolabor, sondern auf einem Blatt, das der Mittagssonne ausgesetzt ist.

Ordnung im Rauschen.

In den folgenden Jahren haben andere Forschungsgruppen – darunter jene um Gregory Scholes in Toronto und Rienk van Grondelle in Amsterdam – das Phänomen weiter untersucht. Ihre Ergebnisse waren zwar vorsichtiger, aber sie kamen zu einem gemeinsamen Schluss: Die biologische Umgebung zerstört Kohärenz nicht zwangsläufig; sie kann sie für genau die richtige Zeitspanne aufrechterhalten.

Hier zeigt sich eine zentrale Idee der Quantenbiologie: Kohärenz ist nicht ewig, aber ausreichend lang anhaltend. Sie hält lange genug an, um eine Funktion zu erfüllen. Tausendstel oder Millionstel einer Sekunde, aber entscheidend. Das Leben muss die Welt nicht einfrieren: Es muss sie lediglich synchronisieren.

Um dies zu veranschaulichen, haben einige Forscher den Photosynthesekomplex mit einer Partitur verglichen. Molekulare Schwingungen – die sogenannten Phononen – sind nicht bloß Rauschen, sondern erzeugen einen Rhythmus, der den Energiefluss in die richtigen Bahnen lenkt. Es ist ein eindrucksvolles Bild: Photosynthese als Quantenmusik, in der Harmonie aus dem Zusammenspiel von Ordnung und Fluktuation entsteht.

Es überrascht nicht, dass diese Vision auch Wissenschaftsphilosophen fasziniert hat. Der theoretische Biologe Stuart Kauffman sprach von der intrinsischen Kreativität der Natur, die es ihr ermöglicht, ohne äußere Lenkung Möglichkeiten zu erkunden. Eine andere Interpretation bleibt jedoch offen.

Ein metaphysisches Echo: Wahl ohne Subjekt.

Wenn Energie ohne Kontrollzentrum den besten Weg „wählt“, wo findet diese Wahl statt? Ist sie lediglich eine emergente Eigenschaft von Gleichungen oder deutet sie auf etwas Tieferes hin? Hier keimt ein Hoffnungsschimmer für die Hypothese eines universellen Bewusstseinsfeldes auf. Es geht nicht darum, dass Pflanzen „denken“, sondern dass die Natur eine Form diffuser, unpersönlicher, nicht lokalisierter Intelligenz besitzt. Die Photosynthese wird somit zu einem Minimalbeispiel für die Teilhabe an einer größeren Ordnung, in der Information, Energie und Form untrennbar miteinander verbunden sind.

Wie der Philosoph Alfred North Whitehead, einer der Väter der Prozessphilosophie, schrieb: „Die Natur ist eher ein

Organismus als eine Maschine." Blätter scheinen dies stillschweigend jeden Tag zu bestätigen.

Was verbindet letztlich ein Photon, das ein Blatt durchdringt, mit einem Gedanken, der den Geist durchläuft? Die Wissenschaft wahrt zu Recht Strenge und unterscheidet die Ebenen. Doch die Quantenphotosynthese deutet auf eine Kontinuität hin: die Fähigkeit lebender Materie, sich zu koordinieren, intuitiv zu wählen und Möglichkeiten zu ordnen.

In diesem Sinne ist das Blatt nicht nur ein biologisches Solarpanel. Es ist eine Schwelle. Ein Ort, an dem die Quantenwelt nicht auf den Mikrokosmos beschränkt ist, sondern direkt zur Geschichte des Lebens auf der Erde beiträgt. Und vielleicht – und das ist die kühnste Hypothese – zur Geschichte des Bewusstseins selbst.

Wenn Sie das nächste Mal einen von der Sonne beschienenen Baum sehen, denken Sie daran: Unter dieser scheinbaren Stille vollbringt die Natur eine ihrer elegantesten Berechnungen. Lautlos, ohne Zeugen. Aber mit einer Präzision, die uns bis heute übertrifft.

Der Vogelkompass: Biologie, geleitet vom Quantenmagnetfeld.

Jedes Jahr, pünktlich wie ein uraltes Ritual, überqueren Millionen von Vögeln Kontinente und Ozeane auf Routen, die jede Vorstellungskraft übersteigen. Die Küstenseeschwalbe beispielsweise legt jährlich über 70.000 Kilometer zurück und fliegt von der Arktis zur Antarktis und zurück. Europäische Rotkehlchen fliegen nachts und orientieren sich selbst bei bedecktem Himmel, ohne sichtbare Landmarken. Wie machen sie das?

Lange Zeit schien die Antwort auf mehrere Faktoren verteilt zu sein: Sonne, Sterne, Landmarken und Geruch. Alle Elemente waren real und dokumentiert. Doch keines allein reichte aus. Ein wachsender Verdacht blieb bestehen: Vögel „spüren“ das Erdmagnetfeld. Das eigentliche Rätsel war jedoch, wie.

Migrationen, die sich allein mit Biologie nicht erklären lassen.

Das Erdmagnetfeld ist unglaublich schwach. Millionen Mal schwächer als das eines Kühlschrankmagneten. Zu schwach, so dachte man, um ein so warmes, feuchtes und lautes biologisches System wie einen lebenden Organismus direkt zu beeinflussen. Doch wieder einmal betrat die Quantenmechanik auf unerwartete Weise die Bühne.

Der theoretische Durchbruch gelang Anfang der 2000er-Jahre dank des deutschen Physikers Klaus Schulten und anschließend der experimentellen Arbeit der Gruppe um Thorsten Ritz, damals an der Universität Oxford. Die Hypothese ist kühn: Der Magnetsinn von Vögeln basiert nicht auf ferromagnetischen Partikeln (wie Magnetit), sondern auf einem Quantenmechanismus radikalischer Paare.

Die Hauptrolle spielt dabei ein Protein namens Cryptochrom, das in der Netzhaut von Vögeln (und auch beim Menschen, wenn auch mit anderen Funktionen) vorkommt. Trifft Licht auf Cryptochrom, bilden sich Paare verschränkter Elektronen, also quantenverschränkter Elektronen. Ihr Spin – eine rein quantenmechanische Eigenschaft – reagiert auf ihre Ausrichtung relativ zum Erdmagnetfeld.

Das Ergebnis? Eine chemische Reaktion, die je nach Blickrichtung relativ zu magnetisch Nord leicht variiert. Kein Pfeil, der nach Norden zeigt, sondern eine visuelle Karte, die sich über die Welt legt, eine Art Richtungsskala, die der Vogel zu interpretieren lernt.

Norden sehen: keine Metapher.

Im Jahr 2004 veröffentlichten Ritz und Kollegen eine Studie in Nature, die zeigte, wie Rotkehlchen die Fähigkeit zur Orientierung verlieren, wenn sie oszillierenden Magnetfeldern im Radiofrequenzbereich ausgesetzt sind. Ein entscheidender Punkt: Der Effekt ist mit Interferenz in Quantenprozessen vereinbar, nicht mit klassischen Mechanismen.

Jahre später, im Jahr 2014, untermauerte eine Gruppe um Henrik Mouritsen an der Universität Oldenburg die Hypothese, indem sie nachwies, dass das System von blauem Licht abhängig ist – genau jenem Licht, das Cryptochrom aktiviert. Zu viel oder das falsche Licht, und der Kompass versagt.

Hier verschwimmt die Grenze zwischen Wahrnehmung und Physik: Der Vogel „nutzt" das Magnetfeld nicht, sondern integriert es in seine Sinneserfahrung. Die Quantenphysik beschränkt sich somit nicht länger auf das Mikroskop, sondern dringt in die Phänomenologie des Lebens ein.

Die Debatte ist natürlich noch lange nicht abgeschlossen. Die Dauer der Quantenkohärenz in Radikalpaaren ist sehr kurz, im Bereich von Mikrosekunden. Zu kurz? Nicht unbedingt. Wie bei der Photosynthese scheint das Leben gelernt zu haben, Kohärenz genau für die richtige Zeitspanne zu nutzen, ohne dabei Ewigkeit zu beanspruchen. Nicht alle Wissenschaftler sind sich über das Ausmaß der Quantenmechanik einig, doch in einem Punkt herrscht zunehmend Einigkeit: Rein klassische Modelle reichen nicht mehr aus. Das Erdmagnetfeld, eine globale und unsichtbare Struktur, wird zu einem integralen Bestandteil biologischer Organisation.

Eine Resonanz mit allem.

Und genau hier weitet sich die Diskussion unweigerlich aus. Ein Vogel, der nachts fliegt und von einem Feld geleitet wird, das den gesamten Planeten umhüllt, ist nicht einfach ein Organismus, der auf lokale Reize reagiert. Er ist ein System, das auf eine globale Struktur abgestimmt ist. Die Metapher der Resonanz – in Physik und Philosophie gleichermaßen präsent – drängt sich beinahe von selbst auf. Der Biologe Jakob von Uexküll sprach bereits Anfang des 20. Jahrhunderts von einer „Umwelt“: Jedes Lebewesen bewohnt seine eigene Wahrnehmungswelt. Der Quantenkompass der Vögel legt nahe, dass manche „Umwelten“ Dimensionen der Realität umfassen, die wir schlichtweg nicht wahrnehmen können.

Dieses Phänomen ist nicht nur eine evolutionäre Kuriosität. Es ist ein Hinweis. Wenn Leben durch Quantenmechanismen mit globalen physikalischen Feldern interagieren kann, verschwimmt die klare Trennung zwischen Individuum und Umwelt. Das Feld, verstanden nicht nur im physikalischen Sinne, sondern als tiefgreifende Informationsordnung, rückt wieder in den Mittelpunkt.

Es ist nicht nötig, dem Zugvogel Bewusstsein zuzuschreiben, geschweige denn dem Magnetfeld. Doch man könnte sich berechtigterweise fragen, ob die Intelligenz der Natur gerade in dieser Fähigkeit liegt, das Lokale und das Globale, das Mikroskopische und das Planetare ohne Kommandozentrale zu koordinieren.

Wenn an einem Herbstabend ein Vogelschwarm auffliegt und einer Richtung folgt, die keine menschliche Karte erfassen könnte, beobachten wir vielleicht mehr als nur Instinkt. Wir werden Zeugen eines stillen Dialogs zwischen Leben und den tiefgreifenden Strukturen der Welt.

Ein Dialog, in dem die Quantenphysik, weit entfernt von einer exotischen Abstraktion, zur operativen Sprache der lebendigen Natur wird. Und in dem der Kompass der Vögel nicht nur nach Norden zeigt, sondern in eine gedankliche Richtung: eine, die uns einlädt, das Verhältnis zwischen Materie, Information und Bewusstsein neu zu überdenken.

Philosophische Implikationen: Leben als kohärentes System.

Wenn die Photosynthese gezeigt hat, dass Energie in lebenden Systemen nach quantenmechanischen Kohärenzprinzipien fließen kann, und wenn der Kompass des Vogels offenbart hat, dass sich ein Organismus durch die Interaktion mit einem unsichtbaren planetarischen Feld orientieren kann, dann lautet die Frage nicht mehr einfach nur: Wie funktioniert Leben? Es stellt sich unweigerlich eine andere Frage: Was ist Leben, wenn es Kohärenz aufrechterhalten kann, wo die klassische Physik nur Rauschen und Unordnung erwarten würde?

Seit über einem Jahrhundert präsentiert sich die Biologie als Wissenschaft mechanischer Komplexität: Moleküle kollidieren, Reaktionen werden ausgelöst, Gene werden ein- und ausgeschaltet. Eine eindrucksvolle, fruchtbare, aber unvollständige Erzählung. Quantenkohärenz in lebenden Systemen – fragil, vergänglich und doch real – stellt die Vorstellung in Frage, dass Leben lediglich das statistische Ergebnis blinder Prozesse ist. Ohne die darwinistische Evolution zu leugnen, zwingt sie diese, sich mit einer tieferen Ebene der Ordnung auseinanderzusetzen.

Kohärenz als Beziehung, nicht als Starrheit.

In der Physik ist Kohärenz nicht gleichbedeutend mit Unbeweglichkeit oder Perfektion. Im Gegenteil: Sie ist eine dynamische Beziehung, eine temporäre Übereinstimmung zwischen Teilen, die gemeinsam oszillieren. Übertragen auf das Leben, führt diese Idee zu einem radikalen philosophischen Paradigmenwechsel. Ein Organismus ist nicht deshalb kohärent, weil er abgeschlossen ist, sondern weil er fein abgestimmt ist auf das, was ihn durchströmt.

Hier schwingt fast zwangsläufig der Gedanke von Alfred North Whitehead mit, der bereits in den 1920er Jahren die Realität als einen Prozess miteinander verbundener Ereignisse beschrieb, nicht als eine Ansammlung von Objekten. Die Quantenbiologie scheint eine späte empirische Bestätigung zu liefern: Lebendiges ist kein Ding, sondern ein kohärenter Prozess im Laufe der Zeit.

Henri Bergson und die Idee des „Élan Vital".

Als Henri Bergson zu Beginn des 20. Jahrhunderts den Begriff des Élan vital einführte, geschah dies in einem Kontext, der von einem mechanistischen Naturverständnis geprägt war. Die Wissenschaft neigte dazu, Lebewesen als komplexe Maschinen zu erklären, die starren und reversiblen Gesetzen unterliegen. Bergson spürte, dass in diesem Rahmen etwas fehlte: Das Leben wiederholt nicht einfach Muster, sondern erfindet, weicht ab und erschafft unerwartete Formen. Der Élan vital entstand genau zu diesem Zweck: um dieser schöpferischen Dimension des Lebens einen Namen zu geben.

Es ist wichtig, ein Missverständnis sofort auszuräumen. Der Élan vital ist keine „mysteriöse Kraft", die der Materie von außen zugeführt wird, wie ein magischer Atem oder ein okkultes Prinzip. Bergson stellt sich keine übernatürliche Energie vor, die Organismen antreibt. Vielmehr spricht er von einer dem Leben innewohnenden Spannung, einem Impuls, der durch die Materie fließt und sie immer wieder neu ordnet. Es handelt sich um ein philosophisches Konzept, nicht um eine physikalische Hypothese: Es dient dazu, die dynamische, unvorhersehbare und schöpferische Natur der Evolution zu beschreiben.

Für Bergson liegt das Problem klassischer wissenschaftlicher Erklärungen darin, dass sie die Zeit als eine Abfolge identischer Augenblicke betrachten, messbar wie die Sekunden einer Uhr. Doch das Leben, so Bergson, existiert nicht in dieser „räumlich" definierten Zeit. Es lebt in der Durée, der Dauer: einer kontinuierlichen, qualitativen Zeit, in der die Vergangenheit nicht verschwindet, sondern sich in der Gegenwart anhäuft. Der Lebensdrang ist untrennbar mit dieser Dauer verbunden. Sich zu entwickeln bedeutet nicht einfach, auf äußere Einflüsse zu reagieren, sondern eine Geschichte in sich zu tragen, sie zu transformieren und fortzuführen.

Ein einfaches Beispiel mag dies verdeutlichen. Denken Sie an eine Melodie: Sie ist nicht die Summe einzelner Noten, sondern ein Fluss, in dem jede Note das Echo der vorhergehenden bewahrt und die nächste vorbereitet. Ebenso schreitet das Leben nicht in mechanischen Sprüngen voran, sondern gleicht einer Melodielinie, die sich selbst bereichert, sich gabelt, manchmal bricht, aber niemals von vorn beginnt. Der Lebensdrang ist dieser musikalische Impuls, der durch die lebende Materie fließt.

Bei erneuter Lektüre erscheint Bergson heute der Wissenschaft näher als bisher angenommen. Natürlich deckt sich der Élan vital nicht mit Konzepten wie DNA, natürlicher Selektion oder Selbstorganisation. Doch er nimmt eine Idee vorweg, die viele moderne Wissenschaften anerkennen: Leben als Prozess, nicht als statische Struktur; als System, das Neues hervorbringen kann, nicht bloß Programme abarbeitet. In diesem Sinne lässt sich der Élan vital als philosophische Intuition der schöpferischen Kontinuität verstehen, die die Materie durchdringt, sobald sie lebendig wird.

Letztendlich lädt Bergson uns ein, unsere Perspektive zu ändern. Nicht, die Wissenschaft zu verleugnen, sondern sie durch eine andere Form des Verstehens zu ergänzen: die

Intuition des Werdens. Der Élan vital erklärt nicht technisch, „wie“ Leben funktioniert, sondern erinnert uns daran, dass Leben immer bedeutet, das Gegebene zu überschreiten, ein Stück weiterzugehen, hin zu Formen, die vorher nicht vorhergesehen wurden. In diesem Impuls, mehr als in einer geheimnisvollen Kraft, liegt vielleicht das bedeutendste Erbe des Bergsonschen Denkens.

Zusammenfassend lässt sich sagen, dass Henri Bergson mit seiner Idee des „Lebenselixiers“ der heutigen Wissenschaft näher steht als bisher angenommen. Quantenkohärenz ist kein Beweis für naiven Vitalismus, sondern legt nahe, dass sich das Leben nicht auf die Summe unabhängiger Teile reduzieren lässt

Vom Lokalen zum Globalen.

Es gibt einen weiteren, subtileren, aber entscheidenden Aspekt. Die Quantenphänomene, die wir in lebenden Systemen beobachten, ergeben keinen Sinn, wenn wir sie aus ihrem Kontext herauslösen. Kohärenz entsteht in Bezug auf eine Umgebung, oft ein Feld: elektromagnetisch, energetisch oder informationell. Das Leben erscheint in diesem Sinne als Schnittstelle zwischen Mikro- und Makrokosmos, zwischen Lokalem und Globalem.

Kohärentes Leben scheint sich so zu verhalten, als sei es in einer solchen Ordnung verwurzelt. Nicht weil es alles „weiß“, sondern weil es daran teilhat. Diese Perspektive stellt den ontologischen Individualismus infrage. Der Organismus ist nicht länger eine autarke Einheit, die gegen die Umwelt ankämpft, sondern ein temporärer Kohärenzknoten innerhalb eines größeren Netzwerks.

An diesem Punkt ändert sich der Status des Informationsbegriffs. Er ist nicht länger bloß ein quantitatives Maß, wie in Claude Shannons Theorie, sondern etwas, das beginnt, Bedeutung zu erfassen.

Quantenkohärenz legt nahe, dass das Leben nicht einfach auf Reize reagiert, sondern sie nach Mustern organisiert, die innere Kontinuität gewährleisten. Hier sehen viele Philosophen des Geistes eine Vorwegnahme des Problems des Bewusstseins: nicht als verspätetes Epiphänomen, sondern als einen Gradienten der Innerlichkeit, der mit zunehmender Kohärenz wächst.

An diesem Punkt driftet die wissenschaftliche Reflexion unweigerlich in metaphysische Gefilde ab. Wenn das Leben ein kohärentes System ist, das dank tiefgreifender Beziehungen zu fundamentalen Feldern und Strukturen der Realität entsteht und sich selbst erhält, dann ist die Hypothese eines universellen Bewusstseinsfeldes keine bloße poetische Spekulation mehr.

Sie ist keine wissenschaftliche Theorie im engeren Sinne und erhebt auch nicht den Anspruch, eine zu sein. Sie ist ein Interpretationsrahmen: die Idee, dass Bewusstsein kein lokaler Zufall, sondern eine fundamentale Eigenschaft der Realität ist, deren partielle und vorübergehende Manifestationen das individuelle Bewusstsein darstellen. Diese Position findet sich, in unterschiedlichen Sprachen, sowohl in Spinozas „Ethik" als auch im zeitgenössischen Panpsychismus von Philosophen wie Galileo Strawson wieder. Die Kohärenz des Lebens ist aus dieser Perspektive nicht bloß funktional, sondern auch expressiv.

Letztendlich lautet die vielleicht tiefgreifendste philosophische Implikation: Leben ist nicht bloßes Überleben, sondern das Aufrechterhalten einer Übereinstimmung – mit dem eigenen Körper, mit der Umwelt, mit unsichtbaren Feldern, die uns vorausgehen und uns durchdringen. Kohärenz ist kein dauerhafter Zustand, sondern ein instabiles Gleichgewicht, das ständig neu ausgehandelt wird.

In diesem Sinne erscheint das Leben weniger wie ein Kampf gegen die Entropie, sondern eher wie ein Tanz mit ihr. Ein kurzer, zerbrechlicher Tanz, und gerade deshalb so außergewöhnlich. Wenn uns die Quantenphysik gelehrt hat, dass die Welt nicht aus Dingen, sondern aus Beziehungen besteht, so legt die Quantenbiologie nahe, dass das Leben die intensivste Form von Beziehung ist, die Materie je zum Ausdruck bringen konnte.

Und vielleicht ist es im Grunde genau diese gelebte Kohärenz – mehr als jede Definition –, die den ersten, zaghaften Widerschein der verborgenen Intelligenz der Welt darstellt, die dieses Buch zu beschreiben versucht.

III°. Quantentunneln und enzymatische Reaktionen.

Enzyme und der „unmögliche Sprung“ der Protonen.

In der Geschichte vieler biochemischer Reaktionen kommt ein Moment, in dem die klassische Physik versagt. Ihren Gesetzen zufolge reicht die verfügbare Energie nicht aus. Der Reaktant sollte vor einer zu hohen Energiebarriere stoppen, wie ein Ball, der gegen einen Hügel geworfen wird, der steiler ist als seine eigene Stärke. Stattdessen passiert dieser Ball innerhalb der Zelle die Barriere. Er umgeht sie nicht, er überwindet sie nicht, er durchdringt sie.

Hier kommt der Quantentunnel-Effekt ins Spicl, eines der kontraintuitivsten Phänomene, die die Wissenschaft je beschrieben hat. Und es sind Enzyme – die stillen Lenker des Lebens –, die ihn nicht nur ermöglichen, sondern auch überraschend häufig auftreten lassen. Der Quantentunnel-Effekt ist ein Phänomen der Quantenmechanik, bei dem ein Teilchen eine Energiebarriere überwinden kann, selbst wenn es nach den Regeln der klassischen Physik nicht über genügend Energie verfügt, um sie zu überwinden. Um den Energiemangel auszugleichen, muss das Teilchen, wenn es vor einer „Barriere“ steht, nicht den Gipfel erklimmen und auf der anderen Seite wieder absteigen: Es durchdringt die Barriere einfach.

Das Proton, der winzige Seiltänzer des Lebens.

Der Protagonist dieser „unmöglichen Überquerung“ ist oft das Proton: ein winziges, aber entscheidendes Teilchen. In vielen grundlegenden enzymatischen Reaktionen – von der Zellatmung bis zur DNA-Synthese – ist der Transfer eines

Protons der Schlüsselschritt. Nach den Regeln der klassischen Chemie würde dieser Transfer jedoch mehr Energie erfordern, als die Zelle aufbringen könnte, ohne in thermisches Chaos zu verfallen. Bereits in den 1930er-Jahren zeigten Physiker wie George Gamow, dass der Tunneleffekt ansonsten unerklärliche Phänomene wie den radioaktiven Zerfall erklärte. Doch erst viel später, in den 1980er- und 1990er-Jahren, begannen Biochemiker und Physiker die Idee ernst zu nehmen, dass derselbe Mechanismus auch im warmen, feuchten Herzen des Lebens wirken könnte. Bahnbrechende Studien von Judith Klinman an der University of California, Berkeley, zeigten, dass in einigen Enzymen der Transfer von Protonen (und Elektronen) so schnell abläuft, dass er ohne den Tunneleffekt nicht zu erklären ist. Dies war keine Metapher: Die experimentellen Daten – einschließlich der Isotopeneffekte zwischen Wasserstoff und Deuterium – wiesen eindeutig auf Quantenverhalten hin.

Aber Vorsicht: Das Enzym „schiebt“ das Proton nicht durch die Barriere. Es stellt keine zusätzliche Energie bereit, wie eine verborgene Feder. Es tut etwas viel Subtileres: Es formt den Raum der Möglichkeiten neu. Die dreidimensionale Struktur des Enzyms – das Ergebnis von Jahrmillionen der Evolution – bringt Reagenzien näher zusammen, stabilisiert kurzlebige Konfigurationen und verringert die Breite der Energiebarriere. Dadurch muss das Proton das Hindernis nicht mehr „überspringen“, sondern kann es mit hoher Wahrscheinlichkeit passieren.

Dies ist ein entscheidender Paradigmenwechsel. Leben gewinnt nicht, indem es die Gesetze der Physik beugt, sondern indem es sie in ihrer tiefsten Form nutzt. Dort, wo die Realität nicht deterministisch, sondern statistisch ist. Dort, wo nicht das Gewisse, sondern das hinreichend Wahrscheinliche zählt.

Jahrzehntelang wurde die Idee des Tunnelns in biologischen Systemen skeptisch betrachtet. „Zu viel Rauschen, zu hohe Temperatur“, hieß es. Doch genau das macht das Phänomen philosophisch so faszinierend. Wenn Tunneln in Zellen stattfindet, hat das Leben gelernt, Unsicherheit zu schützen und zu nutzen, anstatt von ihr zerstört zu werden.

Der theoretische Biologe Stuart Hameroff – auch bekannt für seine Hypothesen zum Bewusstsein – hat diesen Punkt oft betont: Die Zelle ist kein chaotisches Labor, sondern eine hochstrukturierte Umgebung, die Mikronischen quantenmechanischen Verhaltens hervorbringen kann. Selbst diejenigen, die seinen spekulativeren Erweiterungen widersprechen, erkennen heute an, dass enzymatisches Tunneln keine Randerscheinung, sondern ein realer Bestandteil der Biochemie ist.

Von der Reaktion zur Bedeutung.

Auf dieser Ebene kann Reflexion nicht auf die Chemie beschränkt bleiben. Wenn ein essenzieller Lebensprozess von Ereignissen abhängt, die nicht mit Sicherheit bestimmt, sondern nur wahrscheinlichkeitstheoretisch beschrieben werden können, dann sind Lebewesen keine Maschinen im klassischen Sinne. Sie sind Systeme, die Unsicherheit in ihre Funktionsweise integrieren.

Hier eröffnet sich auf subtile Weise Raum für eine metaphysische Interpretation. Der „Sprung“ oder die Überquerung des Protons ist nicht nur ein technischer Trick der Natur, sondern ein aussagekräftiges Symbol: Leben entsteht nicht durch die Beseitigung von Unsicherheit, sondern indem es sie zu einer Ressource macht. Aus dieser Perspektive kann das universelle Feld des Bewusstseins als der Horizont betrachtet werden, innerhalb dessen diese Möglichkeiten real, wählbar und wirksam werden.

Nicht weil das Bewusstsein jede Reaktion „entscheidet“, sondern weil die Realität selbst im Kern kein blinder Mechanismus ist. Sie ist ein Feld strukturierter Möglichkeiten, und das Leben – durch Enzyme, Protonen und ihre unsichtbaren Sprünge – ist einer ihrer raffiniertesten Ausdrucksformen.

Das tägliche Wunder, das wir nicht sehen.

Jede Sekunde finden in unserem Körper Milliarden dieser unmöglichen Sprünge statt. Lautlos, ohne Licht, ohne Zeugen. Könnten wir die Zeit verlangsamen und eine einzelne enzymatische Reaktion beobachten, würden wir sehen, wie sich Materie wie in Lehrbüchern der Quantenphysik verhält, nicht wie in alten Chemie-Lehrbüchern.

Vielleicht ist dies die tiefgründigste Botschaft des biologischen Tunnelings: Leben ist keine Ausnahme von den Gesetzen des Universums, sondern ihre kühnste Interpretation. Wo die Physik Wahrscheinlichkeit sieht, konstruiert die Biologie Kontinuität. Wo der Zufall zu herrschen scheint, finden Lebewesen einen Weg.

Und in diesem stillen Übergang, in diesem Sprung, der eigentlich unmöglich sein dürfte, scheint uns die Materie daran zu erinnern, dass das Mögliche stets größer ist als das Notwendige.

Die Rolle des Tunnelns in der biologischen Geschwindigkeit.

Würde das Leben den Rhythmen der klassischen Chemie folgen, gäbe es schlichtweg nicht. Viele fundamentale Reaktionen – von der DNA-Replikation bis zur Zellatmung – wären zu langsam, um einen Organismus zu erhalten, zu ineffizient, um der natürlichen Tendenz zur Unordnung entgegenzuwirken. Kurz gesagt: Die Biologie lebt ständig gegen die Zeit.

Diese Tatsache war bereits in den 1930cr-Jahren klar, als der britische Biochemiker J.B.S. Haldane beobachtete, dass Enzyme Reaktionen bis zu Milliarden Mal schneller beschleunigen, als sie spontan in Lösung ablaufen würden. Doch jahrzehntelang beschränkte sich die Erklärung auf klassische Modelle: Absenkung von Energiebarrieren, Stabilisierung von Übergangszuständen, günstige Molekülgeometrien. Alles richtig, aber nicht ausreichend. Die Frage blieb unbeantwortet: Woher kommt diese beinahe „unnatürliche" Geschwindigkeit des Lebens wirklich?

Denn das Leben kann es sich nicht leisten, langsam zu sein.

In den 1990er Jahren stellte eine Reihe komplexer Experimente die traditionelle Sichtweise infrage. In mehreren Laboren – darunter jene der bereits erwähnten University of California, Berkeley, aber auch in Oxford und Cambridge – wurde beobachtet, dass bestimmte enzymatische Reaktionen mit Geschwindigkeiten abliefen, die mit keinem rein thermischen Mechanismus vereinbar waren.

Ein entscheidender Hinweis ergab sich aus Untersuchungen kinetischer Isotopeneffekte: Durch den Austausch von Wasserstoff gegen sein schwereres Isotop Deuterium verlangsamte sich die Reaktion deutlich stärker als erwartet. Dieses Verhalten ist ein typisches Merkmal des Quantentunnelns. Es handelte sich nicht länger um eine elegante Hypothese, sondern um einen hartnäckigen experimentellen Befund. Die Botschaft war eindeutig: Leben findet statt, weil es auf mikroskopischer Ebene nicht immer den längsten Weg nimmt.

Aus quantenmechanischer Sicht ist das Tunneln eine Abkürzung sowohl in der Zeit als auch im Raum. Ein Teilchen, das eine Barriere durchdringt, ohne die notwendige Energie aufnehmen zu müssen, vermeidet Wartezeiten, Verzögerungen und thermische Gefahren. Angewendet auf die Biochemie bedeutet dies schnellere, zuverlässigere und besser synchronisierte Reaktionen.

Es ist faszinierend zu beobachten, dass diese Geschwindigkeit kein Nebeneffekt, sondern eine strukturelle Notwendigkeit ist. Wie Erwin Schrödinger 1944 schrieb: „Leben muss sich von Ordnung ernähren, um zu überleben.“ Und Ordnung erfordert in Systemen fernab des Gleichgewichts Geschwindigkeit: Reaktionen, bevor thermisches Rauschen Informationen zerstört. Aus dieser Perspektive ist der Tunneleffekt kein technisches Detail, sondern eine zeitliche Strategie des Lebens.

Ein Orchester, das vorausschauend spielt.

Stellen Sie sich ein großes Sinfonieorchester vor. Würde jeder Musiker auf den Ton des anderen warten, wäre das Ergebnis chaotisch und langsam. Musik entsteht, weil jeder antizipiert, vorhersagt und zum richtigen Zeitpunkt einsetzt. Ähnlich verhält es sich in Zellen: Millionen von Reaktionen müssen in präziser Reihenfolge und ohne Zögern ablaufen.

Der Quantentunneleffekt ermöglicht diese tiefgreifende Synchronisation. Er reduziert die Abhängigkeit von zufälligen Schwankungen und erlaubt dem System, sein Ziel bereits vor Erreichen des Ziels zu „wissen“. Es ist kein Zufall, dass einige Physiker von einer quantenmechanischen Präorganisation aktiver Zentren von Enzymen sprechen.

Hier berührt die wissenschaftliche Betrachtung unweigerlich die philosophische: Biologische Geschwindigkeit ist nicht nur eine Frage der Effizienz, sondern auch der zeitlichen Bedeutung. Das Leben erscheint orientiert, gelenkt, als übe die Zukunft einen subtilen Einfluss auf die Gegenwart aus.

In der metaphysischen Vision, die dieses Buch durchdringt, ist diese Tatsache nicht neutral. Wenn die Realität ihrem Wesen nach ein Feld quantenmechanischer Möglichkeiten ist, dann lässt sich die Geschwindigkeit des Lebens als eine Form der Ausrichtung auf dieses Feld interpretieren. Das Leben beschleunigt sich nicht durch Zwang, sondern indem es den Linien des geringsten ontologischen Widerstands folgt.

Anders ausgedrückt: Was der klassischen Chemie als Geschwindigkeitswunder erscheint, ist für eine quantenmechanische Sicht der Realität ein Akt der Kohärenz mit der tiefgreifenden Struktur der Zeit.

Der Biologe und Philosoph Henri Bergson, der in einer vorquantenmechanischen Ära schrieb, ahnte etwas Ähnliches, als er vom „Élan vital“ als einem schöpferischen Impuls sprach, der die Materie durchströmt. Heute können wir, ohne auf vitalistische Kategorien zurückzugreifen, diese Intuition neu formulieren: Das Leben ist schnell, weil es in einer Zeit existiert, die nicht bloß mechanisch, sondern probabilistisch ist.

Letztendlich liefert uns die Rolle des Tunnelns in der biologischen Geschwindigkeit ein überraschendes Bild von Lebewesen: keine gut geölte Maschine, die läuft, sondern ein System, das beschleunigt, weil es sich innerhalb des Möglichen bewegen kann. Jede schnelle Reaktion ist eine stille Wahl zwischen vielen potenziellen Zukünften.

Und wenn diese Wahl überall, kontinuierlich und mit einer Präzision stattfindet, die dem Zufall trotzt, dann beobachten wir vielleicht nicht nur einen evolutionären Trick. Wir erhaschen einen Blick darauf, wie das Universum durch das Leben lernt, keine Zeit zu verschwenden.

Im nächsten Unterkapitel werden wir sehen, wie diese Geschwindigkeit die Unsicherheit nicht beseitigt, sondern sie in einen Tanz verwandelt: eine Chemie, die nicht von starrer Notwendigkeit, sondern von orchestrierter Wahrscheinlichkeit geprägt ist.

Chemie als probabilistischer Tanz. Wenn Moleküle improvisieren.

Lange Zeit stellten wir uns Chemie – und damit auch Biochemie – als eine Art präzise Uhr vor: Reagenzien treffen aufeinander, Bindungen brechen, Produkte entstehen nach vorhersehbaren Bahnen. Eine Welt der Kollisionen, Kräfte und Geometrien. Doch wenn wir uns auf die Ebene begeben, auf der Enzyme wirken, beginnt dieses mechanische Bild zu bröckeln.

Die Chemie des Lebens verläuft nicht wie ein Fließband, sondern gleicht eher einem Tanz, in dem jeder Schritt das Ergebnis einer Wahrscheinlichkeit ist, jede Bewegung eine Wahl aus vielen Möglichkeiten. Es gibt keine deterministische Starrheit, sondern eine flexible Choreografie, die zwischen Molekülen, Feldern und Fluktuationen ständig neu ausgehandelt wird.

Diese Idee entstammt nicht einer poetischen Vorstellung, sondern der Quantenmechanik selbst. Wie Werner Heisenberg 1958 in einem Vortrag in München erinnerte: „Atome sind keine Dinge, sondern Tendenzen." Und chemische Reaktionen, insbesondere im biologischen Kontext, sind der konkrete Ausdruck dieser sich überschneidenden Tendenzen.

Im Zentrum einer enzymatischen Reaktion steht nicht das, was geschehen muss, sondern das, was mit einer bestimmten Wahrscheinlichkeit eintritt. Der bereits erwähnte Quantentunnel-Effekt ist nur das spektakulärste Beispiel für dieses allgemeinere Prinzip: Chemie wird von Wahrscheinlichkeitsamplituden bestimmt, nicht von erzwungenen Reaktionswegen.

In den 1970er Jahren zeigte Ilja Prigogine, Nobelpreisträger von 1977, wie Systeme fernab des Gleichgewichts – darunter auch lebende Organismen – den Zufall nutzen, anstatt ihm zu erliegen. Fluktuationen, so schrieb er, sind kein Rauschen, das es zu eliminieren gilt, sondern Chancen, die es zu verstärken gilt. In einer enzymatischen Umgebung bedeutet dies, dass das System nicht einen einzigen Reaktionsweg erzwingt, sondern gleichzeitig viele Möglichkeiten erkundet und so die effektivsten hervortreten lässt. Der chemische Tanz ist daher eine Form der Erkundung des Möglichen.

Enzyme als unsichtbare Choreografen.

In diesem Tanz sind Enzyme keine autoritären Regisseure, sondern diskrete Choreografen. Sie legen keinen vorgegebenen Weg fest, sondern formen den Wahrscheinlichkeitsraum. Sie lenken Reaktanten, synchronisieren Molekülschwingungen und schaffen Bedingungen, unter denen bestimmte Ereignisse wahrscheinlicher werden als.

Einige ultraschnelle Spektroskopiestudien, die zwischen den 2000er und 2010er Jahren an Institutionen wie dem Max-Planck-Institut für multidisziplinäre Naturwissenschaften in Göttingen durchgeführt wurden, haben gezeigt, dass die Bewegungen enzymatischer Proteine nicht zufällig sind, sondern auf Zeitskalen ablaufen, die fein auf die der von ihnen katalysierten chemischen Reaktionen abgestimmt sind. Es ist, als ob das Molekül „weiß“, wann es sich bewegen, wann es sich biegen und wann es warten soll. Hier verschwimmt die Grenze zwischen Struktur und Dynamik: Die Form des Enzyms ist bereits eine probabilistische Vorhersage des zukünftigen Verhaltens des Systems.

Diese Erkenntnis widerlegt eines der größten Vorurteile der modernen Wissenschaft: die Vorstellung, dass Zufall gleichbedeutend mit Unordnung sei. In der lebendigen Quantenchemie ist das Gegenteil der Fall. Gerade weil

Reaktionen nicht starr determiniert sind, können sie zuverlässig, reproduzierbar und erstaunlich präzise sein.

Der Physiker Max Born, einer der Begründer der probabilistischen Interpretation der Wellenfunktion, schrieb 1926, dass Wahrscheinlichkeit nicht unser Unwissen ausdrückt, sondern eine objektive Eigenschaft der Natur ist. Wenn wir diese Aussage ernst nehmen, dann toleriert das Leben Unsicherheit nicht einfach, sondern nutzt sie als schöpferische Ressource. In diesem Sinne ist der chemische Tanz eine Form diffuser Intelligenz, ohne Zentrum oder Lenker, aber fähig, durch die kontinuierliche Erforschung von Möglichkeiten Ordnung zu schaffen.

Von der Chemie zur Metaphysik des Möglichen.

Und hier berührt der wissenschaftliche Diskurs ungehindert die Metaphysik. Wenn die fundamentalen Reaktionen des Lebens probabilistische Akte sind, dann deckt sich Sein nicht mehr mit dem Verwirklichten, sondern umfasst das Mögliche. Die biologische Realität erscheint als permanente Schwelle zwischen dem Möglichen und dem Wirklichen.

Diese Schwelle ist nicht leer. Sie ist eingebettet in ein universelles Bewusstseinsfeld, das Ereignisse nicht determiniert, sondern ihre probabilistische Harmonie verständlich macht. Wie bei einem perfekt ausgeführten Tanz wirkt kein Schritt erzwungen, und doch bewahrt das Ganze eine erkennbare Kohärenz.

Die Chemie des Lebens ist demnach nicht bloß eine Abfolge von Reaktionen, sondern eine kontinuierliche Teilhabe an einer tieferen Ordnung, in der der Zufall nicht das Gegenteil von Sinn ist, sondern vielmehr dessen subtilstes Vehikel. Im nächsten Abschnitt werden wir sehen, wie aus diesem Tanz mikroskopischer Möglichkeiten eine überraschend stabile makroskopische Ordnung entsteht: Form, Funktion und Fortbestand des Lebens.

Die Ordnung des Lebens als Entstehung des Möglichen.

An diesem Punkt unserer Reise durch Quantentunnelung und Enzymchemie stellt sich unweigerlich die Frage: Wie kann eine Welt, die von Wahrscheinlichkeit, Fluktuationen und Unbestimmtheit beherrscht wird, die überraschend stabile Ordnung des Lebens hervorbringen? Wie bewahren Zellen, Gewebe und Organismen Kohärenz, Form und Funktion, wenn in ihrem Kern Prozesse ablaufen, die niemals vollständig determiniert sind?

Die ehrlichste Antwort isl zugleich dic radikalste: Die Ordnung des Lebens wird nicht von oben auferlegt, sondern entsteht aus dem Möglichen. Sic entsteht nicht trotz der Quantenunsicherheit, sondern gerade wegen ihr. Das Leben beseitigt die Unsicherheit nicht: Es kultiviert sie, kanalisiert sie und macht sie fruchtbar. Diese Erkenntnis, die mittlerweile von vielen wissenschaftlichen Forschungsrichtungen gestützt wird, markiert einen tiefgreifenden Paradigmenwechsel gegenüber dem klassischen mechanistischen Paradigma, in dem Ordnung das Ergebnis starrer Gesetze und perfekt definierter Anfangsbedingungen war.

Wenn Leben nicht gehorcht, sondern einfach geschieht.

In der Sprache der Quantenphysik ist eine Reaktion niemals ein einzelnes Ereignis, sondern eine Überlagerung von Möglichkeiten. Nur einige davon werden realisiert, während die anderen als nicht realisierte, aber nicht irrelevante Spuren zurückbleiben. Aus diesem „Reservoir" an Möglichkeiten schöpft das Leben fortwährend.

In den 1980er Jahren sprach der theoretische Biologe Stuart Kauffman, der am Santa Fe Institute in New Mexico arbeitete, von „freier Ordnung": einer Ordnung, die in komplexen Systemen spontan entsteht, ohne dass eine zentrale Steuerung erforderlich ist. Obwohl Kauffman eher im klassischen als im quantenmechanischen Bereich arbeitet, korrespondiert seine Erkenntnis tiefgreifend mit dem, was wir in der enzymatischen Biochemie beobachten: Ordnung wird nicht programmiert, sondern selektiert. Im quantenmechanischen Kontext erfolgt diese Selektion aus einer Vielzahl möglicher Zustände. Jede erfolgreiche Reaktion ist sozusagen eine Wahl zwischen alternativen Welten.

Bemerkenswert ist, dass diese Wahl nicht Chaos, sondern Struktur erzeugt. Stoffwechselwege, DNA-Replikation und Genregulation weisen eine Robustheit auf, die beinahe im Widerspruch zur Fragilität ihrer mikroskopischen Grundlagen zu stehen scheint. Doch gerade die Wahrscheinlichkeit gewährleistet Flexibilität und Anpassungsfähigkeit. Der Physiker Philip Anderson, Nobelpreisträger von 1977, schrieb in seinem berühmten Artikel „Mehr ist anders" (1972), dass auf jeder Komplexitätsebene neue Gesetze entstehen, die sich nicht auf die zugrundeliegenden reduzieren lassen. In Lebewesen beseitigt makroskopische Ordnung nicht die Quantenunbestimmtheit, sondern integriert sie in eine neue Grammatik. Biologische Form ist somit keine ein für alle Mal geformte Statue, sondern eine dynamische Stabilität, die durch probabilistische Prozesse fortwährend erneuert wird, welche jederzeit anders verlaufen können – und genau deshalb funktionieren sie. Aus dieser Perspektive betrachtet ist ein lebender Organismus keine Maschine, die Anweisungen ausführt, sondern ein Erforscher von Möglichkeiten. Jede Zelle testet in ihrem täglichen Stoffwechsel ständig die Grenze zwischen dem Möglichen und dem, was tatsächlich geschieht.

Hier setzt die im Buch vorgeschlagene metaphysische Vision an: Wenn Leben ein kontinuierliches Entstehen aus dem Möglichen ist, dann kann das Mögliche selbst keine abstrakte Leere sein. Es muss eine Struktur, eine Kohärenz, eine Tiefe besitzen. Dies wird als das universelle Feld des Bewusstseins interpretiert: kein entscheidender Verstand, sondern ein Feld, das das Entstehen von Ordnung verständlich macht. Eine Vision, die – wenn auch in anderer Sprache – Resonanz in den Gedanken David Bohms findet, der von impliziter Ordnung sprach: einer tieferen Dimension der Realität, aus der sich die explizite Ordnung der phänomenalen Welt fortwährend entfaltet.

In diesem Licht ist Leben kein Ding, sondern ein sich selbst erneuerndes Ereignis. Jede erfolgreiche enzymatische Reaktion, jedes aufrechterhaltene Stoffwechselgleichgewicht ist ein kleiner Sieg des Möglichen über das Unwahrscheinliche. Nicht weil es notwendig war, sondern weil es mit dem Ganzen vereinbar war.

Die Ordnung des Lebens erscheint somit als eine emergente Eigenschaft, die die mikroskopische Freiheit nicht leugnet, sondern sie orchestriert. Eine Ordnung, die den Zufall nicht ausschließt, sondern ihn in Sinn verwandelt. Und vielleicht ist es genau hier, wo Biologie und Quantenphysik sich am engsten begegnen: in der Vorstellung, dass die lebendige Realität nicht das ist, was bereits festgelegt ist, sondern das, was sich fortwährend selbst wählt. In dieser unaufhörlichen Wahl, die auf jeder Ebene der Existenz stattfindet, erahnen manche nicht nur einen natürlichen Mechanismus, sondern auch den Widerschein einer tieferen, diffuseren und stillen Intelligenz – der Intelligenz der Möglichkeit selbst

IV°. Ein Informationssystem mit niedriger Entropie.

Information als Organisationsprinzip des Lebens.

Beobachten wir eine Zelle unter dem Mikroskop, sehen wir Membranen, Organellen und Moleküle in Bewegung. Doch wenn wir versuchen, sie wirklich zu beschreiben – zu erklären, warum sie funktioniert, wie sie ihre Identität bewahrt und wie sie dem sie umgebenden Chaos widersteht –, dann reicht die Sprache der Materie nicht mehr aus. Wir müssen ein Wort einführen, das der Biologie bis vor wenigen Jahrzehnten fremd schien: Information. Eine lebende Zelle ist nicht einfach nur ein „Beutel" fein abgestimmter Chemie. Sie ist ein System, das Informationen aufzeichnet, verarbeitet, weiterleitet und speichert. Und sie tut dies so effizient, dass sie den zweiten Hauptsatz der Thermodynamik ständig in Frage stellt und eine überraschende innere Ordnung in einem Universum aufrechterhält, das zur Unordnung tendiert.

Bereits 1944 formulierte der Physiker Erwin Schrödinger – einer der Väter der Quantenmechanik – in Dublin die These: Leben ist einzigartig, weil es sich von „negativer Entropie" nährt, was wir heute als „organisierte Information" bezeichnen würden. Diese Erkenntnis sollte die Anfänge der Molekularbiologie tiefgreifend beeinflussen.

Information vor Struktur.

Die zentrale Idee dieses Kapitels ist einfach und zugleich irritierend: Nicht die Struktur erzeugt Information, sondern die Information erzeugt Struktur. Zelluläre Moleküle ordnen sich nicht zufällig an, um dann zu „funktionieren"; sie organisieren sich selbst, weil sie impliziten Anweisungen, Kompatibilitätsregeln und Informationsbeschränkungen folgen.

Als James Watson und Francis Crick in den 1950er Jahren in Cambridge die DNA-Doppelhelix beschrieben (1953), beeindruckte nicht nur die Eleganz ihrer Struktur, sondern vor allem ihre Bedeutung: Diese Form war in Wirklichkeit ein physikalischer Träger einer Botschaft. Die Stickstoffbasen waren keine einfachen Atome, sondern Buchstaben eines Alphabets.

Von diesem Moment an sprach die Biologie – nicht ohne Widerstand – die Sprache der Codes, Signale und Programme. Dieser kulturelle Wandel brachte die Biologie unerwartet näher an die Informationsphysik und später an die Quantentheorie heran.

Das Faszinierende an biologischer Information ist, dass sie keinen externen Schöpfer benötigt. Keine lokalisierte Intelligenz steuert die Vorgänge in der Zelle. Dennoch sind Millionen von Reaktionen mit einer Präzision koordiniert, die an ein Sinfonieorchester erinnert.

Der Biologe und Nobelpreisträger Jacques Monod sprach in seinem Buch „Zufall und Notwendigkeit“ (1970) von einer seltsamen Allianz zwischen Kontingenz und Regel. Heute können wir noch einen Schritt weitergehen: Information ist nicht nur ein Ergebnis der Evolution, sondern das Prinzip selbst, das Evolution ermöglicht. Jede Zelle ist in diesem Sinne ein System, das den Lärm der Welt filtert und Relevantes von Unwesentlichem unterscheidet. Ein grundlegender kognitiver Akt, wenn auch ohne reflektierendes Bewusstsein. Hier verringert sich die Kluft zwischen Biologie und Philosophie.

Leben als Informationsprozess.

Im späten 20. Jahrhundert, mit der Entwicklung der Kybernetik und Claude Shannons Informationstheorie, wurde deutlich, dass „Information“ nicht zwangsläufig „subjektive Bedeutung“, sondern „Reduzierung von Unsicherheit“ bedeutet. Die Zelle, ständig von thermischer Unordnung bedroht, überlebt gerade deshalb, weil sie die Unsicherheit über ihren inneren Zustand reduziert. Doch in Lebewesen geschieht noch etwas anderes: Information ist nicht neutral. Sie zielt auf Fortbestand, Reproduktion und Kontinuität ab. Ein chemisches Signal in einer Zelle ist niemals bloß Information: Es ist immer eine Aufforderung zum Handeln.

Aus dieser Perspektive erscheint das Leben als ein kontinuierlicher Fluss mikroskopischer Entscheidungen, die alle auf Informationsverarbeitung basieren. Diese Entscheidungen sind unbewusst, aber auch nicht rein mechanisch.

Hier entsteht eine kühnere Vision. Wenn Information das Organisationsprinzip des Lebens ist, müssen wir uns fragen, woher die Informationsordnung selbst kommt. Ist sie lediglich das Produkt lokaler Interaktionen oder wurzelt sie in einer tieferen Ebene der Realität?

Einige Physiker und Philosophen – von John Archibald Wheeler bis David Bohm – haben vorgeschlagen, dass Information kein Derivat der Materie, sondern ein fundamentaler Bestandteil des Universums ist. Aus dieser Perspektive kann die Zelle als lokaler Knotenpunkt einer größeren Informationsordnung betrachtet werden. Nicht als ein Bewusstsein, das anstelle von Zellen denkt, sondern als ein Feld, das Kohärenz, Kommunikation und die Entstehung von Bedeutung ermöglicht.

Letztendlich ist die Idee, die sich durch dieses Kapitel zieht, so einfach wie schwindelerregend: Leben bedeutet, Information im Laufe der Zeit zu bewahren. Jede Zelle bekräftigt in ihrer stillen, täglichen Arbeit ihre Identität, indem sie der Welt mitteilt, was sie ist – und was sie werden kann.

Leben ist also nicht nur organisierte Chemie, sondern verkörperte Information. Vielleicht liegt es gerade daran, dass Biologie und Quantenphysik aufhören, getrennte Disziplinen zu sein, indem sie dem Informationsfaden folgen. Sie werden zu zwei verschiedenen Sprachen, die versuchen, dasselbe auszudrücken: wie Ordnung, Sinn und Bewusstsein aus dem tiefgründigen Gefüge der Realität entstehen.

Warum das Leben nicht zerfällt.

Es gibt eine ebenso einfache wie verwirrende Frage, die sich stillschweigend durch die gesamte Biologie zieht: Warum bleiben die Moleküle des Lebens zusammen? Warum kollabieren, zerfallen oder lösen sich biologische Strukturen in einem Universum, das von thermischem Rauschen, zufälligen Kollisionen und Energieschwankungen bewegt wird, nicht im Chaos auf?

Die klassische Antwort spricht von chemischen Bindungen, minimalen Energien und elektrostatischen Anziehungskräften. Alles richtig. Aber unvollständig. Denn dieselben chemischen Gesetze gelten auch außerhalb des Lebens, doch nur in Lebewesen beobachten wir eine dynamische, flexible Stabilität, die sich anpassen kann, ohne ihre Identität zu verlieren. Hier setzt die Quantenphysik an, nicht als theoretisches Ornament, sondern als stilles Fundament der biologischen Ordnung.

Stabilität ist nicht gleichbedeutend mit Unbeweglichkeit.

Ein weit verbreitetes Missverständnis ist die Vorstellung, molekulare Stabilität sei etwas Statisches, fast Kristallines. In Wirklichkeit ist ein funktionelles Protein eine ständig vibrierende Struktur, die ein Spektrum möglicher Konformationen erkundet. Seine Stabilität beruht nicht auf Starrheit, sondern auf der Fähigkeit, sich zu bewegen, ohne sich zu verirren.

In den 1960er Jahren zeigte der Physiker Hans Frauenfelder am Los Alamos National Laboratory, dass Proteine nicht in einer einzigen Form existieren, sondern in einer Art Energielandschaft mit vielen Höhen und Tiefen. Ein stabiles

Protein ist nicht auf dem niedrigsten Punkt fixiert, sondern kann zwischen kompatiblen Zuständen oszillieren und dabei seine Funktion beibehalten.

Diese Idee, die heute zentral für die Biophysik ist, hat einen deutlich quantenmechanischen Charakter: Biologische Moleküle befinden sich nicht in einem einzigen Zustand, sondern in einer Verteilung möglicher Zustände, die von Wahrscheinlichkeiten, Fluktuationen und Übergängen bestimmt wird.

Auf atomarer Ebene lässt sich die Stabilität von Bindungen – man denke an die Wasserstoffbrückenbindungen, die die DNA zusammenhalten oder Proteinstrukturen stabilisieren – nicht ohne die Quantenmechanik erklären. Atome sind keine starren Kugeln, sondern Wahrscheinlichkeitswolken. Elektronen besetzen quantisierte Orbitale; Atomkerne vibrieren selbst bei null Kelvin aufgrund der sogenannten Nullpunktsenergie.

Das bedeutet, dass biologische Materie von einer permanenten Quantenschwingung durchdrungen ist. Keine Störung, sondern eine Ressource. Genau diese Schwingung verhindert, dass molekulare Systeme in sterilen Konfigurationen „einfrieren", und ermöglicht stattdessen eine elastische Stabilität, die jederzeit veränderbar ist. Der Physiker und Chemiker Linus Pauling erkannte bereits in den 1930er-Jahren, dass das Verständnis chemischer Bindungen – und damit des Lebens – eine quantenmechanische Perspektive erfordert. Es ist kein Zufall, dass Pauling zu den Ersten gehörte, die die Quantennatur der Wasserstoffbrückenbindung beschrieben, die heute als eine der Säulen der biologischen Architektur gilt.

DNA: eine überraschend fragile Stabilität.

DNA wird oft als Symbol für Festigkeit und Beständigkeit angeführt. Die Doppelhelix wird jedoch von relativ schwachen

Bindungen zusammengehalten. Wäre sie zu stabil, könnte sie sich nicht entfalten und kopieren; wäre sie zu instabil, ginge ihre genetische Information verloren. Wieder einmal bewegt sich das Leben auf einem schmalen Grat.

Hier liefert die Quantenphysik einen entscheidenden Schlüssel: Die Stabilität der DNA entsteht aus dem Zusammenwirken schwacher Wechselwirkungen, die jeweils auf Quantenfluktuationen reagieren. Das Ergebnis ist keine Festung, sondern eine widerstandsfähige Struktur, die sich selbst reparieren und Fehler tolerieren kann.

In den 1980er Jahren zeigten Studien von Walter Gilbert und anderen Pionieren der Molekularbiologie, dass die Genauigkeit der DNA nicht von unzerbrechlichen Bindungen abhängt, sondern von einem fein abgestimmten Gleichgewicht der Wahrscheinlichkeiten. Ein Konzept, das erstaunlicherweise Parallelen zur Quantenlogik aufweist.

Aus dieser Perspektive ist molekulare Stabilität keine intrinsische Eigenschaft einzelner Komponenten, sondern ein emergentes Phänomen. Sie ist das Ergebnis einer kollektiven Choreografie von Atomen, Elektronen und Feldern, die sich nach nichtlinearen Regeln organisieren.

Ilya Prigogine zeigte in seinen Untersuchungen von Systemen fernab des Gleichgewichts, dass Ordnung gerade durch Fluktuationen entstehen kann. Obwohl seine Arbeit nicht explizit der Quantenphysik zuzuordnen war, ebnete sie den Weg für eine Sichtweise, in der Unordnung nicht der Feind der Ordnung ist, sondern ihr verborgener Verbündeter. Bei Lebewesen wird diese Intuition noch radikaler: Stabilität entsteht aus kontrollierter Instabilität, und die Quantenphysik liefert die Sprache, um diesen scheinbaren Widerspruch zu beschreiben.

Letztendlich erzählen uns die quantenmechanischen Grundlagen der molekularen Stabilität eine weniger mechanische und subtilere Geschichte, als wir uns vorgestellt haben. Das Leben zwingt sich der Materie nicht auf; es setzt sich mit ihren tiefsten Möglichkeiten auseinander. Es nutzt

Fluktuationen, anstatt gegen sie anzukämpfen, und findet sein Gleichgewicht nicht in Starrheit, sondern im ständigen Hinhören auf das Mögliche. In diesem Sinne ist jede lebende Zelle eine Lektion in angewandter Physik: ein System, das nicht stabil bleibt, weil es Chaos ignoriert, sondern weil es es integriert. Und vielleicht ist es genau hier, in diesem unsichtbaren Gleichgewicht, wo Biologie und Quantenphysik nicht nur vom Leben sprechen, sondern auch davon, wie die Welt es – auf wundersame Weise – schafft, nicht auseinanderzufallen.

Der Code, der „weiß“, dass er ein Code ist.

Es gab einen entscheidenden Moment in der Geschichte der Wissenschaft, als das Leben nicht länger nur als komplexe Chemie beschrieben, sondern als Text gelesen wurde. Dies geschah 1953 in Cambridge, als James Watson und Francis Crick im Cavendish-Laboratorium das berühmte Doppelhelix-Modell der DNA vorschlugen. Sie entdeckten nicht nur eine elegante Molekularstruktur, sondern leiteten – vielleicht ohne es zu ahnen – das Zeitalter der Biologie als Informationswissenschaft ein.

Seitdem ist DNA nicht mehr nur ein langes organisches Molekül. Sie ist ein Code, eine diskrete Sequenz von Symbolen – vier Basen, wie ein minimales Alphabet –, die Anweisungen speichern, übertragen und interpretieren kann. Mit anderen Worten: etwas, das einem digitalen System erstaunlich ähnlich ist, lange bevor der Begriff „digital“ geläufig wurde.

Ein endliches Alphabet, unendliche Kreativität.

Die konzeptionelle Stärke der DNA liegt in einem scheinbaren Widerspruch: Mit sehr wenigen Elementen erzeugt sie nahezu grenzenlose Vielfalt. Adenin, Thymin, Cytosin und Guanin: vier „Buchstaben“, mit denen sich die gesamte Enzyklopädie des Lebens auf der Erde beschreiben lässt.

Dieses Prinzip ähnelt dem, was Claude Shannon 1948 in seiner „Mathematisch-Kommunikationstheorie“ formalisierte: Information hängt nicht von der Bedeutung ab, sondern von der Struktur und Kombination von Symbolen. Die

Molekularbiologie verkörperte in denselben Jahren unbewusst diese Intuition.

Es ist kein Zufall, dass François Jacob in den 1960er Jahren von DNA als genetischem Programm sprach. Die Computermetapher erwies sich, weit entfernt von einer journalistischen Vereinfachung, als wirkungsvolles Werkzeug, um zu verstehen, wie das Leben Ordnung, Erinnerung und Kontinuität über die Zeit bewahrt.

Doch hier aufzuhören, wäre irreführend. DNA funktioniert nicht wie eine statische Festplatte. Ihre „Digitalität" ist in einen tiefgreifenden physikalischen und dynamischen Kontext eingebettet, in dem Fluktuationen, Rauschen und Wahrscheinlichkeiten eine Rolle spielen.

Jeder Replikations- oder Transkriptionsprozess findet in einer warmen, feuchten Umgebung voller Moleküle statt. Dennoch wird Information mit einer Genauigkeit kopiert, die jeglicher Intuition widerspricht. Hier macht sich die Quantenphysik erneut bemerkbar, weniger in einzelnen biologischen Bausteinen, sondern vielmehr in der Art und Weise, wie Information trotz ihrer Verkörperung in Materie stabil bleibt.

Man könnte sagen, die DNA ist in ihrer Syntax digital, aber in ihrer physikalischen Verkörperung quantenphysikalisch. Präzision entsteht nicht durch die Beseitigung von Unsicherheit, sondern durch deren Steuerung.

Kreative Fehler: Wenn Rauschen Bedeutung erzeugt.

Einer der faszinierendsten Aspekte ist, dass die Biologie Fehler nicht vollständig ausschließt. Mutationen – Kopierfehler, zufällige Schwankungen – sind der Motor der Evolution. Ohne sie wäre das Leben zwar stabil, aber steril.

Hier erkennen wir eine tiefgreifende Parallele zur Quantenphysik: Unsicherheit ist kein Defekt des Systems, sondern seine Ressource. Wie Niels Bohr uns in Erinnerung rief, ist Unsicherheit nicht Unwissenheit, sondern die Struktur der Realität selbst.

In der DNA ist Information keine unveränderliche Botschaft, sondern eine offene Erzählung, die im Laufe der Zeit neu geschrieben wird. Dies unterscheidet die digitale Biologie grundlegend von der klassischen Informatik: Sie ist keine abgeschlossene Berechnung, sondern ein kreativer Prozess.

In den 1990er-Jahren, mit dem „Humangenomprojekt" – offiziell gestartet 1990 und abgeschlossen 2003 –, herrschte kurzzeitig die Überzeugung vor, das Buch des Lebens endgültig „lesen" zu können. Doch das Ergebnis verblüffte viele: Die Kenntnis der Sequenz ist nicht gleichbedeutend mit dem Verständnis ihrer Bedeutung. Daraufhin trat die Epigenetik in den Vordergrund und zeigte, wie genetische Information durch den Kontext moduliert, unterdrückt oder aktiviert wird. DNA verhält sich zunehmend wie ein Informationsträger, der auf das Feld reagiert, in dem sie eingebettet ist.

Diese Idee deckt sich im Wesentlichen mit der metaphysischen Vision dieses Buches: Biologische Information ist nicht autark, sondern relational. Sie existiert nicht isoliert, sondern im ständigen Dialog mit übergeordneten Organisationsebenen.

Von „digitaler Biologie" zu sprechen bedeutet nicht, Leben auf eine Maschine zu reduzieren. Im Gegenteil: Es bedeutet anzuerkennen, dass Leben das erste große Informationsverarbeitungssystem im Universum war, lange vor Computern.

Im Gegensatz zu Maschinen ist biologische Information jedoch stets verkörpert, kontextgebunden und sensibel. Sie existiert nicht im Vakuum: Sie schwingt in der Materie, resoniert in Bindungen und drückt sich im Kontext von Beziehungen aus. Aus dieser Perspektive erscheint die DNA als Schnittstelle: zwischen Physik und Biologie, zwischen Quantenmöglichkeiten und makroskopischen Formen, zwischen Potenzial und Verwirklichung.

Und genau hier geht die Diskussion über experimentelle Daten hinaus, ohne ihnen zu widersprechen. Wenn biologische Information so außerordentlich kohärent, anpassungsfähig und widerstandsfähig ist, liegt die Frage nahe, ob sie nicht auf eine tiefere Ordnung abgestimmt ist.

Die Idee eines universellen Bewusstseinsfeldes bietet einen kühnen Interpretationsrahmen: Die DNA wäre nicht einfach ein Speicher von Anweisungen, sondern ein Rezeptor, ein lokaler Knotenpunkt, der eine übergeordnete Ordnung in lebende Formen übersetzen kann.

Nicht ein Bewusstsein „innerhalb" der DNA, sondern eine Resonanz zwischen biologischer Information und der fundamentalen Struktur der Realität. Eine metaphysische Hypothese, gewiss, aber nicht willkürlich: Sie entspringt der Beobachtung, dass das Leben rein mechanistische Erklärungen stets zu übersteigen scheint.

Letztendlich lehrt uns die DNA eine subtile Lektion. Leben kann Informationen schreiben, speichern und weitergeben. Doch es lässt sich niemals auf das Geschriebene reduzieren. Jede Sequenz ist ein Versprechen, keine Verdammnis; jeder Code eine Einladung zur Interpretation.

In dieser zunehmend digitalisierten und weniger deterministischen Biologie eröffnet sich ein neuer Denkraum: Leben als fortwährender Dialog zwischen Information, Materie und Bedeutung. Und vielleicht erhaschen wir gerade in diesem Dialog einen Blick auf den Schatten – oder das Licht – jener verborgenen Intelligenz, zu deren Erkenntnis uns das Buch Schritt für Schritt einlädt.

Wo Information zu Beziehung wird.

Seit über einem Jahrhundert gilt die Zelle als die Grundeinheit des Lebens. Eine aus biologischer Sicht einwandfreie Definition, aus konzeptioneller Sicht jedoch vielleicht unvollständig. Angesichts der sich abzeichnenden Verbindungen zwischen Biologie, Quantenphysik und Informationstheorie erscheint die Zelle heute weniger als isoliertes Gebilde, sondern vielmehr als Schnittpunkt, als aktiver Knotenpunkt in einem Beziehungsnetzwerk, das ihre physikalischen Grenzen überschreitet.

Diese Erkenntnis entspringt nicht mystischen Vorstellungen, sondern einem fortschreitenden Perspektivenwechsel. Bereits in den 1940er Jahren deutete Erwin Schrödinger in seinen berühmten Vorlesungen am Trinity College Dublin an, dass Leben ohne eine tiefere Ordnung, die in einer von Entropie dominierten Welt Kohärenz aufrechterhält, nicht erklärt werden könne. Heute können wir sagen, dass diese Ordnung nicht nur intern in der Zelle existiert, sondern auch relational ist.

Die Zelle ist kein geschlossenes System: Sie ist ein resonantes System.

Jede Zelle ist ein offenes System, das ständig von Energie-, Materie- und Informationsströmen durchdrungen wird. Dies ist eine etablierte Tatsache der modernen Biologie. Zunehmend relevant erscheint jedoch, dass diese Ströme nicht nur lokal sind. Zellen kommunizieren über chemische, elektrische und elektromagnetische Signale. Membranpotentiale, die seit den

1950er Jahren von Alan Hodgkin und Andrew Huxley untersucht wurden, zeigen, dass biologische Information auch in Form von Feldern übertragen wird. Die Zelle ist in diesem Sinne kein Behälter, sondern eine empfindliche Antenne, die Signale in einer bereits als Feld strukturierten Umgebung aussenden und empfangen kann.

Hier gewinnt die Metapher des „Knotens“ an Bedeutung: Die Zelle erzeugt Information nicht aus dem Nichts, sondern fängt sie ab, moduliert sie und übersetzt sie in biochemische Prozesse. Wie ein Musiker, der keine Noten erzeugt, sondern sie zu einer Melodie zusammenfügt.

Das Konzept des Feldes ist der Wissenschaft nicht fremd. In der Physik ist das Feld seit Michael Faraday zu einer konkreten Realität geworden, nicht zu einer bloßen mathematischen Abstraktion. Die Quantenphysik hat seither gezeigt, dass Teilchen selbst Anregungen fundamentaler Felder sind.

In der Biologie wurde der Begriff „Feld“ lange Zeit mit Skepsis betrachtet, insbesondere nach den Kontroversen um morphogenetische Felder. Bereits in den 1920er und 1930er Jahren stellte der russisch-deutsche Biologe Alexander Gurwitsch die Hypothese auf, dass biologische Felder mit Zellwachstum und -entwicklung verknüpft seien. Seine Ideen wurden teilweise verworfen, aber nicht gänzlich vergessen.

Heute können wir, ohne diese Theorien unkritisch neu zu betrachten, erkennen, dass die Zelle als lokaler Organisationspunkt für eine nichtlokale Ordnung fungiert. Eine Idee, die überraschenderweise mit der Quantenphysik ausgedehnter Systeme übereinstimmt.

Information, die nicht an einem Ort verweilt, sondern zirkuliert.

Einer der faszinierendsten Aspekte des Zellknotens ist, dass biologische Information niemals an einem einzigen Ort lokalisiert zu sein scheint. Sie befindet sich weder allein in der

DNA noch in isolierten Proteinen oder in Membranen, die wir einzeln betrachten. Sie liegt in der Beziehung zwischen diesen Komponenten.

Dies erinnert an eine der wichtigsten Erkenntnisse der modernen Physik: Information ist kein Objekt, sondern ein Prozess. Wie John Archibald Wheeler mit dem berühmten Ausdruck „Es aus Bit“ betonte, entsteht alles Existierende aus Entscheidungen, Interaktionen und Informationsvorgängen.

Übertragen auf die Biologie bedeutet dies, dass die Zelle das Leben nicht „enthält“, sondern Teil eines umfassenderen Informationsflusses ist. Aus dieser Perspektive ist die Zelle ein Ereignis, kein Ding.

An diesem Punkt kann die wissenschaftliche Reflexion, ohne ihre Strenge aufzugeben, eine berechtigte metaphysische Frage aufwerfen: Wenn die Zelle ein Informationsknoten ist, zu welchem Netzwerk gehört sie dann? Die Hypothese eines universellen Bewusstseinsfeldes wird hier nicht als Ersatzerklärung, sondern als Interpretationsrahmen eingeführt. Sie behauptet nicht, dass die Zelle „denkt“ oder im menschlichen Sinne bewusst ist. Vielmehr legt sie nahe, dass sie auf eine fundamentale Ordnungsebene abgestimmt ist, aus der sowohl physikalische Gesetze als auch biologische Strukturen hervorgehen.

In dieser Vorstellung entsteht Bewusstsein nicht plötzlich im Gehirn, sondern intensiviert, organisiert sich und spiegelt sich fortschreitend entlang der Komplexitätsskala wider. Die Zelle repräsentiert eine der ersten Ebenen, auf denen das Feld biologisch wirksam wird.

Ein Knotenpunkt ist niemals allein.

Die Zelle als Knotenpunkt zu begreifen bedeutet, die Vorstellung eines autarken biologischen Individuums endgültig aufzugeben. Jede Zelle ist nur das, was sie ist, weil sie in

Beziehung steht: zu anderen Zellen, zum Organismus, zur Umwelt und – akzeptiert man die umfassendere Hypothese – zum Feld selbst.

Dieses Bild findet eine interessante kulturelle Parallele in modernen digitalen Netzwerken. Ein isolierter Internetknotenpunkt ist bedeutungslos. Er erlangt erst innerhalb des Netzwerks Bedeutung. Ebenso erlangt die Zelle ihre volle Bedeutung erst im Geflecht der Verbindungen, die sie durchziehen.

Am Ende dieses Kapitels erscheint die Zelle weniger als der „Ort“ des Lebens, sondern vielmehr als Tor: zwischen Mikro und Makro, zwischen Materie und Information, zwischen Physik und Bedeutung. Eine Schwelle, keine Grenze.

Wenn das Leben über die Zeit Ordnung, Kreativität und Richtung bewahrt, liegt es vielleicht daran, dass keine seiner fundamentalen Einheiten jemals wirklich allein ist. Jede Zelle, wie ein Knoten im Feld, bezeugt stillschweigend, dass das Leben kein isolierter Zufall des Universums ist, sondern eine der Formen, durch die die verborgene Intelligenz der Welt lernt, sich selbst zu erkennen.

V°. Symmetrien, Brüche und Lebensformen.

Chiralität: Die asymmetrische Wahl der Lebewesen

Betrachten wir die physikalische Welt durch die Linse der Mathematik, scheint das Universum Symmetrie zu lieben. Die fundamentalen Gleichungen gelten gleichermaßen links oder rechts, vorwärts oder rückwärts in der Zeit. Doch sobald sich Materie zu lebenden Formen organisiert, geschieht etwas Überraschendes: Die Symmetrie wird gebrochen. Das Leben trifft eine Wahl. Und zwar systematisch, hartnäckig, fast willkürlich.

Diese Wahl hat einen präzisen Namen: Chiralität. Vom griechischen „cheir", was Hand bedeutet. Wie unsere Hände existieren viele biologische Moleküle in zwei nicht deckungsgleichen Spiegelbildern: einer „rechtsdrehenden" und einer „linksdrehenden" Form. Theoretisch sind beide gleichermaßen möglich. Praktisch nutzt das Leben jedoch nur eine. In Proteinen sind Aminosäuren fast ausschließlich linksdrehend (L), während die am Stoffwechsel beteiligten Zucker überwiegend rechtsdrehend (D) sind. Es handelt sich um eine klare, universelle Präferenz, ohne bekannte Ausnahmen in terrestrischen biologischen Systemen. Warum hat das Leben diese Wahl getroffen? Und vor allem: Wer oder was trifft diese Wahl, wenn Materie eine Wahl trifft?

Louis Pasteur und die erste Asymmetrie des Lebens.

Die Geschichte der biologischen Chiralität beginnt 1848 in einem Straßburger Labor. Louis Pasteur, damals ein junger Chemiker, beobachtete Weinsäurekristalle unter dem

Mikroskop und bemerkte etwas, das anderen entgangen war: Einige Strukturen waren spiegelbildlich. Mit fast klösterlicher Geduld trennte Pasteur die rechtsdrehenden Kristalle von den linksdrehenden und bewies damit, dass die Natur zwischen dem unterscheidet, was die Chemie als gleichwertig betrachtet.

Jahre später schrieb Pasteur einen oft zitierten, aber selten wirklich durchdachten Satz: „Das Leben, wie wir es kennen, ist eine Funktion der Asymmetrie des Universums.“ Er sprach nicht metaphorisch. Er hatte intuitiv erfasst, dass Leben nicht durch einfache zunehmende Komplexität entsteht, sondern durch einen ursprünglichen Zusammenbruch der Gleichgültigkeit.

Aus der Perspektive der klassischen Chemie würde nichts das Leben daran hindern, Moleküle der einen oder anderen Seite zu verwenden. Doch genau das geschieht nicht. Die moderne Physik hat versucht, diese Präferenz durch subtile fundamentale Asymmetrien zu erklären. In den 1950er Jahren, mit der Entdeckung der Paritätsverletzung in der schwachen Wechselwirkung (Chien-Shiung-Wu-Experimente, 1956), eröffnete sich eine faszinierende Möglichkeit: Vielleicht ist das Universum selbst nicht vollkommen symmetrisch, und das Leben verstärkt eine winzige, bereits im Gefüge der Realität vorhandene Verzerrung.

Berechnungen zeigen jedoch, dass diese physikalischen Asymmetrien extrem schwach sind. Viele halten sie für zu schwach, um die chirale Einheitlichkeit von Lebewesen allein zu erklären. So bleibt eine Interpretationslücke bestehen. Und gerade in diesen Lücken entstehen oft die fruchtbarsten Fragen.

Chiralität als Erinnerung an eine Urentscheidung.

Einige Wissenschaftler haben vorgeschlagen, dass biologische Chiralität das Ergebnis eines zufälligen Ereignisses ist, einer Art „eingefrorenem Zufall“ in den frühen Stadien der

Entstehung des Lebens. Doch diese Erklärung, so plausibel sie auch sein mag, lässt viele Denker unbefriedigt: Kann etwas so Universelles wirklich allein auf Zufall beruhen? Aus einer umfassenderen Perspektive – die dieses Buch furchtlos erkundet – erscheint Chiralität als erstes Anzeichen einer prägenden Entscheidung. Materie verliert im Übergang zu Lebewesen ihre Neutralität. Sie nimmt eine Richtung an. Sie entwickelt eine Orientierung. Quantenmechanisch ausgedrückt: Das Leben kollabiert eine von vielen Möglichkeiten. Doch anders als eine zufällige Messung stabilisiert sich diese Wahl, wird weitergegeben und wird zur Sprache des Lebens selbst.

Hier berührt die wissenschaftliche Reflexion die Grenze zur Metaphysik. Wenn Chiralität nicht bloß eine mechanische Folge, sondern eine strukturelle Präferenz ist, dann könnten wir sie als Signatur des universellen Bewusstseinsfeldes lesen.

In dieser Sichtweise zwingt das Feld keine Formen von außen auf, sondern lenkt vielmehr Möglichkeiten. Es erschafft nicht das Molekül, sondern begünstigt eine Konfiguration. Wie eine unsichtbare Hand, die nicht zwingt, sondern führt. Es ist bezeichnend, dass Chiralität auch mit der Wahrnehmung verknüpft ist: Unser Geruchssinn beispielsweise unterscheidet chirale Moleküle, die zwar die gleiche chemische Zusammensetzung, aber unterschiedliche Gerüche aufweisen. Sensibles Bewusstsein scheint auf eine bereits in die Materie eingeschriebene Asymmetrie zu reagieren.

Chiralität führt ein weiteres fundamentales Element ein: Unumkehrbarkeit. Ist eine Entscheidung einmal getroffen, lässt sie sich nicht leicht rückgängig machen. Der gesamte Stoffwechsel, die gesamte Biochemie, die gesamte Evolution basieren auf dieser anfänglichen Entscheidung.

In diesem Sinne ist das Leben eher eine Geste als eine Struktur. Ein Akt, der Spuren hinterlässt. Eine Orientierung, die Geschichte schreibt. Wie im menschlichen Bewusstsein: Jede authentische Entscheidung reduziert die Möglichkeiten, aber erhöht die Bedeutung. Letztlich offenbart uns die Chiralität etwas Tiefgründiges: Leben ist nicht neutral. Es ist nicht das gleichgültige Ergebnis unpersönlicher Gesetze, sondern das Entstehen einer Richtung im Zentrum aller Möglichkeiten.

Ob diese Richtung ihren Ursprung in verstärkten Quantenfluktuationen, kosmischen Asymmetrien oder einem universellen Bewusstseinsfeld hat, bleibt eine offene Frage. Doch eines wird immer deutlicher: Sobald Materie lebendig wird, hört sie auf, ein Spiegelbild des Nichts zu sein. Das Leben wählt von Anbeginn an eine Richtung. Und in dieser Wahl beginnt es sich vielleicht selbst zu erkennen.

Wenn das Universum aus dem Gleichgewicht gerät.

Jahrhundertelang galt Symmetrie als Kennzeichen der Vollkommenheit. Platon verband sie mit der Ordnung des Kosmos, die Pythagoreer sahen sie als Spiegelbild göttlicher Harmonie, und selbst heute noch neigen wir instinktiv dazu, Schönheit mit Regelmäßigkeit, Ausgewogenheit und Symmetrie gleichzusetzen. Auch die moderne Physik teilt diese Faszination zumindest teilweise: Die fundamentalen Gesetze des Universums scheinen in einer eleganten, symmetrischen Sprache verfasst zu sein, die in jeder Richtung und an jedem Punkt der Raumzeit gleich funktioniert.

Die Realität, die wir beobachten, ist jedoch alles andere als perfekt symmetrisch. Teilchen haben unterschiedliche Massen, Kräfte verhalten sich nicht gleich, Materie dominiert über Antimaterie. Und vor allem entsteht und entwickelt sich das Leben selbst durch das Brechen von Symmetrien. Als ob das Universum, um interessant zu werden, seine formale Perfektion aufgeben müsste.

Die Wendung des 20. Jahrhunderts: Symmetrie ist nicht unantastbar.

Einer der destabilisierendsten Momente der Physik des 20. Jahrhunderts ereignete sich 1956, als Tsung-Dao Lee und Chen-Ning Yang die Hypothese aufstellten, dass eine der beliebtesten Symmetrien der Physiker – die Parität oder die Äquivalenz zwischen links und rechts – bei schwachen Wechselwirkungen möglicherweise nicht gilt. Im darauffolgenden Jahr demonstrierte Chien-Shiung Wu dies experimentell in den Laboren des National Bureau of Standards in Washington.

Es war ein Kulturschock, noch bevor er wissenschaftlich wurde. Das Universum offenbarte plötzlich eine „bevorzugte Hand". Nicht alles, was rechts geschieht, kann auch links geschehen. Symmetrie, einst ein absolutes Prinzip, wurde zu einer lokalen Hypothese, gültig nur unter bestimmten Bedingungen.

Der Physiker Richard Feynman bemerkte mit seiner gewohnten Ironie, die Natur „scheint keine wirkliche Leidenschaft für mathematische Eleganz zu haben, wenn diese ihre Funktionsfähigkeit behindert".

Diese Erkenntnis – dass Ordnung durch das Brechen, nicht durch die Erhaltung von Symmetrie entsteht – findet ein überraschendes Echo in biologischen Systemen. In der Embryologie beispielsweise beginnt die Entwicklung eines komplexen Organismus fast immer mit einem hochsymmetrischen Ausgangszustand: eine Zelle, dann zwei, dann vier. Doch an einem bestimmten Punkt geschieht etwas. Eine Achse wird bevorzugt, eine Richtung gewählt. Rechts und links verlieren ihre Gleichwertigkeit.

Das menschliche Herz, das in den allermeisten Fällen links liegt, ist das Ergebnis einer Kaskade von Symmetriebrüchen in den frühesten Stadien der Embryonalentwicklung. Studien, die zwischen den 1990er und den frühen 2000er Jahren durchgeführt wurden – insbesondere in Clifford Tabins Laboren in Harvard – haben gezeigt, wie molekulare Gradienten und biochemische Signale die ursprüngliche Symmetrie gezielt brechen und so eine unscharfe Ebene in eine orientierte Karte verwandeln. Die Biologie, wie auch die Physik, kann Gleichgültigkeit nicht lange tolerieren.

Bruch als kreativer Akt.

In der theoretischen Physik ist der Begriff des spontanen Symmetriebrechung zentral: Ein System, das symmetrischen Gesetzen unterliegt, kann sich in einem asymmetrischen Zustand befinden, ohne die Gesetze selbst zu verletzen. Genau das geschieht in Peter Higgs' Modell aus den 1960er Jahren: Das Higgs-Feld ist symmetrisch, sein Grundzustand jedoch nicht. Aus dieser Unvollkommenheit entstehen die Massen der Teilchen. Das Leben scheint einem erstaunlich ähnlichen Muster zu folgen. Die grundlegenden biochemischen Regeln sind universell, aber die Ergebnisse sind differenziert, orientiert und historisch bedingt. Jeder Organismus ist eine asymmetrische Lösung für ein symmetrisches Problem.

Dies wirft eine Frage auf, die nicht mehr nur wissenschaftlicher, sondern philosophischer Natur ist: Ist Symmetriebrechung ein Defekt oder eine ontologische Notwendigkeit? Ohne sie hätten wir ein elegantes, aber steriles Universum. Mit ihr erhalten wir eine unvollkommene, aber fruchtbare Welt.

Im Interpretationsrahmen dieses Buches sind gebrochene Symmetrien keine bloßen Zufälle, sondern Zeichen eines tieferliegenden Prinzips. Existiert ein universelles Bewusstseinsfeld, manifestiert es sich nicht als starre und einheitliche Ordnung, sondern als schöpferische Spannung hin zur Differenzierung. Bewusstsein entsteht in dieser Perspektive nicht trotz, sondern durch die Brechung von Symmetrien. So wie ein Teilchen Masse erhält, weil das Quantenvakuum nicht neutral ist, erlangt ein Organismus Identität, weil das Lebensfeld nicht undifferenziert bleibt. Am Ende dieser Reise drängt sich eine Schlussfolgerung unaufdringlich, aber eindringlich auf: Das Universum scheint nicht auf vollkommene Symmetrie, sondern auf Sinn ausgerichtet zu sein. Störung erzeugt Information. Differenz schafft Struktur. Asymmetrie ermöglicht Geschichte. Von der Teilchenphysik bis zu biologischen Systemen ist die Botschaft erstaunlich einheitlich: Erst wenn das Gleichgewicht gestört wird, beginnt etwas wirklich zu existieren.

Das Geheimnis der Form: eine Frage so alt wie das Denken selbst.

Eine Frage zieht sich wie ein Karststrom durch die Geschichte des westlichen Denkens: Woher kommt die Form? Aristoteles nannte sie im 4. Jahrhundert v. Chr. „morphé", das wirkende Prinzip, das die Materie (hýlē) ordnet und sie zu dem werden lässt, was sie ist. Ohne Form bliebe Materie reines Potenzial, eine gesichtslose Unbestimmtheit. Heute, mehr als zweitausend Jahre später, scheint die Wissenschaft – mit ungleich ausgefeilteren Werkzeugen – zu derselben begrifflichen Schwelle zurückzukehren. Quantenphysik und Entwicklungsbiologie untersuchen, wie hochgeordnete Strukturen aus scheinbar chaotischen oder zumindest strukturlosen Ausgangszuständen entstehen. Es geht nicht mehr nur darum, wie dieser Übergang vonstattengeht, sondern auch um seine Bedeutung.

In der Sprache der modernen Physik ist das Undifferenzierte niemals wirklich leer. Das Quantenvakuum ist alles andere als ein Nichts, sondern ein brodelndes Meer aus Fluktuationen, Feldern und latenten Möglichkeiten. Bereits in den 1930er Jahren sprach Werner Heisenberg von der Quantenwelt als einer Realität, die nicht aus Dingen, sondern aus „Potenzialen" besteht, und griff dabei explizit auf aristotelische Begriffe zurück.

In der Biologie findet etwas Ähnliches in den frühen Stadien der Embryonalentwicklung statt. Die befruchtete Eizelle enthält nicht den zukünftigen Organismus im Miniaturformat, sondern ein Feld von Möglichkeiten, eine Grammatik der Transformationen. Wie Conrad Hal Waddingtons Studien in den 1940er und 1950er Jahren zeigten, ist das Schicksal von

Zellen nicht starr vorbestimmt, sondern wird von einer „epigenetischen Landschaft“ gelenkt, in der kleine Ereignisse irreversible Entwicklungslinien formen können. Form wird also nicht von außen auferlegt: Sie entsteht als stabilisierte Wahl innerhalb eines Feldes von Möglichkeiten.

Die Lehre der Physik: Ordnung ohne Schöpfer.

Eines der faszinierendsten Beispiele für diesen Prozess stammt aus der Physik komplexer Systeme. In den 1970er Jahren zeigte Ilja Prigogine, wie Systeme fernab des Gleichgewichts spontan geordnete Strukturen, sogenannte dissipative Strukturen, hervorbringen können. Es bedarf keiner externen Anweisungen oder verborgenen Planung: Ein Energiefluss und eine kritische Schwelle genügen.

Leben scheint genau in dieser Grenzzone zu entstehen, wo Instabilität kein Defekt, sondern eine schöpferische Bedingung ist. Biologische Formen – von den Spiralen von Muschelschalen bis zu den Verzweigungen der Lunge – sind keine Kopien eines idealisierten Modells, sondern dynamische Lösungen für physikalische, chemische und informationelle Beschränkungen. In diesem Sinne steht die Biologie in einem stillen Dialog mit der Quantenphysik: Beide legen nahe, dass die Form dem Prozess nicht vorausgeht, sondern mit ihm zusammenfällt.

Von der Morphogenese zur Metaphysik der Form.

Im späten 20. Jahrhundert zeigten Biologen und Mathematiker wie Alan Turing – der Turing der Informatik –, wie komplexe Muster aus einfachen Gleichungen entstehen können. In seiner berühmten Arbeit von 1952, „Die chemische Grundlage der Morphogenese“, legte er dar, dass Streifen, Flecken und Symmetrien in Organismen durch lokale chemische Instabilitäten entstehen können. Wiederum ist die Form das Ergebnis, nicht die Prämisse.

Doch genau hier stößt der wissenschaftliche Diskurs an eine metaphysische Schwelle. Wenn Form aus dem Undifferenzierten entsteht, wenn Ordnung aus dem Möglichen hervorgeht, dann kann das universelle Feld des Bewusstseins als der intelligible Hintergrund betrachtet werden, in dem diese Möglichkeiten nicht „blind“ sind, sondern vielmehr orientiert. Nicht ein externer Gestalter, sondern eine diffuse Intentionalität, die den Prozessen selbst innewohnt. Alfred North Whitehead sprach in den ersten Jahrzehnten des 20. Jahrhunderts von einem Universum, das aus „Erfahrungsmomenten“ besteht, in denen jedes Ereignis gleichzeitig physisch und mental ist. Eine Minderheitsmeinung, gewiss, aber überraschenderweise im Einklang mit den radikalsten Erkenntnissen der modernen Physik.

Aus dieser Perspektive trägt jede Lebensform die Erinnerung an verworfene Alternativen in sich. Ein Organismus ist nicht nur das, was er geworden ist, sondern auch das, was er hätte sein können. Die Stabilität der Form löscht die ursprüngliche Unbestimmtheit nicht aus: Sie bewahrt sie, hält sie wie eine stille Spannung aufrecht.

So betrachtet ist Leben nicht die Negation des Chaos, sondern dessen vorübergehende Ordnung. Und vielleicht ist Bewusstsein – ein Thema, das sich durch den dritten Teil des Buches zieht – der Punkt, an dem diese Ordnung sich ihrer selbst bewusst wird.

Wenn aus dem Undifferenzierten Form entsteht, wird nicht nur ein Organismus geboren. Es entsteht eine Perspektive auf die Welt. Und in diesem Akt der Differenzierung scheint das Universum einen kleinen, aber entscheidenden Schritt zur Erkenntnis seiner eigenen verborgenen Intelligenz zu tun.

Metaphysik der Differenz: Lebewesen als schöpferische Akte.

Biologische Differenz ist nicht bloß eine quantitative Variation, sondern ein qualitatives Ereignis. Etwas geschieht. Und dieses Geschehen hat den Charakter eines schöpferischen Aktes. Die klassische Biologie beschreibt Differenz als statistische Abweichung, zufällige Mutation, fortschreitende Anpassung. Das ist alles richtig, aber vielleicht nicht ausreichend. Denn was beim Betrachten des Lebens in seiner vier Milliarden Jahre währenden Geschichte auffällt, ist nicht nur die Vielfalt der Formen, sondern die Tatsache der Differenz selbst: dass das Sein nicht mit sich selbst identisch bleibt.

Der Philosoph Gilles Deleuze brachte es in „Différence et répétition" (1968) deutlich auf den Punkt: Differenz ist nicht das, was zwei bereits gegebene Identitäten trennt; sie ist das, was sie hervorbringt. Aus dieser Perspektive ist das Lebewesen keine unvollkommene Kopie eines idealen Modells, sondern eine lokale Erfindung des Universums.

In der Quantenwelt wissen wir, dass Ereignisse nicht vollständig determiniert sind. Ein System entwickelt sich als Superposition von Möglichkeiten, bis etwas – eine Interaktion, eine Messung, ein Kontext – ein Ergebnis auswählt. Auch wenn sich die Biologie nicht auf die Quantenphysik reduzieren lässt, ist es schwer, nicht eine tiefgreifende Übereinstimmung zu erkennen: Leben bedeutet, sich für einen Weg aus vielen möglichen zu entscheiden.

Jeder Organismus trifft in seiner Entwicklung und Evolutionsgeschichte eine Art ontologische Entscheidung: dies zu sein und nicht etwas anderes. Nicht etwa, weil es einen vorgegebenen Plan gab, sondern weil sich die Differenz zu einem bestimmten Zeitpunkt stabilisierte, Kohärenz fand und der Entropie widerstand.

Der Biologe und Philosoph Francisco Varela, einer der Begründer des Konzepts der Autopoiesis, sprach von Organismen als Systemen, die sich selbst hervorbringen und fortwährend ihre Grenzen zur Welt definieren. Sie reagieren nicht nur, sondern bestätigen sich selbst. Und in dieser Bestätigung liegt etwas, das eher einer schöpferischen Geste als einem einfachen Mechanismus gleicht.

Kontingenz, Kreativität, Bedeutung.

Hier berührt die Diskussion unweigerlich die Metaphysik. Wenn Differenz ein Akt ist, dann wird die Kontingenz – das, was nicht hätte geschehen können – zentral. Leben war nicht notwendig, und gerade deshalb ist es bedeutungsvoll. Der Paläontologe Stephen Jay Gould sagte 1970 gern, wenn wir die Geschichte des Lebens „zurückspulen" und sie erneut ablaufen lassen könnten, wäre das Ergebnis völlig anders. Es gäbe keine Garantie, dass Säugetiere, Primaten oder gar Menschen entstünden. Diese radikale Unwägbarkeit verarmt die Welt nicht, sondern macht sie kreativ.

Hier erahnen wir die Rolle eines universellen Bewusstseinsfeldes: nicht als Archiv vorgefertigter Formen, sondern als Horizont der Bedeutung, innerhalb dessen Differenz entstehen kann, ohne absurd zu wirken. Die Kreativität des Lebens ist nicht blind, sondern gelenkt – nicht durch einen äußeren Zweck, sondern durch eine Kohärenz innerhalb des Feldes selbst.

Aus dieser Perspektive ist jede Lebensform mehr als eine funktionale Lösung: Sie ist eine Geste des Universums, das Stellung bezieht. Ein Bakterium, ein Blatt, ein menschliches Gehirn sind nicht bloß komplexe Strukturen; sie sind verschiedene Wege, auf denen die Realität sich selbst erforscht.

Die Faszination von David Bohms Ideen liegt genau darin: in der Vorstellung, dass Differenz kein lokaler Fehler ist, sondern Ausdruck einer verborgenen Tiefe. So verstanden ist das Leben kein Zufall in einem gleichgültigen Universum, sondern eine Modalität, durch die das Universum seine eigene innere Andersartigkeit wahrnimmt.

Eine unausweichliche Frage bleibt: Benötigt diese Kreativität einen Schöpfer? Die Antwort dieses Paradigmas ist subtil und für viele unbequem. Kein Schöpfergott, kein Demiurg, der Formen von außen entwirft, sondern ein immanentes Schöpfungsprinzip, ein Bewusstseinsfeld, das Leben nicht als Objekt hervorbringt, sondern sich selbst als Leben ausdrückt.

In diesem Sinne ist Lebendiges nicht einfach das, was sich anpasst, sondern das, was Neues in die Realität einbringt. Jede gelungene biologische Differenz ist ein kleiner Sieg über das Undifferenzierte, ein Akt, der sagt: So ist es möglich.

Und vielleicht ist dies die tiefste Bedeutung der Metaphysik der Differenz: Leben als kontinuierlicher Schöpfungsakt, in dem das Universum durch immer neue Formen die Möglichkeit erfährt, sich selbst zu erkennen.

TEIL II.
JENSEITS DES MECHANIKISMUS.

Information, Verschränkung, Feld und Bewusstsein.

Es gibt Bereiche, in denen die Wissenschaft sich selbst zu übertreffen scheint, als bräuchten ihre ausgefeiltesten Theorien plötzlich ein neues Alphabet. Ein solcher Ort ist die feine Linie zwischen Leben und Quantenphysik, wo wir nicht mehr nur von Molekülen oder biochemischen Reaktionen sprechen, sondern von Korrelationen, die den Raum überwinden, von Feldern, die das Nichts durchdringen, von Information, die der Form vorausgeht.

Der zweite Teil dieses Buches setzt genau hier an: an dem Punkt, an dem die Biologie, die ihre mechanistischen Anfänge hinter sich gelassen hat, beginnt, Gebiete zu erkunden, die einst der Naturphilosophie oder Metaphysik zugehörig waren. Eine Schwelle, die in gewisser Weise an die fiebrige Atmosphäre von 1927 erinnert, als Einstein und Bohr auf dem Fünften Solvay-Kongress in Brüssel Argumente austauschten, die aus völlig unterschiedlichen Welten zu stammen schienen.

„Gott würfelt nicht“, protestierte Einstein.

„Bring Gott nicht bei, wie man würfelt“, erwiderte Bohr.

Doch als die beiden Giganten der Physik ihre Ansichten austauschten, hätte sich niemand vorstellen können, dass diese Diskussionen ein Jahrhundert später in der Biologie ein Echo finden würden. Denn heute haben wir erkannt, dass Lebewesen etwas besitzen, das über das Uhrwerkmodell hinausgeht: etwas, das eher einem Spiel von Korrelationen, unsichtbaren Beziehungen und nichtlokalen Einflüssen gleicht. Etwas, das von einer tieferen Ordnung zeugt.

Wenn das Leben in Resonanz tritt: Korrelationen, die Entfernungen trotzen.

Die Vorstellung, dass zwei Teilchen selbst über Kilometer hinweg verbunden bleiben können – jene Verschränkung, die Schrödinger als „das eigentümlichste Merkmal der

Quantenmechanik" bezeichnete –, schien bis vor wenigen Jahrzehnten ein bizarres Phänomen zu sein, das auf Labore der Quantenoptik beschränkt war. Dann kamen unerwartete Ergebnisse: komplexe Moleküle mit Quantenkorrelationen, Proteinkomplexe, die sich wie kohärente Netzwerke verhalten, biologische Systeme, die eine Ordnung aufrechterhalten, die sich allein durch Chemie nicht erklären lässt. Biologen sind noch nicht bereit zu behaupten, dass Organismen Verschränkung so nutzen wie wir WLAN, aber die Fragen mehren sich. 2018 herrschte auf einer Konferenz in Singapur zum Thema „Quantenbiologie" eine elektrisierende Atmosphäre: Physiker und Biologen tauschten Modelle, Ergebnisse und Vermutungen aus.

- Wie kann Photosynthese so effizient sein, dass sie wie „perfekte Navigation" in einem Meer von Wahrscheinlichkeiten erscheint?
- Warum scheinen bestimmte neuronale Prozesse schneller abzulaufen, als es die Biochemie vermuten lässt?
- Was bedeutet es, dass kleine Molekülkomplexe in Umgebungen am Rande des thermischen Chaos ein kohärentes Verhalten zeigen? Fragen, die wir einst als „esoterisch" abgetan hätten. Heute sind sie allgegenwärtig.

Eine neue Sprache zur Erklärung von Organisation.

Die Idee eines Feldes, das die Formgebung lenkt, ist nicht neu. Bereits in den 1940er-Jahren sprach der britische Biologe Conrad Waddington von einer „epigenetischen Landschaft", einem Szenario, in dem die Entwicklung eines Organismus von einer unsichtbaren Topografie gesteuert wird. In den 1970er-Jahren stellte der Wissenschaftler Rupert Sheldrake die kühne Hypothese der „morphogenetischen Felder" auf, die in akademischen Kreisen eher emotionale als kritische Reaktionen auslöste.

Heute lässt sich, ohne eine dieser Theorien wörtlich zu übernehmen, feststellen, dass die Idee eines Feldes zurückgekehrt ist, jedoch mit einer deutlich solideren Grundlage. In Laboren der Quantenfeldphysik wird entdeckt, dass das Vakuum nicht leer ist, sondern ein brodelndes Meer aus Energie und Information darstellt. Einige theoretische Physiker vermuten sogar, dass das, was wir als „Form“ bezeichnen, eine lokale Manifestation globaler Zustände des Feldes sein könnte.

Was bedeutet das für die Biologie? Es bedeutet, dass Wachstum, Regeneration und die Fähigkeit eines Organismus, beschädigte Teile zu reparieren, nicht nur von Genen gesteuert werden, sondern mit einer tieferen Ordnung zusammenwirken.

Morphogenese könnte, kurz gesagt, ein Quantenphänomen im makroskopischen Bereich sein – nicht im Sinne einer „Superposition“ eines Arms, sondern im Sinne, dass die Gesetze der Organisation aus einer subtileren Ebene der Realität hervorgehen könnten.

Das Unsichtbare, das alles erhält: die Leere als Matrix des Lebens.

Als Casimir und Polder 1948 entdeckten, dass sich zwei Metalloberflächen selbst im Vakuum anziehen, ahnte niemand, dass dieser kleine Effekt ein Schlüssel zum tieferen Verständnis der Realität sein würde. Heute wissen wir, dass das Quantenvakuum nicht Abwesenheit, sondern Energie ist: ein immenses Energiereservoir, ein vibrierendes Gefüge, das jedes Phänomen erhält. Was wäre, wenn das Leben mit dieser Leere in Dialog träte? Nicht im Sinne der Nutzung „freier“ Energie, sondern im Sinne der Durchdringung, Formung und Beeinflussung durch sie. Diese Hypothese wird von einigen Physikern ernst genommen und steht in engem Zusammenhang mit einer metaphysischen Vision des Bewusstseins als universelles Feld. Ein Feld, das Leben nicht „von außen“ erzeugt, sondern dessen informationelle Grundlage bildet.

Aus dieser Perspektive erscheint die Evolution selbst weniger als blinder Prozess, sondern eher als fortschreitendes „Lesen“ dessen, was das Feld potenziell enthält.

Was wir in diesem zweiten Teil erforschen werden, ist daher kein Randgebiet, sondern der Kern eines möglichen Paradigmenwechsels. Wo die klassische Biologie Moleküle und Wechselwirkungen sah, erahnen wir hier tiefgreifende Zusammenhänge; wo sie Mechanismen sah, erscheinen hier Felder; wo sie blinden Zufall sah, offenbart sich hier die Möglichkeit einer impliziten Ordnung.

Das bedeutet nicht, die Strenge aufzugeben. Im Gegenteil, es bedeutet, sie zu erweitern. Es bedeutet zu erkennen, dass die Wissenschaft nichts verliert, sondern immens gewinnt, wenn sie den Mut hat, über ihre alten Denkmuster hinauszublicken.

Und hier beginnt unsere Reise von Neuem: mit dem Versuch zu verstehen, wie Lebewesen an einem unsichtbaren Netzwerk von Quantenbeziehungen teilhaben, an einem Feld, das sie erhält, an einer tieferen Ordnung, die, verborgen darunter, das sein könnte, was wir universelles Bewusstsein nennen.

VI°. Verschränkung und nichtlokale Kommunikation.

Nichtlokalität: Von der theoretischen Kuriosität zum biologischen Schlüssel

Lange Zeit galt die Quantennichtlokalität als kaum mehr als eine theoretische Kuriosität. Albert Einstein, der maßgeblich zur Entstehung der Quantenmechanik beigetragen hatte, tat sie mit dem berühmten Ausdruck „spukhafte Fernwirkung" ab. Es war 1935, und zusammen mit Boris Podolsky und Nathan Rosen veröffentlichte er das berühmte EPR-Paradoxon, das genau dazu gedacht war, zu demonstrieren, wie unannehmbar diese Konsequenz der Theorie erschien. Doch was Einstein als Fehler betrachtete, hat sich im Laufe der Jahrzehnte als einer der tiefgründigsten Aspekte der Realität erwiesen. Mit den von John Bell in den 1960er Jahren vorgeschlagenen Experimenten und vor allem mit den experimentellen Bestätigungen von Alain Aspect in Orsay in den frühen 1980er Jahren hörte die Nichtlokalität auf, eine philosophische Hypothese zu sein: Sie wurde zu einer empirischen Tatsache. Verschränkte Teilchen zeigen instantane Korrelationen, die sich nicht durch lokale Signale oder klassische verborgene Variablen erklären lassen. Kurz gesagt, die Physik musste eine unbequeme Wahrheit anerkennen: Die Realität ist nicht vollständig lokal.

Was bedeutet „lokale Realität"?

In der klassischen Physik bedeutet lokale Realität, die Welt auf eine zutiefst intuitive und der Alltagserfahrung sehr nahe liegende Weise zu betrachten. Es ist die Vorstellung, dass die physikalische Welt aus real existierenden Objekten mit wohldefinierten Eigenschaften besteht, die nur durch Kontakte oder Einflüsse miteinander interagieren, die sich durch Raum und Zeit ausbreiten, ohne mysteriöse Sprünge oder instantane Fernwirkungen.

Stellen Sie sich vor, Sie betreten einen leeren Raum. Auf dem Tisch liegt ein Buch. Auch wenn niemand es betrachtet, hat dieses Buch in der klassischen Physik eine präzise Position, ein Gewicht, eine Form und eine Temperatur. Es „wartet“ nicht darauf, beobachtet zu werden, um seinen Standort oder sein Gewicht zu bestimmen. Der Messvorgang erzeugt diese Eigenschaften nicht, sondern macht sie lediglich sichtbar. Dies ist der erste Aspekt der lokalen Realität: Die Realität ist objektiv und unabhängig vom Beobachter..

Die klassische Physik geht davon aus, dass nichts etwas anderes unmittelbar beeinflussen kann, wenn es weit entfernt ist. Ursachen benötigen stets ein Medium und Zeit, um Wirkungen hervorzurufen. Wenn man einen Stuhl anschiebt, bewegt sich dieser, weil die Hand ihn berührt. Trifft eine Billardkugel eine andere, geht die Bewegung erst im Moment des Aufpralls, genau an diesem Punkt im Raum, von der ersten auf die zweite über. Es gibt keine Wirkung, die den dazwischenliegenden Raum „überspringt“.

Diese Denkweise ist eng mit der klassischen Vorstellung von Raum und Zeit als einer großen, stabilen Bühne verwandt. Objekte nehmen Positionen im Raum ein, Ereignisse ereignen sich zeitlich nacheinander, und die Entfernung zwischen zwei Körpern ist real und bedeutsam. Sind zwei Ereignisse weit voneinander entfernt, kann das eine nicht unmittelbar auf das andere einwirken. Schaltet man beispielsweise in einer Stadt eine Lampe ein, benötigt das Licht Zeit, um eine andere, weit entfernte Stadt zu erreichen. Nichts geschieht anderswo sofort, nur weil man einen Schalter umlegt.

Selbst wenn die klassische Physik von Kräften spricht, die scheinbar „aus der Ferne“ wirken, wie Gravitation oder Elektrizität, bleibt der Begriff der Lokalität bestehen. Ein massereicher Körper wie die Erde verändert den Raum um sich herum durch die Erzeugung eines Gravitationsfeldes, und ein anderer Körper wie der Mond bewegt sich, weil er lokal in dieses Feld eingebettet ist. Der Mond „spürt“ die Erde nicht direkt, als wäre er durch einen unsichtbaren Faden verbunden: Er reagiert auf das, was an seinem aktuellen Ort im Raum geschieht. Wenn sich etwas ändert, manifestiert sich die Veränderung nicht überall gleichzeitig, sondern breitet sich aus.

Ein sehr einfaches Beispiel verdeutlicht diese Vorstellung. Stellen Sie sich zwei identische, perfekt synchronisierte Uhren vor, eine auf einem Tisch in Mailand und die andere in Neapel. In der klassischen Physik zeigt jede Uhr zu jedem Zeitpunkt die exakte Zeit an, selbst wenn niemand sie betrachtet. Wenn die Uhr in Neapel kaputt geht oder stehen bleibt, funktioniert die in Mailand weiterhin wie zuvor. Es gibt keine mysteriöse Verbindung, dic die eine auf die andere reagieren lässt. Jeder entwickelt sich basierend auf dem, was lokal geschieht.

In diesem Sinne zeichnet die lokale Realität das Bild einer geordneten und verständlichen Welt: Alles hat seine eigene Geschichte, bestimmt durch vergangene Ereignisse und die Wechselwirkungen in seiner unmittelbaren Umgebung. Die Gegenwart eines Objekts hängt von seiner Vergangenheit ab, nicht von fernen und momentanen Ereignissen.

Diese Sichtweise war enorm erfolgreich. Sie eignet sich hervorragend zur Beschreibung der Planetenbewegung, der Funktionsweise von Maschinen, mechanischer Phänomene, Flüssigkeiten, eines Großteils des klassischen Elektromagnetismus und ganz allgemein allem, was uns im Alltag begegnet. Gerade weil sie so natürlich und wirkmächtig ist, galt die Idee der lokalen Realität lange Zeit als nahezu selbstverständlich.

Und genau deshalb war die Überraschung so groß, als die Physik des 20. Jahrhunderts zeigte, dass dieses Bild auf mikroskopischer Ebene möglicherweise nicht vollständig ist. In der klassischen Physik bleibt die lokale Realität jedoch der grundlegende und kohärente Weg, die Welt zu verstehen.

Was bedeutet „nichtlokale Realität“?

Von „nichtlokaler Realität“ zu sprechen bedeutet, die Welt auf eine Weise zu beschreiben, die grundlegend mit der klassischen Intuition bricht, dabei aber dennoch streng und experimentell belegbar bleibt. Es handelt sich nicht um eine abstrakte oder philosophische Idee im vagen Sinne des Wortes: Sie entspringt vielmehr sehr konkreten Ergebnissen der Quantenmechanik, insbesondere bei der Untersuchung von Systemen aus mehreren Teilchen.

Um zu verstehen, was „nichtlokal“ bedeutet, ist es am besten, mit dem klassischen Bild zu beginnen, das wir heute klar vor Augen haben. In der klassischen Physik besitzt jedes Objekt wohldefinierte Eigenschaften, und was mit einem Objekt geschieht, hängt ausschließlich von Ereignissen in seiner unmittelbaren Umgebung oder in seiner Vergangenheit ab. Distanz schützt Objekte vor unmittelbaren gegenseitigen Einflüssen. Die nichtlokale Realität stellt genau dieses Rahmenwerk infrage.

Stellen Sie sich nun eine typische Quantensituation vor. Zwei Teilchen entstehen gemeinsam in einem einzigen Prozess, beispielsweise durch den Zerfall eines Mutterteilchens. Nach ihrer Entstehung bewegen sie sich in entgegengesetzte Richtungen, etwa eines zur Erde und das andere zu einer weit entfernten Raumsonde. Aus klassischer Sicht sollte jedes Teilchen, sobald es getrennt ist, seinen eigenen Weg gehen und seine jeweils definierten Eigenschaften beibehalten. In der Quantenmechanik kann jedoch etwas Überraschendes geschehen: Die beiden Teilchen können sich in einem verschränkten Zustand befinden. Das bedeutet, dass es keinen Sinn ergibt, jedem Teilchen einzeln vollständige Eigenschaften zuzuschreiben. Die korrekte Beschreibung betrifft das System als Ganzes, selbst wenn die Teilchen sehr weit voneinander entfernt sind.

Ein Beispiel verdeutlicht dies, sollte aber mit Vorsicht verwendet werden. Stellen Sie sich ein Paar Handschuhe vor: einen rechten und einen linken. Sie legen sie in zwei identische Kartons und versenden diese in zwei verschiedene Städte. Wenn Sie einen Karton öffnen und den rechten Handschuh finden, wissen Sie sofort, dass sich im anderen Karton der linke befindet. Dies ist jedoch ein klassisches Beispiel: Die Handschuhe hatten von Anfang an eine definierte „Hand". Sie haben gerade etwas entdeckt, das bereits feststand.

Im Quantenfall ist die Situation radikaler. Vor der Messung haben die Teilchen noch nicht ihre „rechts" oder „links" zugeordnet. Erst wenn man eine Eigenschaft eines Teilchens misst, nimmt das gesamte System eine kohärente Konfiguration an. Und dies geschieht so, dass selbst wenn das andere Teilchen sehr weit entfernt ist, das Ergebnis seiner Messung sofort korreliert ist. Wenn ich durch Messen des Handschuhs, den ich hier halte, feststelle, dass er linkshändig ist, nimmt der entfernte Handschuh sofort den Zustand „rechtshändig" an. Wiederhole ich die Messung, könnte sich dieser Handschuh als rechtshändig und der andere gleichzeitig als linkshändig erweisen.

Hier kommt die Idee der Nichtlokalität ins Spiel. Die beobachteten Korrelationen zwischen Teilchen lassen sich nicht dadurch erklären, dass jedes Teilchen verborgene, im Moment der Trennung festgelegte Anweisungen trägt und nichts zwischen ihnen übertragen wird. Dies ist keine Meinung: Es ist der genaue Inhalt der Bellschen Theoreme, die mathematisch beweisen, dass keine Theorie, die auf lokaler Realität basiert, alle Vorhersagen der Quantenmechanik reproduzieren kann. Und Experimente, die über Jahrzehnte mit immer größerer Präzision wiederholt wurden, bestätigen die Vorhersagen der Quantenphysik.

Zu sagen, die Realität sei „nichtlokal", bedeutet jedoch nicht, dass ein Teilchen ein physikalisches Signal schneller als mit Lichtgeschwindigkeit an ein anderes sendet. Wäre dies der Fall, könnte Verschränkung zur instantanen Kommunikation genutzt werden, was aber nicht geschieht. Nichtlokal ist nicht die

Informationsübertragung im klassischen Sinne, sondern die Struktur der physikalischen Realität selbst. Eigenschaften sind nicht einfach als unabhängige Objekte im Raum verteilt; in bestimmten Fällen scheint sich die Realität als unteilbares Ganzes zu organisieren, selbst wenn ihre Teile räumlich getrennt sind.

Eine präzisere Formulierung lautet: In der Quantenphysik lässt sich die Realität, zumindest bei bestimmten Phänomenen, nicht vollständig in autonome lokale Teile zerlegen. Die Beziehungen zwischen den Teilen sind genauso wichtig, wenn nicht sogar wichtiger, als die Teile selbst. Wenn man ein Teilchen misst, entdeckt man nicht nur etwas über es, sondern stellt eine Eigenschaft des Gesamtsystems fest, zu dem es gehört.

Einstein fand diese Idee zutiefst beunruhigend und nannte sie „spukhafte Fernwirkung". Er hoffte, die Quantentheorie sei unvollständig und darunter existiere eine traditionellere, lokale und realistischere Beschreibung. Doch bisher scheint sich die Natur nicht in diese Richtung zu entwickeln. Alles deutet darauf hin, dass wir etwas aufgeben müssen: entweder die Vorstellung, dass Eigenschaften immer vor der Messung existieren, oder die Vorstellung, dass die Realität streng lokal ist, oder beides in ihrer klassischen Form.

In diesem Sinne bedeutet die Aussage, die Realität sei nichtlokal, zu akzeptieren, dass die Welt auf fundamentaler Ebene nicht nur aus getrennten Objekten besteht, die lokal im Raum interagieren, sondern auch aus tiefen Verbindungen, die sich nicht auf Entfernung reduzieren lassen. Diese Realität ist weniger intuitiv als die klassische, wurde aber durch Experimente außerordentlich gut bestätigt.

Vom Labor ins Leben: eine unausweichliche Frage.

Viele Jahre lang blieb diese Entdeckung jedoch auf die Labore der Grundlagenphysik beschränkt. Die Quantenwelt war zu fragil, zu empfindlich, um dem „Rauschen" lebender Materie standzuhalten. Zellen mit ihrer Wärme, ihrer Komplexität, ihrer scheinbaren Unordnung schienen der perfekte Gegensatz zur Verschränkung zu sein. Doch wie so oft in der Geschichte der Wissenschaft tauchte am Rande die Frage auf: Wenn Nichtlokalität eine fundamentale Eigenschaft der Natur ist, warum sollte Leben davon ausgeschlossen sein? Besteht es nicht auch aus Atomen, Molekülen und Feldern? In den letzten zwei Jahrzehnten, als sich die Quantenbiologie als Randdisziplin etablierte, erschien die Vorstellung, dass nichtlokale Phänomene selbst in biologischen Systemen Spuren hinterlassen könnten, nicht länger als reine Science-Fiction. Es sei klargestellt, dass wir nicht von einem endgültigen Beweis sprechen, sondern vielmehr von sich überschneidenden Hinweisen, von Anomalien, die sich einer rein mechanistischen Erklärung entziehen.

Einige Experimente, die oft diskutiert und mitunter angezweifelt wurden, legen nahe, dass getrennte biologische Systeme Korrelationen aufweisen können, die sich nur schwer auf einfache chemische Reaktionen oder klassische elektromagnetische Signale zurückführen lassen. Bereits in den 1990er Jahren beobachtete der deutsche Physiker Fritz-Albert Popp überraschend kohärente Biophotonenemissionen in lebenden Zellen, was auf eine Form der internen Kommunikation hindeutete, die nicht rein lokal ist. Seine Interpretationen sind weiterhin umstritten, doch experimentelle Daten haben neue Wege eröffnet.

Jüngste Forschungen zur Photosynthese – insbesondere zu den Proteinkomplexen von Grünalgen und photosynthetischen Bakterien – haben gezeigt, dass Energie scheinbar mehrere Wege gleichzeitig beschreitet, als ob das System im Voraus „wüsste", welcher Weg am effizientesten ist. Hier ist die Nichtlokalität nicht explizit, doch die Logik des Prozesses ähnelt stark dem Verhalten der Quantenphysik.

Die Frage ist an diesem Punkt nicht mehr, ob das Leben klassische Gesetze verletzt – das tut es ständig –, sondern ob es sie tiefgreifender nutzt, als wir bereit sind zuzugeben.

Ein Universum weniger fragmentiert als erwartet

Aus philosophischer Sicht hat Nichtlokalität eine disruptive Wirkung. Wenn zwei Ereignisse ohne lokalen Informationsaustausch korreliert werden können, verliert die Vorstellung einer Welt aus in Raum und Zeit getrennten Objekten ihre Grundlage. Der Physiker David Bohm sprach bereits in den 1970er Jahren von einer „ungeteilten" Realität, in der das scheinbar Getrennte nur eine oberflächliche Erscheinung ist.

Übertragen auf den biologischen Kontext legt diese Erkenntnis nahe, dass Organismen weniger isoliert sein könnten als angenommen. Sie sind nicht nur geschlossene Systeme, die auf ihre Umwelt reagieren, sondern Knotenpunkte eines größeren Netzwerks, eingebettet in ein Beziehungsgeflecht, das dem direkten physischen Kontakt vorausgeht und ihn transzendiert.

Hier überschneidet sich diese Überlegung mit der Hypothese eines universellen Bewusstseinsfeldes. Wenn Nichtlokalität ein strukturelles Merkmal der Realität ist, dann könnte Bewusstsein – weit davon entfernt, ein spätes Nebenprodukt des Gehirns zu sein – einer der Wege sein, auf denen diese tiefgreifende Verbindung erfahrbar wird.

Wie so oft in wissenschaftlichen Revolutionen kann das, was heute noch marginal erscheint, morgen zentral sein. Die Nichtlokalität hat diesen Weg in der Physik bereits beschritten: von konzeptioneller Absurdität zu technologischer Ressource – man denke nur an Quantenkryptographie oder Quantencomputer. In der Biologie befinden wir uns noch in der Phase schwacher Signale, vorsichtiger Hypothesen. Doch allein die Tatsache, dass diese Frage gestellt wird – dass wir es wagen zu fragen, ob Lebewesen nichtlokale Verbindungen eingehen können – deutet auf einen Paradigmenwechsel hin. Leben wird nicht länger als isolierte Maschine betrachtet, sondern als ein Prozess, der tief mit dem unsichtbaren Gefüge der Welt verwoben ist.

Vielleicht gilt, wie Niels Bohr vorschlug: „Das Gegenteil einer großen Wahrheit ist keine Lüge, sondern eine andere große Wahrheit.“ Und die Nichtlokalität, die zunächst wie eine theoretische Übertreibung wirkt, könnte sich als einer der subtilsten Hinweise auf eine noch zu erforschende Biologie erweisen.

Zellensynchronisation jenseits der Chemie?

Wer lebendes Gewebe unter dem Mikroskop beobachtet hat, ist auf eine einfache, aber verblüffende Tatsache gestoßen: Zellen verhalten sich oft wie koordiniert, obwohl sie kein offensichtliches Kontrollzentrum besitzen. Es gibt keinen Dirigenten, der den Takt vorgibt, und doch zeigen Zellteilungen, Differenzierungen und Reaktionen auf äußere Reize eine überraschende Harmonie. Die klassische Biologie erklärt diese Synchronisation mit chemischen Signalen, molekularen Gradienten und Kaskaden biochemischer Reaktionen. Diese Erklärungen sind fundiert und unerlässlich, doch scheinen sie das Phänomen in manchen Fällen nicht vollständig zu erfassen. Daher stellt sich fast von selbst die Frage: Ist es möglich, dass eine Form der zellulären Koordination existiert, die über die Chemie hinausgeht? Bereits in den 1950er- und 1960er-Jahren zeigten bahnbrechende Studien zur Embryonalentwicklung, wie genetisch identische Zellen sich kohärent differenzieren können, selbst wenn sie isoliert oder durch partielle physikalische Barrieren getrennt sind. Die Experimente des deutschen Biologen und Philosophen Hans Driesch aus dem späten 19. Jahrhundert stellten eine rein mechanische Sichtweise in Frage: Seeigelembryonen, die in zwei Teile geteilt wurden, entwickelten sich zu vollständigen Organismen weiter. Driesch sprach von „Entelechie“, einem heute überholten Konzept, doch die von ihm aufgeworfene Frage bleibt weiterhin offen.

Auch in unserer Nähe hat die Forschung zu zirkadianen Rhythmen gezeigt, dass isolierte Zellen, selbst außerhalb des Organismus, eine überraschend stabile zeitliche Synchronisation aufrechterhalten können. Es geht nicht nur um molekulare Uhren: Es scheint, als gäbe es ein gemeinsames Zeitgedächtnis, eine „biologische Zeit“, die dem lokalen Signal vorausgeht.

Diese Phänomene demonstrieren keine nichtlokale Kommunikation im quantenmechanischen Sinne, sondern deuten auf eine funktionelle Kohärenz hin, die sich nur schwer als einfache Summe unabhängiger chemischer Wechselwirkungen erklären lässt.

Bioelektrizität, Felder und Information.

Ein entscheidender, oft übersehener Schritt betrifft die Rolle bioelektrischer Felder. Bereits in den 1930er Jahren stellte der russische Neurophysiologe Alexander Gurwitsch die Hypothese auf, dass mitogene Felder existieren, die die Zellteilung koordinieren können. Seine Schlussfolgerungen wurden lange Zeit verworfen, doch heute rückt die Bioelektrizität wieder in den Mittelpunkt der Forschung, insbesondere dank Studien zur Regeneration – man denke an seine Arbeiten an Salamandern und Planarien.

Zellen kommunizieren nicht nur über Moleküle: Sie erzeugen und reagieren auf elektrische Felder, verändern das Membranpotenzial und reagieren auf globale Veränderungen in ihrer Umgebung. Diese Sprache der Felder ist schneller, umfassender und weniger lokalisiert. Sie ist zwar noch nicht im strengen Sinne quantenphysikalisch, eröffnet aber einen gedanklichen Raum, in dem die Idee einer nicht-chemischen Synchronisation plausibel wird.

Für einige Forscher und Wissenschaftsphilosophen ist dies der Berührungspunkt mit den kühnsten Hypothesen: Wenn die Physik uns lehrt, dass Felder fundamentale Entitäten sind, warum sollte man die Möglichkeit ausschließen, dass Lebewesen Ebenen der Informationsorganisation nutzen, die über den direkten molekularen Kontakt hinausgehen?

Hier wird die Diskussion zwangsläufig spekulativer. In der Physik zeigt die Verschränkung, dass getrennte Systeme sich wie ein einziges Ganzes verhalten können. Dieses Konzept direkt auf Zellen zu übertragen, wäre unangemessen und wissenschaftlich falsch. Dennoch vermuten einige Wissenschaftler, dass abgeschwächte oder abgeleitete Formen der Quantenkohärenz zur biologischen Synchronisation beitragen könnten, insbesondere auf subzellulärer Ebene. Der theoretische Biologe Stuart Kauffman, der der Quantenmechanik weiterhin skeptisch gegenübersteht, hat wiederholt betont, wie die Selbstorganisation des Lebens die reine lokale Kausalität zu übersteigen scheint. Das Leben, schreibt er, „leistet mehr, als seine Bestandteile uns vorhersagen lassen". In diesem „Mehr" sehen manche den langen Schatten der Quantenmechanik. Dieses Buch geht noch einen Schritt weiter: Es postuliert, dass die zelluläre Synchronisation eine lokale Manifestation einer tieferen Ordnung ist, eines Informationsfeldes, das Lebewesen durchdringt und letztlich auf ein universelles Bewusstseinsfeld verweist. Dies ist kein Beweis, sondern ein Interpretationsrahmen, der versucht, das zu erklären, was die Chemie allein nur schwer fassen kann.

Sollte diese Hypothese auch nur teilweise zutreffen, wären die Konsequenzen weitreichend. Zellen wären dann keine isolierten Einheiten mehr, die nur bei Berührung miteinander „sprechen", sondern Teil eines umfassenderen Beziehungsnetzwerks, in dem Informationen auch über diffuse, möglicherweise nicht-lokale und vielleicht noch unbekannte Wege zirkulieren.

Aus dieser Perspektive wird die zelluläre Synchronisation zu mehr als nur einem effizienten Mechanismus: Sie wird zum Zeichen der Zugehörigkeit. Als ob jede Zelle in ihrer stillen Arbeit auf dieselbe zugrundeliegende Frequenz abgestimmt wäre, einen gemeinsamen Rhythmus, der durch lebende Materie fließt.

Wir können dies noch nicht vollständig beweisen. Doch wie so oft in der Wissenschaft gehen Fragen den Antworten voraus.

Und die Frage, ob Zellen jenseits chemischer Prozesse synchronisiert sind, bedeutet letztlich, zu hinterfragen, wie tief das Leben mit der unsichtbaren Ordnung des Universums verwoben ist.

Vernetzung und Resonanz: eine neue Sprache.

Im vorherigen Absatz fragten wir, ob Zellen sich jenseits chemischer Prozesse synchronisieren können; hier verschiebt sich die Perspektive leicht: Wie könnte diese Synchronisation stattfinden? Nicht länger als Austausch spezifischer Botschaften – Molekül A aktiviert Rezeptor B –, sondern als Resonanz, ein Konzept, das sowohl der Physik als auch der Musik zuzuordnen ist und zunehmend auch in die Sprache der modernen Biologie Einzug hält.

Resonanz überträgt keine Information im klassischen Sinne: Sie lässt sie entstehen. Zwei Systeme treten in Beziehung zueinander, nicht weil das eine dem anderen etwas „sagt", sondern weil sie eine gemeinsame Frequenz, eine kompatible dynamische Struktur, aufweisen. So verhält es sich mit zwei auf denselben Ton gestimmten Stimmgabeln: Schon das Anschlagen der einen versetzt die andere in Schwingung. Kein Kontakt, keine Botschaft. Nur Feld und Übereinstimmung. Man denke an zwei Mikrofone, die zu nah beieinander stehen und einen Pfiff auslösen.

Überträgt man dieses Bild auf Lebewesen, so ergibt sich die Hypothese, dass Zellen, Gewebe und vielleicht ganze Organismen durch gemeinsame Zustände kommunizieren können, anstatt durch diskrete Signale.

Biologische Felder: ein wiederkehrender Gedanke.

Die Vorstellung, dass Leben von Feldern durchdrungen ist, ist nicht neu. Bereits in den 1920er Jahren sprach der bereits erwähnte Alexander Gurwitsch von mitogenen Feldern; Eine Hypothese, die zunächst begeistert aufgenommen und dann rasch verworfen wurde. Doch wie so oft in der Wissenschaftsgeschichte kehren manche Erkenntnisse in neuer Form zurück.

Heute wissen wir mit Sicherheit, dass lebende Organismen sehr schwache, aber messbare elektromagnetische Felder erzeugen. Das Herz, das Gehirn und sogar einzelne Zellen senden kohärente elektrische und magnetische Signale aus. Die Magnetoenzephalographie, die seit den 1970er Jahren entwickelt wurde, liefert dafür einen konkreten Beweis. Am bemerkenswertesten ist jedoch, dass diese Felder keine bloßen Nebenwirkungen sind: Sie spielen eine funktionelle Rolle in der Organisation des Systems.

In einigen Experimenten zur Geweberegeneration, die in den letzten Jahrzehnten in den USA und Europa durchgeführt wurden, beeinflusst die Veränderung des elektrischen Feldes einer Wunde die Migration und Differenzierung von Zellen. Nicht das Gen selbst verändert sich, sondern der Feldkontext, in dem es wirkt.

Eine weitere faszinierende Erkenntnis stammt aus Studien zu Biophotonen, die vor allem mit den Arbeiten des deutschen Physikers Fritz-Albert Popp seit den 1970er Jahren verbunden sind. Alle lebenden Organismen emittieren ein extrem schwaches Licht, das für das menschliche Auge unsichtbar, aber erstaunlich kohärent ist. Es handelt sich nicht um Biolumineszenz im Sinne von Glühwürmchen, sondern um eine kontinuierliche Emission, die mit Stoffwechselprozessen und dem Ordnungszustand des Systems verknüpft ist.

Popp vermutete, dass dieses Licht eine interne Koordinierungsfunktion erfüllen könnte, eine Art optisches Netzwerk, das zur zellulären Synchronisation beiträgt. Seine ambitioniertesten Interpretationen wurden zwar angezweifelt, doch die experimentellen Daten zur Biophotonenemission sind real und reproduzierbar. Auch hier geht es nicht um Gewissheit, sondern um die Erschließung eines neuen Begriffsapparates.

Die Vorstellung, dass Zellen sich selbst durch Licht „sehen“, sei es auch nur als Informationsmedium, löst das Bild eines Organismus als Ansammlung geschlossener Kompartimente auf und führt ihn zurück zu einem selbsttransparenten System.

Hier verflechtet sich die Diskussion unweigerlich mit der Philosophie der Physik. Der theoretische Physiker David Bohm, Einsteins Mitarbeiter und ein radikaler Denker, sprach von einer impliziten Ordnung: einer tiefgreifenden Realität, in der alles bereits miteinander verbunden ist, während wir nur die explizite, fragmentierte Ordnung wahrnehmen.

Bohm befasste sich nicht direkt mit Biologie, doch sein Denken hat all jene, die den Reduktionismus überwinden wollen, tiefgreifend beeinflusst. In einem Bohmschen Universum ist Resonanz keine Ausnahme, sondern die Regel. Die Teile „kommunizieren“ nicht; tatsächlich waren sie nie wirklich getrennt. Biologische Vernetzung wäre kein Nebeneffekt der Evolution, sondern die lokale Widerspiegelung einer tieferen Ordnung, in der Materie, Information und Bewusstsein dieselbe Matrix teilen.

Von Resonanz zu sprechen bedeutet letztlich, die Metapher zu verändern. Das Lebewesen ist nicht länger eine Maschine, die Signale austauscht, sondern ein gestimmtes Instrument, das an einem größeren Feld teilnimmt. Eine Sprache aus Frequenzen, Phasen und Kohärenzen anstelle linearer Ursachen.

Es ist nach wie vor eine unvollständige, mitunter unpräzise und sicherlich kontroverse Sprache. Doch es ist auch eine Sprache, die mit einigen der tiefgründigsten Erkenntnisse der Quantenphysik und einer langen philosophischen Tradition von Plotin über Spinoza bis hin zu zeitgenössischen Reflexionen über das Bewusstsein in Resonanz steht.

Wenn Zellen durch Resonanz kommunizieren, dann reagiert das Leben nicht einfach auf die Welt, sondern schwingt mit ihr. Und vielleicht ist, wie die Hypothese des universellen Bewusstseinsfeldes nahelegt, jede Lebensform eine lokale Modulation einer einzigen, großen kosmischen Symphonie.

Metaphysische Perspektiven: Die Realität als ungeteiltes Netzwerk.

Wenn wir bisher von Vernetzung, Synchronisation und Resonanz gesprochen haben, nimmt die Diskussion nun einen weiteren Schritt – vielleicht den heikelsten, aber auch den unausweichlichsten. Denn die Idee nichtlokaler Kommunikation in Lebewesen, selbst wenn sie als Arbeitshypothese formuliert ist, sprengt naturgemäß die Grenzen der experimentellen Biologie und wirft eine radikalere Frage auf: Was wäre, wenn die Realität selbst im Kern nicht fragmentiert wäre?

Es ginge also nicht darum zu erklären, wie getrennte Teile über Distanz miteinander kommunizieren können, sondern darum zu erkennen, dass Trennung zum Teil eine Konstruktion unserer Perspektive ist. Eine praktische Vereinfachung, nützlich, aber nicht endgültig. Die Quantenphysik hat uns seit ihren Anfängen gezwungen, uns mit dieser Möglichkeit auseinanderzusetzen. Als Erwin Schrödinger behauptete, Leben nähre sich von „Ordnung" und nicht bloß von Energie, öffnete er einen begrifflichen Bruch: Ordnung ist kein Ding, sondern eine Beziehung. Und Beziehungen gehören definitionsgemäß nicht isolierten Objekten an.

Verschränkung als ontologischer Hinweis.

In der Physik ist Quantenverschränkung heute eine gesicherte experimentelle Tatsache, die seit den 1980er Jahren im Labor bestätigt wurde, angefangen mit den Experimenten von Alain

Aspect in Orsay bei Paris. Zwei wechselwirkende Teilchen verhalten sich weiterhin wie ein einziges System, selbst wenn sie durch große Entfernungen getrennt sind. Sie kommunizieren nicht: Sie bleiben eins.

Viele Physiker belassen es hier – aus berechtigter Vorsicht. Andere hingegen, darunter David Bohm, Henry Stapp und, philosophischer betrachtet, Bernardo Kastrup, sahen in der Verschränkung nicht nur eine technische Kuriosität, sondern einen möglichen ontologischen Hinweis: Die Realität könnte, unter der Oberfläche, ein ungeteiltes Netzwerk von Beziehungen sein. Überträgt man diese Idee auf Lebewesen, so bedeutet dies die Hypothese, dass Organismen keine abgeschlossenen Einheiten sind, die gelegentlich interagieren, sondern temporäre Lokalisierungen eines einheitlichen Prozesses. Knotenpunkte in einem Netzwerk, das den Knotenpunkten selbst vorausgeht.

Bei genauerer Betrachtung erweist sich diese Vision als keine moderne Erfindung. Wir finden sie in verschiedenen Sprachen und in vielen philosophischen Traditionen. Spinoza sprach im 17. Jahrhundert von einer einzigen „Substanz“ mit unendlichen Attributen, deren zwei Ausdrucksformen Geist und Materie sind. Es gibt keine Wechselwirkung zwischen getrennten Teilen, da die Teile Modi einer einzigen Realität sind.

Im 20. Jahrhundert entwickelte der Mathematiker und Philosoph Alfred North Whitehead eine Prozessphilosophie, in der Ereignisse, nicht Dinge, grundlegend sind. Jedes Ereignis steht mit allen anderen in Beziehung. Die moderne Biologie scheint diese Erkenntnis bei der Erforschung komplexer Systeme und Emergenz mitunter mithilfe neuer Methoden wiederzuentdecken.

In diesem Kontext erscheint die Idee eines universellen Bewusstseinsfeldes nicht als willkürlicher Schluss, sondern als mögliche Synthese: Wenn die Realität ein ungeteiltes Netzwerk ist, könnte Bewusstsein nicht ein nachträgliches Produkt der Materie sein, sondern vielmehr eine intrinsische Dimension des Feldes selbst.

Das Leben als Fenster zu allem.

Aus dieser Perspektive nimmt das Leben eine besondere Rolle ein. Es ist nicht nur ein hochorganisiertes chemisches Phänomen, sondern ein privilegiertes Fenster zur Einheit der Realität. Lebende Organismen machen mit ihrer Fähigkeit zur Selbstorganisation, Wahrnehmung und Informationsintegration sichtbar, was in der anorganischen Welt am meisten verborgen bleibt. Einige theoretische Biologen und Physiker haben vorgeschlagen, dass das Leben eine der Möglichkeiten ist, wie das Universum seine Möglichkeiten erforscht. Aus der Sicht eines ungeteilten Netzwerks könnten wir sogar so weit gehen zu sagen, dass das Universum sich selbst durch das Leben erkennt. Dies ist keine wissenschaftliche Schlussfolgerung im strengen Sinne, sondern eine metaphysische Perspektive, die von der Wissenschaft beeinflusst ist. Eine Erzählung, die mit unserem Wissen übereinstimmt und sich dessen bewusst ist, was uns noch verborgen bleibt.

Schließlich gibt es einen entscheidenden, oft übersehenen Aspckt: In einer ungeteilten Realität steht der Beobachter nicht außerhalb dessen, was er beobachtet. Die Biologie beweist dies konkret: Leben zu erforschen bedeutet, selbst Leben zu sein und sich selbst zu erforschen. Dies ist nur ein scheinbarer Widerspruch, den die Quantenphysik gut versteht.

Wie John Wheeler, einer der bedeutendsten Physiker des 20. Jahrhunderts, schrieb: „Wir sind nicht bloß Zuschauer des Universums; wir sind Teilnehmer." Wenn dies zutrifft, dann ist das universelle Bewusstseinsfeld keine ferne oder abstrakte Entität, sondern der Kontext, in dem jede Erfahrung – biologische, mentale, kosmische – Gestalt annimmt.

In diesem Licht betrachtet ist die Verschränkung in Lebewesen nicht bloß ein kurioses Phänomen oder eine gewagte Hypothese. Es ist ein Signal, vielleicht noch schwach, aber eindringlich, das uns dazu einlädt, unser Weltbild zu überdenken: nicht als Summe seiner Teile, sondern als kontinuierliches, nahtloses Gefüge, in dem jede Lebensform sowohl Knotenpunkt als auch Ganzes ist.

VII°. Quantenfeld und Morphogenese.

Denn das Leben „weiß“, wie es sich selbst organisiert. Ein Rätsel so alt wie die Biologie selbst.

Jeder Embryo, beobachtet in seinen frühen Entwicklungsstadien, wirft eine wissenschaftliche und philosophische Frage auf: Woher weiß lebende Materie, welche Form sie annehmen soll? Nicht nur, wo sie wachsen soll, sondern auch, wie sie sich in Raum und Zeit entfaltet: Wo entsteht eine Gliedmaße, wo differenziert sich Nervengewebe, warum wird aus einer Zelle das Herz und aus einer anderen die Haut?

Diese Frage zieht sich durch die gesamte Geschichte des westlichen Denkens. Aristoteles sprach im 4. Jahrhundert v. Chr. von „Eidos“ und „Entelechie“: Form nicht als äußere Schablone, sondern als inneres Prinzip, das das Werden lenkt. Jahrhundertelang blieb diese Erkenntnis im Hintergrund, verdeckt durch den Aufstieg moderner Mechanismen, die Erklärungen auf der Grundlage von Einwirkungen, Reaktionen und linearen Verknüpfungen bevorzugten. Doch im 20. Jahrhundert kehrte die Frage nach der Form mit Nachdruck zurück, gerade als die Biologie erkannte, dass Gene allein nicht ausreichen.

Jenseits der DNA: Das ungelöste Problem der Organisation.

In den 1950er Jahren, mit der Entdeckung der DNA-Struktur in Cambridge durch James Watson und Francis Crick (1953), schien das Geheimnis des Lebens endlich gelüftet. Das „genetische Programm“ würde alles erklären. Doch nur wenige

Jahrzehnte später, mit dem Fortschritt der Entwicklungsbiologie, begann diese Gewissheit zu bröckeln.

Die DNA kodiert Proteine, keine Formen. Sie sagt uns nicht, wo ein Protein wirken soll, wann oder in welchem globalen Kontext. Wie Lewis Wolpert, einer der Pioniere der Entwicklungsbiologie, bemerkte: „Das zentrale Problem der Biologie ist nicht die Differenzierung, sondern die Position."

Ein Wirbeltierembryo kann sich, selbst wenn er gestört wird, oft selbst „korrigieren". Verschobene Zellen kehren an ihren ursprünglichen Platz zurück. Beschädigte Strukturen reorganisieren sich. Dies deutet darauf hin, dass die Form nicht einfach die Summe lokaler Anweisungen ist, sondern Ausdruck einer globalen Ordnung, die lokale Prozesse steuert.

Hier wird ein Dialog mit der Physik unausweichlich. In den 1950er Jahren veröffentlichte Alan Turing, bekannt für seine Beiträge zur Informatik, eine heute klassische Arbeit: „Die chemische Grundlage der Morphogenese" (1952). Turing zeigte, wie einfache Reaktions-Diffusions-Gleichungen komplexe Muster erzeugen können: Streifen, Flecken, gebrochene Symmetrien. Eine elegante Entdeckung, die in vielen biologischen Systemen experimentell bestätigt wurde.

Doch selbst Turings Modelle beschreiben, wie ein Muster entstehen kann; sie erklären weder, warum das eine Muster entsteht und nicht das andere, noch wie die Kohärenz des gesamten Organismus während der Entwicklung erhalten bleibt. In denselben Jahren führte der Chemiker und Physiker Ilja Prigogine in Brüssel den Begriff der dissipativen Strukturen ein: Systeme fernab des Gleichgewichts, die, anstatt im Chaos zu versinken, Ordnung erzeugen. Leben erscheint zunehmend als selbstorganisierender Prozess, ein Wechselspiel zwischen Energiefluss und formaler Stabilität.

Potenzialität statt Anweisungen.

An diesem Punkt begannen einige Physiker und Philosophen, die Quantenphysik nicht zur Erklärung einzelner biochemischer Reaktionen heranzuziehen – ein Thema, das in früheren Kapiteln behandelt wurde –, sondern um den Begriff der Form selbst neu zu überdenken. Werner Heisenberg belebte in einem berühmten Aufsatz von 1958 (Physik und Philosophie) einen fast vergessenen aristotelischen Begriff wieder: „Potenzialität". In der Quantenwelt, so Heisenberg, ist das Existierende noch keine Tatsache, sondern eine Menge realer Möglichkeiten. Realität ist nicht ein für alle Mal gegeben, sondern wird aktualisiert. Überträgt man diese Idee auf die Biologie, so bedeutet dies, Form nicht als etwas Vorgegebenes zu betrachten, sondern als etwas, das aus einem Feld von Möglichkeiten hervorgeht. Der Embryo folgt keinem starren Plan; er erkundet einen Raum des Potenzials und wählt, stabilisiert und verstärkt dabei bestimmte Konfigurationen.

Hier gewinnt die Diskussion unweigerlich an Tiefe. Wenn Form aus Beziehungen – chemischen, physikalischen, informationellen – entsteht, dann gehört sie keinem isolierten Teil des Systems an. Sie ist eine Eigenschaft des Ganzen. Wenn David Bohm von der impliziten Ordnung spricht, befasst er sich nicht direkt mit der Entwicklungsbiologie, doch seine Vision hat viele Versuche inspiriert, Morphogenese als einen Prozess der „Entfaltung" aus einem tieferen Feld zu begreifen. Aus dieser Perspektive „weiß" das Leben, wie es sich organisiert, weil es in eine ihm vorausgehende Ordnung eingebettet ist, nicht chronologisch, sondern ontologisch. Eine Ordnung, die nicht von außen auferlegt, sondern von innen heraus orientiert.

Und hier offenbart sich subtil die metaphysische Vision, die dieses Buch durchzieht. Wenn es ein quantenphysikalisches Feld gibt, das die materielle Realität strukturiert, warum sollte man die Möglichkeit eines Bewusstseinsfeldes ausschließen, verstanden nicht als persönlicher Geist, sondern als Prinzip der Verständlichkeit?

Es geht nicht darum, der Natur menschliche Intentionalität zuzuschreiben oder Metaphern und experimentelle Daten zu verwechseln. Vielmehr geht es darum zu erkennen, dass die Fähigkeit des Lebens, Form, Bedeutung und Kohärenz zu erzeugen, der lokale Ausdruck eines universellen Feldes von Ordnung und Bedeutung sein könnte.

Wie Erwin Schrödinger in seinen letzten Lebensjahren, in seinen Reflexionen über das Verhältnis von Geist und Natur, wiederholte: „Bewusstsein lässt sich nicht durch etwas anderes erklären, denn es ist selbst die Grundlage aller Erklärung."

In diesem Licht betrachtet ist Morphogenese nicht nur ein zu lösendes technisches Problem, sondern eine Offenbarung. Jeder Organismus, der Gestalt annimmt, beweist, dass das Universum kein gleichgültiges Chaos ist, sondern ein Prozess, der Ordnung, Schönheit und Funktionalität hervorbringen kann.

Das letztendliche Warum bleibt offen. Doch vielleicht lautet die richtige Frage, wie so oft an Wendepunkten im Denken, nicht mehr: „Woher kommt die Form?", sondern vielmehr: „Was sagt uns die Form über das tiefere Gefüge der Realität?"

Hier kann das nächste Kapitel ansetzen und die Hypothese kohärenter Felder in der Embryonalentwicklung weiter erforschen. Doch eines scheint bereits klar: Das Leben konstruiert Formen nicht gegen die Natur. Es konstruiert sie mit der Natur, vielleicht sogar aus ihrer tiefsten Dimension.

Eine Hypothese „kohärenter Felder“ in der Embryonalentwicklung.

Jeder, der die Entwicklung eines Embryos beobachtet hat, selbst nur anhand der Zeitrafferaufnahmen eines Embryologielabors, ist von einer Tatsache beeindruckt, die sich nur schwer auf reine Chemie reduzieren lässt: Millionen von Zellen differenzieren, wandern, verharren oder beschleunigen, als folgten sie einer gemeinsamen Partitur. Es gibt keinen sichtbaren Dirigenten, und doch ist das Ergebnis erstaunlich harmonisch.

Schon in den 1960er Jahren entging dieser Eindruck dem britischen theoretischen Biologen Brian Goodwin nicht, der die Entwicklung als einen von globalen Beschränkungen und nicht von lokalen Anweisungen gesteuerten Prozess beschrieb. Doch die Idee, dass hinter dieser Koordination etwas Ähnliches wie ein Feld – nicht nur biochemisch, sondern physikalisch im tiefsten Sinne – stehen könnte, begann sich einige Jahrzehnte zuvor in einem unerwarteten Gebiet zu formen: der Festkörperphysik.

Fröhlichs Erkenntnis: Kohärenz in lebender Materie

1968 veröffentlichte der deutsche Physiker Herbert Fröhlich, bereits bekannt für seine Arbeiten zur Elektrodynamik, eine Reihe von Artikeln, die heute zu den Gründungsdokumenten der theoretischen Quantenbiologie zählen. Fröhlich veröffentlichte die wegweisenden Artikel um 1967–1969 (und setzte seine Arbeit in den folgenden Jahren fort) und schlug theoretische

Formalismen vor, um die physikalische Plausibilität des Phänomens in biologischen Systemen zu untermauern. Diese Arbeiten wurden vielfach zitiert und gaben Anlass zu einer Vielzahl theoretischer und spekulativer Studien über die Möglichkeit kohärenter Quanteneffekte in warmen, feuchten Umgebungen wie Zellen.

Die zentrale Idee in Fröhlichs Vorschlag war, dass Netzwerke dipolarer Oszillatoren (beispielsweise Gruppen von Schwingungsdipolen in Zellmembranen oder Proteinen), die einer kontinuierlichen Energiezufuhr und dissipativen Verlusten ausgesetzt sind, einen makroskopischen kohärenten Zustand nichtthermischer Anregung anstreben können – ein Phänomen analog zur bosonischen Kondensation, oft auch „Fröhlich-Kondensation“ oder „Fröhlich-Kohärenz“ genannt. In diesem Zustand absorbiert ein niederfrequenter Modus einen Großteil der angeregten Energie, was zu einem kollektiven, longitudinalen Verhalten der Schwingungen führt.

Seine Thesen gelten als grundlegend, und seine Artikel werden oft als Meilensteine in der Geschichte der theoretischen Quantenbiologie zitiert, da sie formal das Konzept einführten, dass lebende Systeme kollektive kohärente Zustände aufrechterhalten können, die durch Energieflüsse induziert und aufrechterhalten werden. Dies bietet einen theoretischen Rahmen, um biologische Phänomene im Sinne von Quantenkohärenz und Selbstorganisation zu betrachten. Es muss angemerkt werden, dass Fröhlichs Vorschläge hochspekulativ blieben und keine umfassende und überzeugende experimentelle Bestätigung fanden. Kritiker verweisen auf grundlegende Schwierigkeiten: schnelle Dekohärenz in heißen Umgebungen, spezifische Energieanforderungen und das Fehlen solider experimenteller Belege für die Fröhlich-Kondensation in den vorgeschlagenen biologischen Strukturen. In den letzten Jahrzehnten erzielte die Quantenbiologie hingegen in begrenzten Fällen robuste Ergebnisse (Exzitonentransfer in der Photosynthese, enzymatischer Tunnelprozess, Magnetorezeption bei Vögeln), doch diese implizieren nicht automatisch die Gültigkeit einer verallgemeinerten Fröhlich-Kondensation.

Letztendlich postuliert Fröhlich, dass komplexe biologische Systeme, angetrieben durch metabolische Energie, Zustände großräumiger Quantenkohärenz erreichen können, analog – in gewisser Weise – zu denen, die in Lasern oder Supraleitern beobachtet werden.

Die Idee, auf ihren Kern reduziert, ist kühn: Oszillierende Biomoleküle innerhalb von Zellen könnten sich synchronisieren und kohärente elektromagnetische Felder erzeugen, die biologische Prozesse auf Skalen beeinflussen können, die größer als die molekulare sind. Keine Magie, sondern Organisationsphysik.

Fröhlich spricht zwar nicht direkt über Embryonen, doch die Schlussfolgerungen sind eindeutig: Eine koordinierte Entwicklung könnte auf physikalischer Kohärenz beruhen, einer Art „unsichtbarem Klebstoff", der die Einheit des Prozesses während der Zellteilung und -differenzierung aufrechterhält.

Bioelektrische Felder: Die Arbeit von Michael Levin.

Fröhlichs Hypothese blieb lange Zeit ein Randthema der experimentellen Biologie. In den letzten zwanzig Jahren sind jedoch Daten aufgetaucht, die das Thema der Felder wieder in den Mittelpunkt rücken – diesmal auf empirischere Weise. Am Zentrum für Regenerative und Entwicklungsbiologie der Tufts University in den USA erforscht der Biologe Michael Levin seit Jahren die Rolle bioelektrischer Felder in Entwicklung und Regeneration.

Levin zeigt, dass elektrische Potenzialgradienten zwischen Zellen die Morphogenese nicht nur begleiten, sondern aktiv steuern. Durch die Veränderung dieser Felder ist es – in einigen Tiermodellen – möglich, die Bildung abnormal positionierter Augen zu induzieren oder komplexe Strukturen zu regenerieren.

Die entscheidende Erkenntnis ist, dass die Forminformation im gesamten Feld verteilt zu sein scheint und nicht auf ein einzelnes Gen oder eine einzelne Zelle beschränkt ist.

Wir sind noch weit davon entfernt, im engeren Sinne von „Quantenfeldern" zu sprechen, aber dieser konzeptionelle Schritt ist wichtig: Form entsteht aus einer Feldorganisation, nicht aus einer linearen Kette von Ursachen. An diesem Punkt drängt sich die Frage auf: Um welche Art von Feld handelt es sich? Ist es lediglich elektrisch? Chemisch? Oder etwas Tieferes?

Kann sich biologisches Wasser in Quantenkohärenzdomänen organisieren?

Emilio Del Giudice und Giuseppe Vitiello haben zusammen mit Mitarbeitern wie Giuliano Preparata eine Vision lebender Materie entworfen, die aus einer Verbindung von Feldphysik und Biologie hervorzugehen scheint: Die zentrale Idee ist, dass Wasser, das in Organismen in großen Mengen vorkommt, nicht nur ein neutrales Lösungsmittel ist, sondern sich zu kollektiven Strukturen organisieren kann, die zu kohärentem Verhalten fähig sind. Laut diesen Autoren können sich unter bestimmten Bedingungen und dank eines kontinuierlichen Energieaustauschs mit der Umgebung Gruppen von Wassermolekülen synchronisieren und „kohärente Domänen" bilden, in denen viele Moleküle synchron schwingen. Diese Domänen würden sich durch elektrische und dynamische Eigenschaften auszeichnen, die sich von denen „ungeordneten" Wassers unterscheiden, und könnten chemische Prozesse begünstigen, indem sie Wechselwirkungen über größere Distanzen vermitteln, als durch einfache Diffusion und lokale Kontakte zu erwarten wäre.

Angewendet auf die Embryonalentwicklung, führt dieses Bild zu einer Darstellung des Embryos nicht als Summe isolierter Zellen, sondern als einheitliches und dynamisches System: Der Embryo würde von kohärenten Wasserdomänen und kollektiven elektromagnetischen Feldern durchdrungen, die molekulare und zelluläre Aktivitäten synchronisieren, selektive chemische Reaktionen ermöglichen und letztlich die Entstehung morphologischer Muster und Strukturen steuern. Aus dieser Perspektive lässt sich Morphogenese als kollektiver Übergang interpretieren, eine Art „Symmetriebrechung", bei der der kohärente Zustand des Wassers und seine kollektiven Moden räumliche Konfigurationen auf Gewebe- oder Organismusebene auswählen und stabilisieren.

Es sei jedoch betont, dass es sich hierbei um einen theoretischen Vorschlag handelt, der zwar anregend ist, aber auch erhebliche Einschränkungen aufweist. Auf physikalischer Ebene betrifft der stärkste Kritikpunkt die Dekohärenz: In heißen, feuchten und stark gestörten Umgebungen wie biologischen neigt die Quantenkohärenz dazu, sich sehr schnell aufzulösen. Del Giudice und Vitiello entgegnen, dass ihre Kohärenz nicht die fragile Kohärenz zwischen einzelnen Partikeln, sondern ein kollektives und dissipatives Phänomen ist, das durch Energieflüsse aufrechterhalten wird und daher weniger anfällig ist. Experimentell bleiben viele ihrer Behauptungen spekulativ: Einige Beobachtungen zu bestimmten Eigenschaften von Wasser oder zu hocheffizienten Energietransfers in biologischen Systemen werden als mögliche Hinweise angeführt, doch es gibt noch keine umfassende und wiederholte Bestätigung dafür, dass kohärente Domänen vom QFT-Typ existieren und die vorgeschlagene Rolle im Embryo spielen. Darüber hinaus lassen sich viele der angeführten experimentellen Anomalien durch konventionellere Alternativen erklären, und die experimentelle und theoretische Forschungsgemeinschaft bleibt insgesamt vorsichtig.

Zusammenfassend lässt sich sagen: Der Vorschlag von Del Giudice und Vitiello ist theoretisch reichhaltig und innovativ und regt dazu an, lebende Materie mit anderen Methoden zu betrachten. Dennoch bleibt es eine weitreichende und umstrittene Hypothese. Um zu beurteilen, welchen Beitrag sie tatsächlich zur Erklärung der Morphogenese und der embryonalen Organisation leisten kann, sind formale Klarstellungen, reproduzierbare experimentelle Modelle und rigorose Vergleiche mit konventionelleren Erklärungen weiterhin erforderlich.

Kohärenz, Information und „Formgedächtnis“

Ein faszinierender Aspekt dieser Hypothesen ist ihre Neuinterpretation des Konzepts des biologischen Gedächtnisses. Der Embryo scheint sich an die Form zu erinnern, auf die er sich zubewegt, selbst wenn er gestört wird. Dieses Gedächtnis lässt sich weder in der DNA noch in einzelnen chemischen Signalen ohne Weiteres nachweisen.

Wenn kohärente Felder existieren, könnte Formgedächtnis eine Eigenschaft des Feldes selbst sein, eine dynamische Stabilität, die lokale Prozesse steuert. Physikalisch gesprochen sprächen wir von Attraktoren, philosophisch von strukturierten Potenzialitäten.

Hier wird der Dialog mit der Quantenphysik zwangsläufig metaphysisch. Ein kohärentes Feld ist nicht bloß ein Übertragungsmittel, sondern eine Struktur organisierter Möglichkeiten. Form entsteht nicht „Stück für Stück“, sondern als stabile Lösung eines Beziehungsfeldes.

Wenn kohärente Felder biologische Formen lenken können, warum sollte man die Möglichkeit ausschließen, dass solche Felder lokale Manifestationen eines größeren Feldes, eines universellen Bewusstseinsfeldes, sind?

Es geht nicht darum, einem Embryo Selbstbewusstsein zuzuschreiben oder biologische Entwicklung und subjektive Erfahrung zu verwechseln. Vielmehr geht es darum, Bewusstsein als ordnendes Prinzip zu betrachten, nicht als bloßes, verspätetes Epiphänomen.

Aus dieser Perspektive wird die Embryonalentwicklung zu einer Art stillem Dialog zwischen Materie und Information, zwischen Energie und Bedeutung. Ein Dialog, der nicht aus dem Nichts entsteht, sondern aus einem tiefgreifenden Gefüge der Realität, in dem Physik, Leben und Bewusstsein keine getrennten Bereiche, sondern vielmehr unterschiedliche Modulationen desselben Feldes sind.

Die Hypothesen kohärenter Felder in der Embryonalentwicklung stellen kein Endziel, sondern eine Denkschwelle dar. Sie ersetzen weder Genetik noch Biochemie, sondern integrieren diese in eine umfassendere Vision, die die Einheit, Robustheit und Kreativität des Lebens erklären kann.

Wie so oft in der Wissenschaftsgeschichte – von Faraday bis Einstein – geht die Idee eines Feldes seiner vollständigen Formalisierung voraus. Vielleicht werden wir beim Beobachten eines heranwachsenden Embryos nicht nur Zeugen eines biologischen Ereignisses, sondern einer lokalen Manifestation einer tiefgreifenden Ordnung, in der Kohärenz nicht die Ausnahme, sondern die Regel ist.

Wenn Form zur Botschaft wird.

Auf den ersten Blick erscheint die biologische Form als das einfache Endergebnis einer langen Reaktionskette: Gene werden aktiviert, Proteine interagieren, Zellen teilen sich. Doch je mehr die Entwicklungsbiologie ihre Methoden verfeinert hat, desto mehr Risse zeigt sich in dieser linearen Erzählung. Form erscheint heute immer weniger als Produkt und immer mehr als Sprache.

Eine verkörperte Sprache. Nicht abstrakte Information, die über der Materie schwebt, sondern Information, die zu Materie wird und in Raum und Zeit Gestalt annimmt. Es ist eine Idee, die verschiedene Disziplinen umfasst und weit zurückreicht: Bereits im 4. Jahrhundert v. Chr. sprach Aristoteles von „Eidos" als einem formalen Prinzip, das die Materie prägt, ohne mit ihr zusammenzufallen. Ein überraschend aktueller Gedanke.

Vom Gen zur Geometrie: Die Grenzen des „Programms".

Im 20. Jahrhundert, mit der Entdeckung der DNA-Struktur in Cambridge 1953, wurde die Metapher des genetischen Programms dominant. Doch schon in den 1940er-Jahren spürte der britische Embryologe Conrad Hal Waddington, dass etwas nicht stimmte. Sein berühmtes Bild der epigenetischen Landschaft – eine Murmel, die durch Täler der Möglichkeiten rollt – legt nahe, dass Entwicklung keinem starren Drehbuch folgt, sondern einem Feld strukturierter Möglichkeiten.

Das Gen „enthält" in dieser Sichtweise keine Form. Vielmehr trägt es zur Stabilisierung von Entwicklungspfaden innerhalb eines umfassenderen Informationskontexts bei. Form entsteht aus dem Zusammenspiel lokaler Beschränkungen und globaler Ordnung. Sie ist verteilte Information, keine zentralisierte Anweisung.

Ein entscheidender kultureller Wandel ereignete sich 1952, als Alan Turing, der der Öffentlichkeit durch seine Beiträge zur Informatik und Kryptographie bekannt war, einen visionären Artikel in den „Philosophical Transactions of the Royal Society" veröffentlichte: „Die chemische Grundlage der Morphogenese". Darin zeigte Turing, wie komplexe Muster spontan aus einfachen Reaktions-Diffusions-Systemen entstehen können. Turing spricht nicht von Genen oder Quantenfeldern, aber er führt eine zentrale Idee ein: Form ist das Ergebnis dynamischer Beziehungen, nicht eines vorgegebenen Plans. Die Streifen eines Zebras, die Flecken eines Leoparden, die Symmetrie einer Blume werden zu Beispielen für räumlich organisierte Information.

Heute wissen wir, dass diese Modelle nicht alles erklären. Ihr konzeptioneller Wert bleibt jedoch bestehen: Form ist stabilisierende Information, eine Ordnung, die aus dem Zusammenspiel von Wechselwirkungen entsteht.

Verkörperte Information: Jenseits des Symbols.

Hier stößt die Biologie auf eine entscheidende Unterscheidung, die auch für Physik und Philosophie von Bedeutung ist: die zwischen symbolischer und physikalischer Information. DNA ist symbolische Information: eine Sequenz, die kopiert, transkribiert und mutiert werden kann. Form hingegen ist verkörperte Information: Sie ist untrennbar mit dem Medium verbunden, das sie hervorbringt.

Ein Herz ist nicht die „Übersetzung" eines Codes, sondern eine dynamische Lösung für eine Reihe von Randbedingungen: Strömungen, Spannungen, elektrische Felder, chemische

Signale, Zellgeometrien. Wie der theoretische Biologe Brian Goodwin schrieb, ist lebende Form eher eine Melodie als eine Formel: Sie existiert nur in ihrer Entstehung.

An diesem Punkt gewinnt der Dialog mit der Quantenphysik an Tiefe. In der Physik ist ein Feld kein Objekt, sondern eine Struktur von Möglichkeiten. Partikel sind lokale Anregungen eines fundamentaleren Feldes. Übertragen auf die Biologie legt diese Idee nahe, dass Form als stabile Anregung eines Informationsfeldes verstanden werden kann.

Aus dieser Perspektive entsteht biologische Form nicht von unten nach oben, sondern wird von einer tieferen Ordnung „gerufen", die lenkt, ohne starr festzulegen.

Ein faszinierender Aspekt lebender Form ist ihre Robustheit. Ein Embryo kann Störungen erleiden, Zellen verlieren, sich in den frühesten Stadien teilen – und dennoch seine Organisation wiedererlangen. Es ist, als wäre Form eine Erinnerung an das Mögliche, kein fragiles Ergebnis.

Hier nähert sich das Konzept der verkörperten Information dem des Attraktors an, einem zentralen Begriff der Theorie komplexer Systeme: Form ist ein Zustand, dem das System auch bei Störungen zustrebt. Sie ist nicht an einem Ort festgelegt, sondern über das gesamte Beziehungsfeld verteilt.

Ein weiterer Schritt: Information und Bewusstsein.

Es stellt sich die Frage, die den Grundstein für die folgenden Kapitel legt: Was ist diese Information letztlich? Ist sie lediglich eine emergente Eigenschaft der Materie oder etwas Fundamentales?

Wenn Information der Form vorausgeht und sie lenkt, liegt die Hypothese nahe, dass sie eine lokale Manifestation eines universellen Bewusstseinsfeldes ist, verstanden nicht als anthropomorpher Geist, sondern als ordnendes Prinzip, das Kohärenz und Sinn verleiht. In dieser Sichtweise wird die biologische Form zur Schnittstelle zwischen dem Sichtbaren und dem Unsichtbaren, zwischen der Welt der Materie und einer tieferen Sinnordnung. Das Leben „erfindet“ keine Form: Es interpretiert sie, verkörpert sie, macht sie wahrnehmbar.

Letztendlich bedeutet die Rede von Form als verkörperter Information, zu erkennen, dass Leben ein Ereignis der Sinngebung ist, nicht bloß Materie. Jeder Organismus ist eine temporäre Antwort auf ein Feld von Möglichkeiten, eine elegante Lösung für eine Frage, die die Realität sich selbst stellt.

Im nächsten Abschnitt werden wir sehen, wie diese Dynamik als wahre Offenbarung des Feldes interpretiert werden kann. Doch schon hier lässt sich eine vorläufige Schlussfolgerung erahnen: Form ist nicht das, was das Leben hat. Sie ist das, was das Leben aussagt.

Wenn die biologische Entwicklung zur Offenbarung einer tiefgreifenden Ordnung wird.

An diesem Punkt der Entwicklung kann Morphogenese aus einer anderen Perspektive neu interpretiert werden. Nicht länger nur als fortschreitender Aufbauprozess – sich vermehrende Zellen, spezialisierte Gewebe –, sondern als Manifestation, fast eine Offenbarung, einer Ordnung, die der lebenden Materie vorausgeht und sie durchdringt.

Der Begriff „Offenbarung" sollte nicht naiv-mystisch verstanden werden, sondern in seiner nüchternsten und ursprünglichsten Bedeutung: das Sichtbarmachen des Verborgenen. Die Form, die in der Embryonalentwicklung entsteht, erfindet ihre Ordnung nicht selbst; sie bringt sie ans Licht und macht sie in Raum und Zeit wahrnehmbar.

Regenerieren bedeutet erinnern.

Eines der faszinierendsten Beispiele stammt aus Regenerationsstudien des 18. und 19. Jahrhunderts. Als Lazzaro Spallanzani in Pavia beobachtete, dass ein Salamander eine amputierte Gliedmaße regenerieren konnte, stellte er sich eine einfache und zugleich radikale Frage: Woher weiß der Körper, was er regenerieren soll?

Im 20. Jahrhundert zeigten Forschungen an Organismen wie Planarien, die unter anderem von Thomas Hunt Morgan vor seinen berühmten genetischen Arbeiten untersucht wurden, dass selbst kleinste Fragmente einen ganzen Organismus regenerieren und dabei die korrekten Proportionen beibehalten können. Dies ist keine einfache mechanische Wiederholung: Es ist, als ob der Organismus Zugriff auf eine Gesamtheit der Formen hätte, die nicht an einen bestimmten Punkt gebunden ist.

Morphogenese erscheint hier weniger als eine Abfolge von Anweisungen, sondern eher als ein Prozess des „Erinnerns“: Das biologische System richtet sich neu auf eine globale Konfiguration aus, als ob es auf ein Referenzfeld reagierte.

In der Physik bedeutet die Rede von Feldern, zu erkennen, dass Partikel keine isolierten Einheiten sind, sondern lokale Manifestationen einer ausgedehnten und kontinuierlichen Realität. Übertragen auf die Biologie legt diese Erkenntnis nahe, dass die Entwicklung lebender Formen von Organisationsfeldern gesteuert werden kann, die nicht mit der Materie übereinstimmen, sondern sie vielmehr prägen.

Der Entwicklungsbiologe Lewis Wolpert, bekannt für sein in den 1960er Jahren entwickeltes Modell der französischen Flagge, führte die Idee von Informationsgradienten ein, die die Zelldifferenzierung steuern.

Das Modell der französischen Flagge ist eine einfache Metapher: Man stelle sich einen kontinuierlichen Gradienten einer „Signalsubstanz“ entlang einer Gewebeachse vor. Zellen „lesen“ die lokale Konzentration dieses Morphogens und nehmen, sobald bestimmte Konzentrationsschwellenwerte überschritten werden, unterschiedliche Zelldifferenzierungen an (die blaue, weiße oder rote Farbe der Flagge). So kann ein einziger Gradient verschiedene Gewebebereiche mit differenzierten Identitäten hervorbringen..

Selbst innerhalb eines rein biologischen Kontextes zeigt sich eine zentrale Tatsache: Zellen reagieren auf einen Kontext, nicht nur auf interne Signale.

Entstehende Ordnung, vorausgehende Ordnung.

Hier beginnt ein fruchtbarer Dialog mit der zeitgenössischen Physik und Naturphilosophie. Werner Heisenberg schrieb in den 1950er Jahren, dass Quantengesetze „Tendenzen" und nicht vollendete Tatsachen beschreiben. Die Realität ist auf einer tieferen Ebene eine Menge strukturierter Möglichkeiten, die sich verwirklichen.

Morphogenese lässt sich auf dieselbe Weise lesen: nicht als blinder Determinismus, sondern als die Verwirklichung von Möglichkeiten, die in eine übergeordnete Ordnung eingeschrieben sind. In diesem Sinne ist die biologische Form nicht nur emergent, sondern auch resonant: Sie reagiert auf etwas, das sie transzendiert.

Ein Echo dieser Vision findet sich im berühmten Dialog zwischen Wolfgang Pauli und Carl Gustav Jung, dokumentiert in ihren Briefen aus den 1930er- bis 1950er-Jahren. Obwohl sie auf unterschiedlichen Ebenen arbeiteten, erfassten beide intuitiv die Existenz geordneter Strukturen, die der Psyche und der Natur gemeinsam sind und sich in symbolischen oder physischen Formen manifestieren können.

Akzeptiert man diese Perspektive, wird Morphogenese zu einer Schwelle. Einerseits ist sie ein beobachtbarer, messbarer biologischer Prozess, der in den Laboren von Cambridge, Berkeley oder Kyoto erforscht werden kann. Andererseits ist sie ein Ereignis, das uns einen Einblick in eine Ordnung gewährt, die nicht direkt sichtbar, aber wirksam ist.

Die entstehende Form – ein pulsierendes Herz, ein Blatt, das sich nach präzisen Symmetrien entfaltet, ein sich selbst organisierendes Nervensystem – ist nicht bloß funktional. Sie ist bedeutsam. Sie birgt ein Gefühl der Kohärenz in sich, das die Summe lokaler Wechselwirkungen übersteigt.

Hier wird die Reflexion explizit metaphysischer. Wenn es ein Feld gibt, das Formen orientieren, sie selbst durch Störungen und Veränderungen hindurch kohärent und erkennbar machen kann, dann lässt sich dieses Feld nicht auf eine einfache physikalische Variable reduzieren. Die Hypothese lautet, dass es eine Manifestation des universellen Bewusstseinsfeldes ist:

kein persönliches Bewusstsein, sondern ein Prinzip umfassender Erkenntnis, in dem Information, Form und Bedeutung zusammenfallen. Morphogenese wird in diesem Licht zu einer der Möglichkeiten, wie sich das Bewusstsein der Materie sichtbar macht.

Zusammenfassend lässt sich sagen, dass Morphogenese nicht nur das erste Kapitel des individuellen Lebens ist. Sie ist ein Akt kosmischer Offenbarung im Kleinen. Jeder Organismus, der Gestalt annimmt, verkündet wortlos, dass das Universum kein zufälliges Chaos ist, sondern ein nachvollziehbarer Prozess, der sich in kohärenten und lebendigen Strukturen ausdrücken kann.

Die Form demonstriert nicht das Feld, sie zeigt es. Und damit deutet sie an, dass Leben keine Ausnahme im Universum ist, sondern eine seiner tiefgreifendsten Ausdrucksformen.

VIII°. Das Quantenvakuum, die energetische Matrix des Lebens.

Die Leere, die nicht leer ist.

Wenn es eine Idee gibt, die die Physik des 20. Jahrhunderts mit beinahe rücksichtsloser Eleganz widerlegt hat, dann ist es die der Leere als Abwesenheit. Jahrhundertelang, von Aristoteles bis Descartes, galt die Leere als stilles Nichts, als eine Leere ohne Eigenschaften. Dann kam die Quantenphysik und verwandelte die Leere mit einer Geste, die wir heute beinahe als literarisch bezeichnen würden, in den dichtesten Ort des Universums. Richard Feynman sagte gern: „Die Leere ist keineswegs leer." Es war keine philosophische Provokation, sondern eine mathematische Beobachtung: Selbst wenn jedes Teilchen verschwunden zu sein scheint, schwingen Quantenfelder weiter. Diese Schwingungen – die berühmten Vakuumfluktuationen – sind keine Metaphern: Sie erzeugen messbare Effekte, wie den Casimir-Effekt, der 1948 experimentell beobachtet wurde. Dabei ziehen sich zwei im Mikrometerabstand befindliche Metalloberflächen aufgrund der Restenergie des sie umgebenden Vakuums an.

Hier wird die Geschichte für die Biologie interessant. Denn wenn das Vakuum ein dynamisches, instabiles, generatives Feld ist, dann ist es nicht länger nur die passive Kulisse, vor der sich das Leben abspielt, sondern ein möglicher Urzustand.

Vom aristotelischen „Nichts" zum Quantenvakuum.

Die Ablehnung des Vakuums, der berühmte „Horror vacui", hat tiefe Wurzeln in der Geschichte des westlichen Denkens. Aristoteles hielt das Vakuum für unmöglich, da es mit

Bewegung und Kausalität unvereinbar sei. Viele Jahrhunderte später sprach Isaac Newton vom absoluten Raum, jedoch immer noch als neutralem Behälter. Der Durchbruch gelang zwischen den 1920er und 1930er Jahren, als die Quantenmechanik – mit Persönlichkeiten wie Werner Heisenberg, Erwin Schrödinger und Paul Dirac – eine neue Ontologie einführte: Teilchen sind keine „Dinge“, sondern Anregungen von Feldern.

Dirac schrieb 1930, dass das Quantenvakuum der Zustand minimaler Energie eines Feldes sei, nicht dessen Vernichtung. Eine scheinbar technische Aussage mit schwindelerregenden Konsequenzen. Sie bedeutet, dass selbst am niedrigstmöglichen Energiepunkt eine Restaktivität, ein unauslöschliches Zittern, verbleibt. Das Vakuum ist also von Natur aus unruhig.

Diese Unruhe ist kein Detail: Sie ermöglicht die Existenz von Materie überhaupt erst. Ohne das Quantenvakuum gäbe es keine stabilen Atome, keine chemischen Bindungen, keine komplexen Strukturen. Die Festigkeit der Welt entspringt einem Meer von Fluktuationen.

In der Sprache der modernen Physik ist die Rede vom „Vakuum“ gleichbedeutend mit der Rede von fundamentalen Feldern: dem elektromagnetischen Feld, Materiefeldern und dem Higgs-Feld. Letzteres, bekannt geworden durch das CERN-Experiment von 2012, ist vielleicht das deutlichste Beispiel dafür, dass das Vakuum nicht das Nichts ist: Das Higgs-Feld durchdringt den gesamten Raum und verleiht Elementarteilchen Masse. Selbst wenn „nichts“ vorhanden ist, existiert das Feld.

Akzeptiert man diese Sichtweise, verschwimmt die klare Trennlinie zwischen trägem Raum und lebender Materie. Die Biologie, traditionell verankert in Molekülen, Zellen und chemischen Reaktionen, findet sich plötzlich in einem umfassenderen Kontext wieder: dem der Felder, die organisierter Materie vorausgehen und sie erhalten. Einige Physiker und theoretische Biologen – von Herbert Fröhlich in den 1960er Jahren bis hin zu neueren Forschungen in der Quantenbiophysik – haben die Hypothese aufgestellt, dass lebende Systeme diese Kohärenz der Felder zumindest teilweise nutzen könnten. Dies ist kein Beleg für „Vitalismus" im Sinne des 19. Jahrhunderts, sondern die Idee, dass Leben ein Phänomen ist, das mit einer viel komplexeren physikalischen Umgebung in Resonanz steht als bisher angenommen.

Fluktuationen, Potenzial, Information.

Einer der faszinierendsten Aspekte des Quantenvakuums ist sein ambivalenter ontologischer Status: Es ist keine nutzbare Energie im klassischen Sinne, aber auch keine reine mathematische Abstraktion. Es ist Potenzialität. In diesem Sinne scheint die Sprache der Physik der Sprache der Metaphysik erstaunlich nahe zu kommen. Für Bohm war das Vakuum keine Abwesenheit, sondern die dichteste Form von Information im Universum.

Diese Idee korrespondiert stark mit der Auffassung von Leben als einem informationsbasierten Prozess mit niedriger Entropie. Wenn die Zelle Ordnung, Gedächtnis und lokale Zielsetzungen aufrechterhalten kann, geschieht dies vielleicht nicht vor dem Hintergrund von Chaos, sondern dank einer bereits strukturierten, fundamentalen Umgebung voller latenter Möglichkeiten. In den 1990er Jahren entdeckten Forscher bei der Untersuchung der Photosynthese bestimmter Bakterien und Algen überraschenderweise Signale von Quantenkohärenz, die länger als erwartet anhielten. Beobachtet wurde nicht das Vakuum selbst, sondern das Echo seiner Eigenschaften: eine Art „unsichtbare Stütze", die einen nahezu perfekten Energiefluss ermöglicht. Doch schon lange zuvor hatte jemand etwas Ähnliches intuitiv erfasst – ohne Oszilloskope oder Laser. Im Timaios beschrieb Platon die „Chora" als formloses Gefäß, weder Sein noch Nichtsein, in dem Formen Gestalt annehmen. Es ist natürlich keine Physik, aber die Parallele ist aufschlussreich: Selbst das Quantenvakuum ist ein „Ort", der kein Ort ist, eine Matrix, die nicht mit dem übereinstimmt, was sie erzeugt.

Wenn das Vakuum ein universelles, dynamisches Informationsfeld ist, warum sollte man die Möglichkeit ausschließen, dass es auch eine proto-bewusste Dimension besitzt? Nicht im anthropomorphen Sinne des Begriffs, sondern als vereinheitlichendes Prinzip, als Bedingung für die Entstehung aller Formen von Erfahrung.

Diese Hypothese – sicherlich umstritten, aber nicht ohne bedeutende Vorläufer – findet sich sowohl im zeitgenössischen Panpsychismus als auch in einigen radikalen Interpretationen der Quantenphysik wieder. Bewusstsein wäre aus dieser Perspektive kein später Zufall der Evolution, sondern eine fundamentale Eigenschaft des Feldes selbst, die in komplexen biologischen Systemen lokale, reflexive und individuelle Ausdrucksformen findet.

Vom Quantenvakuum als Matrix des Lebens zu sprechen bedeutet nicht, die wissenschaftliche Strenge aufzugeben, sondern anzuerkennen, dass sich unsere begrifflichen Kategorien verändern. Das Leben entsteht nicht aus dem Nichts, sondern aus einem Meer bereits strukturierter Möglichkeiten. Die Leere ist alles andere als ein Abgrund, sondern ein Schoß.

Und vielleicht ist, wie der Philosoph und Mathematiker Alfred North Whitehead vermutete, „die letztendliche Realität Aktivität". Wenn dem so ist, dann ist das Quantenvakuum nicht das Gegenteil von Sein, sondern dessen tiefgründigste und klarste Form. Ein Ort – oder besser gesagt, ein Feld –, wo Leben keine unwahrscheinliche Ausnahme, sondern eine seiner natürlichsten Erscheinungsformen ist.

Die Stabilität der Materie als Entstehung von Fluktuation

Auf den ersten Blick scheint nichts weiter von der Idee der Fluktuation der Materie entfernt zu sein, die wir täglich beobachten. Ein Tisch bleibt ein Tisch, ein Stein überdauert Jahrtausende, unsere Körper behalten über die Zeit eine erkennbare Form. Doch die Quantenphysik lädt uns zu einer radikalen begrifflichen Umkehrung ein: Stabilität ist nicht das Gegenteil von Bewegung, sondern ihr subtilstes Produkt.

Albert Einstein, der den kühnsten Interpretationen der Quantenmechanik stets skeptisch gegenüberstand, räumte ein: „Materie ist Energie, deren Schwingung verlangsamt wurde.“ Diese Formulierung ist nicht wörtlich zu nehmen, trifft aber einen wesentlichen Punkt: Was fest erscheint, ist im Grunde das Ergebnis eines dynamischen Gleichgewichts, nicht ursprünglicher Unbeweglichkeit.

Unruhige Atome und tanzende Bindungen.

Bereits zu Beginn des 20. Jahrhunderts erkannte Niels Bohr, dass man sich das Atom nicht als Miniatur-Sonnensystem vorstellen kann. Würden Elektronen den Atomkern klassisch umkreisen, verlören sie Energie und würden kollabieren. Die Stabilität des Atoms – und damit der gesamten Chemie – beruht vielmehr auf quantisierten Zuständen, auf einem feinen Zusammenspiel von Wahrscheinlichkeiten und Fluktuationen. Werner Heisenberg formalisierte diese Unruhe der Materie 1927 mit seiner Unschärferelation: Wir können Ort und Impuls eines Teilchens nicht mit absoluter Genauigkeit bestimmen. Diese Einschränkung ist jedoch kein Messfehler, sondern eine strukturelle Eigenschaft der Realität. Elektronen „bleiben nicht still“, weil sie nicht stillstehen können. Und genau diese Unmöglichkeit erzeugt stabile Atome, beständige Moleküle und komplexe Strukturen. Anders ausgedrückt: Materie widersteht dem Kollaps nicht trotz, sondern dank der Fluktuation.

Ein von Physikern häufig verwendetes Bild ist das eines Seiltänzers: Er ist nicht unbeweglich auf dem Seil, sondern schwingt ständig, um nicht abzustürzen. Ähnlich verhält es sich mit der Stabilität der Materie: Sie ist eine aktive Stabilität, die durch unzählige Mikroschwingungen aufrechterhalten wird. Selbst bei Temperaturen nahe dem absoluten Nullpunkt schwingen Atome weiter. Dies ist die sogenannte Nullpunktsbewegung, eine direkte Folge des Quantenvakuums.

In den 1930er Jahren zeigte der russische Physiker Lew Landau, dass selbst die starrsten Festkörper ein inneres Leben kollektiver Schwingungen, sogenannter Phononen, beherbergen. Festigkeit ist kein Block, sondern eine kohärente Symphonie. Materie behält ihre Form, weil sich ihre Teile unaufhörlich synchron bewegen.

Von der anorganischen Welt zum Leben.

Hier berührt die Diskussion die Biologie. Fundamentale Biomoleküle – Proteine, Nukleinsäuren, Membranen – funktionieren nur dank dynamischer Flexibilität. Ein vollkommen starres Protein wäre biologisch tot. Seine Funktion beruht auf konformationellen Mikrofluktuationen, die es ihm ermöglichen, andere Moleküle zu erkennen, zu binden und zu transformieren.

In den 1970er Jahren sprach der Nobelpreisträger Ilja Prigogine von „dissipativen Strukturen“: Systemen, die Ordnung nur dadurch aufrechterhalten, dass sie weit vom Gleichgewicht entfernt bleiben. Leben ist in diesem Sinne keine Ausnahme der Physik, sondern vielmehr deren extremster Ausdruck. Es ist Materie, die gelernt hat, am Rande der Instabilität zu tanzen, ohne ins Chaos zu stürzen.

Dieses Bild hat Konsequenzen, die über die Wissenschaft hinausgehen. Wenn Stabilität aus Fluktuation entsteht, dann ist Sein kein statischer Zustand, sondern ein Prozess. Alfred North

Whitehead argumentierte, dass die Realität aus Ereignissen und nicht aus Dingen besteht. Die Quantenphysik scheint ihm ungewollt Recht zu geben.

In der metaphysischen Vision, die dieses Buch begleitet, ist das Quantenvakuum – mit seiner unaufhörlichen Bewegung – nicht nur die Grundlage der Materie, sondern auch der Ort, an dem Ordnung möglich wird. Ein universelles Feld, das keine starren Formen vorgibt, sondern durch kontinuierliche Veränderung stabile Konfigurationen ermöglicht. Wenn Materie stabil ist, weil sie fluktuiert, und Leben gedeiht, weil es diese Fluktuationen verstärkt und ordnet, dann könnte Bewusstsein als eine weitere Ebene emergenter Kohärenz betrachtet werden. Nicht als etwas Äußeres, sondern als eine Eigenschaft, die entsteht, wenn Fluktuation zur Selbstreflexion fähig wird.

Diese Idee bewegt sich zweifellos an der Grenze zwischen Physik und Metaphysik. Doch diese Grenze ist heute weniger klar, als man annehmen könnte. Wie Wheeler, einer der Protagonisten der Physik des 20. Jahrhunderts, schrieb: „Die Welt ist keine Maschine, sondern ein Akt." Ein Akt, der sich Augenblick für Augenblick erneuert, getragen von einem fundamentalen Beben.

Materie ist also nicht das Gegenteil der Leere, sondern ihre vorübergehend stabilisierte Form. Und das Leben – zerbrechlich und hartnäckig – ist vielleicht der beredteste Beweis dafür, wie aus Fluktuation eine Ordnung entstehen kann, die fähig ist, zu bestehen, sich zu erinnern und letztlich ihre eigene Existenz zu hinterfragen.

Nullpunktenergie und Biologie

Als Max Planck 1911 die Idee einführte, dass physikalische Systeme selbst am absoluten Nullpunkt eine minimale Restenergie besitzen, konnte er sich die kulturellen Folgen dieser Erkenntnis kaum vorstellen. Die Nullpunktenergie – wie er sie nannte – war kein technisches Detail, sondern ein tiefgreifender Riss in der klassischen Vorstellung von Ruhe. Die Welt, selbst wenn sie völlig stillzustehen scheint, kommt niemals wirklich zur Ruhe.

Diese Energie ist im technischen Sinne nicht „nutzbar", und die Physik ist sich in diesem Punkt völlig einig. Doch ihre konzeptionelle Bedeutung ist enorm: Ein Vakuum ist niemals inert, und Materie selbst ist von fundamentalen Schwingungen durchdrungen. Die unausweichliche Frage ist, ob und wie Leben – das auf Sensibilität und Anpassung beruht – mit dieser zugrundeliegenden Energie in Resonanz treten kann.

In den 1940er Jahren, während seiner Arbeit am Radar im Zweiten Weltkrieg, stieß Hendrik Casimir auf einen überraschenden Effekt: Zwei eng beieinander liegende Metalloberflächen zogen sich im Vakuum scheinbar ohne Kraft an. Der Casimir-Effekt, der seit den 1950er Jahren experimentell gemessen wird, ist einer der elegantesten Beweise für die Existenz der Nullpunktsenergie.

Es ist keine Energie, die „Dinge bewirkt", sondern eine Energie, die einfach da ist. Ein kosmisches Hintergrundrauschen, das jede Skala durchdringt. In der Physik komplexer Systeme – und die Biologie ist per Definition ein komplexes System – ist Rauschen nicht immer eine Störung. Manchmal ist es eine Ressource. Phänomene wie die „stochastische Resonanz", die seit den 1980er Jahren erforscht werden, zeigen, dass ein gewisses Maß an Fluktuation die Reaktion eines biologischen Systems auf schwache Signale verbessern kann. Nicht die Nullpunktenergie selbst „treibt“ das Leben an, sondern die Tatsache, dass die biologische Realität in einer Umgebung entsteht und sich organisiert, die niemals vollkommen still ist.

Biomoleküle reagieren auf das Unendlich Kleine.

Biologische Moleküle operieren auf Skalen, auf denen die beteiligten Energien winzig sind. Eine Wasserstoffbrücke, fundamental für die Struktur von DNA und Proteinen, beinhaltet Energien, die mit den thermischen und quantenmechanischen Fluktuationen der Umgebung vergleichbar sind. Hier verschwimmt die Grenze zwischen Determinismus und Wahrscheinlichkeit.

In den 1960er Jahren stellte Herbert Fröhlich die Hypothese auf, dass biologische Strukturen Zustände kollektiver Kohärenz aufrechterhalten könnten, die durch einen kontinuierlichen Energieaustausch mit der Umwelt gespeist werden. Seine Ideen sind zwar teilweise noch spekulativ, doch sie hatten den Verdienst, den Blickwinkel zu verändern: Leben sollte nicht als isoliertes System betrachtet werden, sondern vielmehr als eine Struktur, die in ein Feld von Fluktuationen eingebettet ist und in der Lage ist, Rauschen auszuwählen und zu ordnen.

Aus dieser Perspektive ist Nullpunktenergie keine Quelle, sondern eine Bedingung der Möglichkeit: der „schwingende Grund“, auf dem das Leben seine dynamische Architektur aufbaut.

Hier nähert sich die Diskussion, ohne Zwang, aber ganz natürlich, der Metaphysik. Wenn das Universum überall von einer minimalen, allgegenwärtigen und unauslöschlichen Energie durchdrungen ist, dann ist die Leere nicht nur ein physikalisches Konzept, sondern ein ontologisches Prinzip.

Biologie erscheint in diesem Licht weniger als Kampf gegen das Nichts, sondern vielmehr als kreative Antwort auf eine unsichtbare Fülle. Lebende Organismen gewinnen keine Energie aus der Nullpunktenergie, sondern leben in einem Universum, das niemals ohne Aktivität ist. Ihre außergewöhnliche Sensibilität gegenüber Anfangsbedingungen, Mikrovariationen und schwächsten Signalen deutet auf eine tiefgreifende Kontinuität zwischen Quanten- und Biologie hin.

Der theoretische Biologe Stuart Kauffman schrieb, dass Leben in einem nicht vollständig determinierten Universum „geschieht“. Die Nullpunktenergie ist einer der physikalischen Gründe für diese strukturelle Unbestimmtheit. Ohne sie wäre die Welt vielleicht einfacher – aber auch steril. In der scheinbaren Stille des Nichts ist stets etwas in Bewegung. Eine Lektion, die die Physik mühsam gelernt hat und die die Biologie scheinbar schon immer verinnerlicht hat.

Im Hintergrund entsteht eine uralte und doch immer wieder neue Idee: Das Universum ist keine ausgeschaltete Maschine, die darauf wartet, gestartet zu werden, sondern ein bereits laufender Prozess. Die Nullpunktenergie erklärt nicht das Leben, aber sie erinnert uns daran, dass Leben kein Zufall auf einer leeren Bühne ist. Es ist eine fein abgestimmte Modulation eines Tanzes, der auf einer tieferen Ebene nie begonnen hat und nie enden wird.

Das Potenzial als Geburtsort des Lebens.

Es gibt ein Wort, das sich stillschweigend durch die Physik des 20. Jahrhunderts zieht und, wenn man es ernst nimmt, auch unsere Sicht auf das Leben verändert: Potenzial. Nicht das, was bereits geschehen ist, nicht das, was messbar und erreicht ist, sondern das, was geschehen kann. In der Quantenmechanik fällt das Reale nicht mit der Gegenwart zusammen: Vor dem Ereignis, vor der Messung existiert ein Raum der Möglichkeiten, der keine bloße gedankliche Abstraktion ist, sondern ein struktureller Bestandteil der Welt. Werner Heisenberg brachte es in einem berühmten Vortrag von 1958 deutlich zum Ausdruck: Die Wellenfunktion beschreibt keine Fakten, sondern „Potenziale", eine bewusste Anlehnung an einen aristotelischen Begriff. Das ist kein Zufall. Aristoteles unterschied zwischen „Dynamis" und „Energeia", zwischen dem, was sein kann, und dem, was sich im Entstehen befindet. Die Quantenphysik scheint dieser philosophischen Unterscheidung zweitausend Jahre später ihre wissenschaftliche Bedeutung zurückgegeben zu haben.

Nicht Teilchen, sondern sich selbst organisierende Möglichkeiten.

In der Sprache der Quantenphysik ist ein Teilchen erst dann lokalisiert, wenn es wechselwirkt. Zuvor wird sie durch eine Wahrscheinlichkeitsfunktion beschrieben, die eine Vielzahl von Ergebnissen umfasst. Das bedeutet nicht, dass sie „nicht existiert“, sondern dass sie als ein Feld von Möglichkeiten existiert. Die Welt besteht im Grunde nicht aus Objekten, sondern aus Potenzialen, die darauf warten, sich unter günstigen Bedingungen zu entfalten.

Wenn wir unseren Blick nun von der Physik auf die Biologie richten, wird die Parallele frappierend. Ein Embryo ist in seinen frühesten Stadien noch kein definierter Organismus, sondern ein System von Möglichkeiten, das von Einschränkungen, Gradienten und sehr schwachen Signalen bestimmt wird. Entwicklung ist nicht die einfache Ausführung eines starren Programms, sondern eine fortschreitende Verwirklichung von Potenzial. Der Evolutionsbiologe Conrad Hal Waddington sprach in den 1950er Jahren von einer „epigenetischen Landschaft“: einer aussagekräftigen Metapher, in der die Zelle einer Murmel gleicht, die über eine Oberfläche mit Verzweigungen gleitet. Gesetze legen kein einziges Schicksal fest, sondern begrenzen einen Raum von Möglichkeiten. Leben entsteht durch die Wahl – unbewusst, aber nicht ohne Kriterien – zwischen kompatiblen Alternativen.

In der klassischen Physik wurde Potenzial oft als mathematisches Hilfsmittel betrachtet. In der Quantenphysik wird es ontologisch zentral. Potenzial bestimmt die Form möglicher Zustände, noch bevor etwas „geschehe“. Es ist der unsichtbare Kontext, der das Werden lenkt.

In den 1970er Jahren entwarf David Bohm eine radikale Vision: Was wir als manifeste Realität wahrnehmen, ist lediglich die Erklärung einer tieferen Ordnung, die aus nicht-lokalen Beziehungen und Möglichkeiten besteht. In dieser Lesart ist Potenzial nicht ein Schatten des Wirklichen, sondern dessen Ursprung.

Übertragen auf die biologische Ebene legt diese Idee nahe, dass Leben nicht einfach aus der Ansammlung von Molekülen entsteht, sondern aus einem Feld organisierter Möglichkeiten, das der Form vorausgeht. Moleküle sind zwar notwendig, aber nicht hinreichend, um die Richtung, den Zusammenhang und die erstaunliche Kreativität von Lebensprozessen zu erklären.

Zwischen Zufall und Notwendigkeit: Ein dritter Raum.

Jacques Monod sah in seinem berühmten Werk „Zufall und Notwendigkeit“ von 1970 die Biologie als Produkt zufälliger Mutationen, gefiltert durch unerbittliche Gesetze. Es ist eine eindrucksvolle, aber unvollständige Vision. Zwischen reinem Zufall und starrer Notwendigkeit erahnen wir nun einen dritten Raum: den des strukturierten Potenzials.

Lebende Systeme scheinen sich in diesem Zwischenraum zu bewegen. Sie folgen keinem vorgegebenen Drehbuch, irren aber auch nicht ziellos umher. Sie reagieren auf Felder, Gradienten und Anfangsbedingungen. Anders gesagt: Sie reagieren auf eine Landschaft von Möglichkeiten, die nicht willkürlich ist.

Studien zur Dynamik genetischer und metabolischer Netzwerke zeigen, dass Organismen spontan zu stabilen, aber flexiblen Konfigurationen tendieren, sogenannten Attraktoren. Diese sind keine Fixpunkte, sondern Bereiche der Möglichkeit. Man könnte sagen, das Leben bewohnt die Attraktoren des Potenzials.

Hier wird die Sprache unweigerlich philosophisch. Vom „Ort“ des Potenzials zu sprechen, bedeutet nicht, einen physischen Raum zu bezeichnen, sondern eine Dimension der Realität. Ein „Wo“, das dem „Wann“ vorausgeht. Potenzial liegt nicht in der Zukunft: Es ist gegenwärtig, hier und jetzt, als eine Menge realer Möglichkeiten.

Einige philosophische und spirituelle Traditionen haben diese Dimension schon immer intuitiv erfasst. Spinoza sprach von einer einzigen, unendlichen Substanz, die sich auf unendlich viele Arten ausdrückt. Die Quantenphysik, frei von jeglicher Mystik, scheint etwas Ähnliches anzudeuten: ein universelles Feld der Möglichkeiten, aus dem Ereignisse, Formen und Strukturen hervorgehen.

In einer metaphysischen Sichtweise ist dieses Feld der Möglichkeiten nicht neutral, sondern von Natur aus geordnet. Dies wird als universelles Bewusstseinsfeld bezeichnet: kein denkender Geist, sondern eine Matrix, die die Welt denkbar, bewohnbar und erfahrbar macht.

Leben als lokale Verwirklichung des Möglichen.

Aus dieser Perspektive ist jeder lebende Organismus eine Art „Fenster" zum Potenzial. Eine lokale, temporäre und dennoch kohärente Modalität, durch die das Mögliche Wirklichkeit wird. Das Leben erzeugt kein Potenzial: Es fängt es auf, wählt es aus und stabilisiert es für eine gewisse Zeit. Alfred North Whitehead argumentierte, dass dic Realität aus Ereignissen besteht, die verfügbare Möglichkeiten „erfassen" und einige von ihnen verwirklichen. Ohne allzu gewagte Formulierungen zu verwenden, lässt sich sagen, dass lebende Systeme einc erstaunliche Fähigkeit besitzen, das Mögliche zu erforschen, ohne es im Chaos zu zerstreuen. Vielleicht ist es genau das, was das Leben so schwer auf eine Maschine reduzieren lässt: nicht wcil es gegen die Gesetze der Physik verstößt, sondern weil es in ihrem Raum fruchtbarer Unbestimmtheit existiert.

Potenzial als Ursprung des Lebens zu begreifen, bedeutet, die Vorstellung eines starren Bauplans, aber auch die eines blinden Universums aufzugeben. Leben ist nicht vorherbestimmt, aber auch kein wurzelloses statistisches Wunder. Es ist eine mögliche Entfaltung in einem Feld, das sie zulässt.

Das in den vorangegangenen Kapiteln betrachtete Quantenvakuum liefert die minimale Energie und die geringsten Fluktuationen. Potenzial vermittelt hier das tiefe Gefühl des Werdens: kein auferlegter Zweck, sondern eine sich entwickelnde Richtung.

Eine wichtige Erkenntnis bleibt bestehen: Leben ist keine unwahrscheinliche Ausnahme in einem gleichgültigen Kosmos, sondern eine der Möglichkeiten, wie das Mögliche Gestalt annimmt. Eine lokale Geste eines größeren Feldes, in dem Materie, Leben und Bewusstsein keine getrennten Bereiche sind, sondern verschiedene Schwellen desselben Prozesses. Vielleicht bedeutet geboren werden letztlich nicht den Übergang vom Nichts zum Sein, sondern vom Möglichen zum Sichtbaren. Und das Leben – hartnäckig, zerbrechlich, schöpferisch – ist der Weg, auf dem das Universum sich selbst erforscht, ausgehend von seinem tiefsten Potenzial.

IX°. Quanteneffekte in der Sinneswahrnehmung.

Die Netzhaut als Quantenschwelle der Erfahrung.

Es gibt eine einfache, aber verblüffende Tatsache, die selbst aufmerksamsten Lesern oft entgeht: Sehen bedeutet, mit dem Lichtquant, dem Photon, zu interagieren. Jedes Bild, jede Farbe, jede Form unserer inneren Welt entsteht aus einem mikroskopischen Ereignis in der Netzhaut, in einem Zeitrahmen von Femtosekunden. Noch bevor Sehen zur Neurobiologie wird, bevor der visuelle Cortex eine Rolle spielt, beginnt die Wahrnehmung im Bereich der Quantenphysik.

Hier hört die Biologie auf, bloß organisierte Chemie zu sein, und wird – zumindest teilweise – zu einer Wissenschaft der Grenzen: zwischen Determination und Wahrscheinlichkeit, zwischen Materie und Erfahrung.

Ein Experiment, das unsere Sichtweise veränderte.

1942, mitten im Zweiten Weltkrieg, veröffentlichten der Psychologe und Neurowissenschaftler Selig Hecht zusammen mit Simon Shlaer und Maurice Pirenne eine Studie, die zu einem Klassiker werden sollte. Das an der Columbia University durchgeführte Experiment zeigte, dass das menschliche Auge nur sehr wenige Photonen wahrnehmen kann; unter idealen Bedingungen sogar nur ein einziges.

Es war keine Poesie, sondern eine präzise Messung. Die Netzhaut, insbesondere die Stäbchenzellen, erwies sich als einer der empfindlichsten Lichtdetektoren, die je in der Natur beobachtet wurden – eine Empfindlichkeit, die Experimentalphysiker noch heute verblüfft. Dieses Ergebnis warf eine alles andere als triviale Frage auf: Wie kann ein heißes, feuchtes und geräuschvolles biologisches System mit einer Präzision arbeiten, die so nahe an den Quantengrenzen liegt?

Im Zentrum dieses diskreten Wunders steht ein Molekül: Rhodopsin. Trifft ein Photon auf sein Chromophor – das Retinal –, findet eine ultraschnelle Isomerisierung statt, eine Bindungsrotation, die das Molekül von einer Konfiguration in eine andere überführt.

Dieser Übergang, der seit den 1990er-Jahren dank ultraschneller Spektroskopie detailliert untersucht wird, dauert etwa 200 Femtosekunden. (Eine Femtosekunde entspricht einem Millionstel einer Milliardstel Sekunde.) Solch kurze Zeiträume rücken das Ereignis ins Zentrum der Quantendynamik.

Wir bewegen uns hier nicht im Bereich der Metapher: Die Absorption des Photons ist ein quantisiertes Ereignis, und die Wahrscheinlichkeit einer biologisch relevanten Reaktion hängt von Mechanismen ab, die die klassische Physik allein nicht beschreiben kann.

Es ist wichtig, dies klarzustellen, insbesondere in einem Buch, das eine umfassende metaphysische Vision nicht verbirgt: Die Netzhaut „denkt" nicht quantenmechanisch und erhält auch keine über längere Zeiträume andauernden Verschränkungszustände wie ein Quantencomputer aufrecht. Dekohärenz in biologischem Gewebe ist schnell. Und doch entsteht Sehen in diesem winzigen ersten Augenblick aus einem Prozess, in dem Quantengesetze kein vernachlässigbares Detail sind, sondern die Bedingung für die Möglichkeit visueller Erfahrung selbst.

Manche Physiker und Biochemiker sprechen vorsichtig von „quantengestützter Biologie": keine magische Biologie, sondern eine Biologie, die – evolutionär bedingt – die extremen Grenzen des physikalisch Möglichen ausnutzt.

Das Auge als Filter der Ungewissheit.

An diesem Punkt tritt ein philosophisch heikler Punkt in Erscheinung. Wenn Sehen mit einem Quantenereignis beginnt, dann ist die Realität, die wir sehen, bereits eine Selektion, eine Reduktion der Möglichkeiten.

Wir beobachten die Welt nicht „wie sie ist“, sondern wie sie entsteht, nachdem Unsicherheit in ein Signal umgewandelt wurde. Hierbei drängen sich unsere Gedanken unweigerlich zu Niels Bohr und seinem Beharren auf der Rolle des Messgeräts. Die Netzhaut ist in diesem Sinne ein biologischer Messapparat: nicht neutral, nicht passiv, sondern so strukturiert, dass sie Wahrscheinlichkeit in Bedeutung umwandelt. Diese Überlegung faszinierte auch Erwin Schrödinger, der in seinen Schriften intuitiv erfasste, dass lebende Systeme die Physik zwingen würden, Ordnungs- und Informationsebenen zu hinterfragen, die damals undenkbar waren.

Natürlich behauptet kein seriöser Physiker, das Bewusstsein sei in Rhodopsin verankert. Doch die Tatsache, dass der Akt der Wahrnehmung eine quantenmechanische Wurzel hat, wirft eine Frage auf, die nicht nur wissenschaftlicher Natur ist: Wo beginnt Erfahrung?

Aus metaphysischer Sicht kann die Netzhaut als Schnittstelle interpretiert werden: ein Kontaktpunkt zwischen dem physikalischen Feld und einer tieferen Ebene der Organisation von Erfahrung. Nicht die letztendliche Ursache des Bewusstseins, sondern eine Schwelle, durch die das Feld – welcher Natur es auch sein mag – zu einem Phänomen wird. Der vielleicht faszinierendste Aspekt des Quantensehens ist folgender: Das Leben verstößt nicht gegen die Gesetze der Physik; es erforscht sie bis an ihre Grenzen. Das Auge ist keine Ausnahme von den Gesetzen der Welt, sondern eine verfeinerte Interpretation derselben.

Und so geschieht jedes Mal, wenn wir die Augen öffnen, etwas außerordentlich Uraltes und zugleich radikal Modernes:

Ein einzelnes Lichtquant durchdringt das Vakuum, trifft auf ein Molekül und wird – durch eine Kette von Ereignissen, die Physik, Biologie und Information vereint – zur Welt.

In diesem stillen Moment können wir vielleicht schon die Idee erahnen, die die folgenden Kapitel leiten wird: Realität ist nicht nur das, was existiert, sondern auch das, was erfahren werden kann. Und Erfahrung entsteht, wie Licht, immer aus einer Begegnung.

Der Duft der Schwingungen.

Der Geruchssinn ist vielleicht der archaischste unserer Sinne und paradoxerweise auch der am wenigsten verstandene. Vor Sehen und Hören, ja sogar bevor das Gehirn seine komplexesten Strukturen entwickelte, „roch“ das Leben die Welt. Bakterien, Insekten, Säugetiere: Sie alle verlassen sich bei wichtigen Entscheidungen auf ihren Geruchssinn: Nahrungsaufnahme, Flucht, Paarung, Erkennung.

Doch im Großteil des 20. Jahrhunderts behandelte die Wissenschaft den Geruchssinn als ein eher unbedeutendes Problem, das sich mit einer simplen Metapher lösen ließ: der von Schlüssel und Schloss. Geruchsmoleküle, so hieß es, funktionierten, weil ihre Form zum richtigen Rezeptor passe. Elegant, intuitiv. Aber unvollständig.

Ab den 1990er-Jahren warf eine abweichende Stimme die Frage erneut auf und brachte sie überraschend nahe an die Quantenphysik heran.

Luca Turin und die ketzerische Hypothese.

1996 veröffentlichte der in Italien geborene und in London und Frankreich ausgebildete Biophysiker Luca Turin einen Artikel, der hitzige Diskussionen auslösen sollte. Seine Idee – die sogenannte Schwingungstheorie des Geruchssinns – war ebenso einfach wie bahnbrechend: Wir nehmen nicht nur die Form von Molekülen wahr, sondern auch ihre Schwingungen.

Anders ausgedrückt: Was wir als „Geruch“ wahrnehmen, hängt nicht allein von der Molekülgeometrie ab, sondern von den Schwingungsfrequenzen chemischer Bindungen – wahren Quantensignaturen. Unterschiedliche Moleküle mit ähnlichen Schwingungen können überraschend ähnliche Gerüche erzeugen. Eine Tatsache, die Parfümeuren lange vor den Neurowissenschaftlern bekannt war.

Turin lieferte konkrete Beispiele: Isotope desselben Moleküls – identisch in der Form, aber unterschiedlich in der Masse – können unterschiedlich riechen. Diese Anomalie lässt sich allein mit der Formtheorie nur schwer erklären, erscheint aber schlüssig, wenn man die Schwingungsfrequenzen betrachtet, die mit der Atommasse variieren.

Das quantenmechanische Herzstück der Theorie ist eine spezifische Hypothese: der Elektronentunnelprozess. Laut diesem Modell findet im Riechrezeptor ein Elektronendurchgang statt, der durch die Schwingung des Duftmoleküls ermöglicht wird. Ist die „richtige" Frequenz vorhanden, kann das Elektron eine ansonsten unüberwindbare Energiebarriere überwinden.

Das ist keine abwegige Idee. Der Tunneleffekt ist ein gut dokumentiertes Phänomen in Physik und Chemie, das – wie in anderen Kapiteln gezeigt – bereits an der Funktion bestimmter Enzyme beteiligt ist. Turins Hypothese legt nahe, dass der Geruchssinn in gewisser Weise ein biologisches Quantenspektroskop darstellt: ein System, das Materie auf submolekularer Ebene „abhören" kann.

Ehrlich gesagt: Die Schwingungstheorie ist nach wie vor umstritten und nicht allgemein anerkannt. Doch Experimente, die in den 2000er-Jahren unter anderem am Weizmann Institute of Science und am University College London durchgeführt wurden, lieferten Ergebnisse, die die Annahme stützen, dass Schwingungen eine wichtige Rolle bei der Formerkennung spielen, wenn auch wahrscheinlich integriert – und nicht alternativ.

Düfte, Erinnerung und Resonanz.

Wer schon einmal durch einen Duft eine plötzliche Erinnerung geweckt bekam – wie etwa Marcel Prousts berühmte Madeleine in „Auf der Suche nach der verlorenen Zeit“ –, weiß, dass der Geruchssinn nicht irgendein Sinn ist. Er ist eng mit dem limbischen System, den Emotionen und dem tiefen Gedächtnis verbunden.

In einer umfassenderen, fast metaphysischen Betrachtung legt diese Unmittelbarkeit nahe, dass der Geruchssinn durch Resonanz wirkt, nicht nur biologisch, sondern auch erfahrungsbezogen. Molekulare Schwingungen treffen auf Rezeptorstrukturen, die wiederum in ein umfassenderes Feld neurochemischer, emotionaler und kognitiver Beziehungen eingebettet sind.

Wenn Materie „schwingt“ und Leben diese Schwingungen wahrnehmen kann, wird Wahrnehmung zu einem Dialog zwischen Frequenzen, zu einer Begegnung zwischen Mustern der Welt und Mustern lebender Wesen.

Hier verlässt die Diskussion unweigerlich das Labor. Die Vorstellung, dass der Geruchssinn – einer der ursprünglichsten – auf Quanteneigenschaften der Materie reagiert, legt nahe, dass Leben nicht einfach auf Materie reagiert, sondern deren tiefste Organisationsebenen erfasst.

Aus einer Perspektive wie der dieses Buches könnte man eine weitere Interpretation wagen: Molekulare Schwingungen sind nicht bloß physikalische Ereignisse, sondern Modulationen eines umfassenderen Informationsfeldes. Ein Feld, das sich auf makroskopischer Ebene als Erfahrung, Bedeutung und Bewusstsein manifestieren könnte.

Dies ist keine wissenschaftliche Schlussfolgerung im strengen Sinne, sondern eine metaphysische Hypothese, die mit der Vorstellung übereinstimmt, dass die Welt nicht nur aus Objekten besteht, sondern aus Beziehungen, Frequenzen und Resonanzen.

Letztendlich lehrt uns der Geruchssinn eine subtile Lektion: Realität ist nicht nur das, was wir sehen, sondern auch das, was schwingt. Unsichtbare Moleküle, in winzigen Spuren vorhanden, können emotionale Zustände verändern, Erinnerungen hervorrufen und komplexe Verhaltensweisen steuern. Wenn uns der Sehsinn die Formen der Welt zeigt, scheint der Geruchssinn uns mit ihrem inneren Rhythmus zu verbinden. Und vielleicht ist es kein Zufall, dass dieser Sinn, so eng mit dem Überleben verknüpft, uns – ganz ohne Worte – am leichtesten das Gefühl vermittelt, Teil eines lebendigen Ganzen zu sein. In diesem Sinne ist der Geruchssinn nicht nur ein chemischer Sinn. Er ist ein diskretes, aber tiefgründiges Fenster in die Quantenmechanik der Materie.

Wie das Leben Signale am Rande des Nichts wahrnimmt.

Wenn es einen roten Faden in der Geschichte des Lebens gibt, dann ist es die Fähigkeit, die schwächsten Signale zu erfassen und in lebenswichtige Informationen umzuwandeln. Die Biologie lernte lange vor der Technologie, an den Grenzen von Rauschen, Unsicherheit und dem Ununterscheidbaren zu arbeiten. Wo der Ingenieur eine Störung sieht, erkennt der Organismus eine Chance.

In diesem Sinne stellt die Wahrnehmung von Schwäche eines der faszinierendsten Berührungspunkte zwischen Biologie und Quantenphysik dar. Nicht etwa, weil jedes Signal streng genommen „quantenmechanisch" wäre, sondern weil die Schwelle zwischen Signal und Rauschen oft mit der zwischen klassischer und Quantenphysik übereinstimmt. Und genau dort scheint sich das Leben am wohlsten zu fühlen.

Wenn Rauschen zum Verbündeten wird.

In den 1980er-Jahren führte eine Gruppe italienischer Physiker um Roberto Benzi (Universität La Sapienza, Rom) ein damals kontraintuitives Konzept ein: die stochastische Resonanz. In bestimmten nichtlinearen Systemen verschlechtert ein geringes Rauschen die Wahrnehmung eines schwachen Signals nicht, sondern verbessert sie.

Was als theoretische Idee begann, fand bald biologische Anwendung. Studien aus den 1990er-Jahren zeigten, dass einige sensorische Neuronen – von den mechanischen Rezeptoren von Insekten bis zum menschlichen somatosensorischen System –

Hintergrundrauschen nutzen, um ansonsten nicht wahrnehmbare Reize zu verstärken. Kurz gesagt: Das Leben bekämpft Unsicherheit nicht, sondern integriert sie. Und diese Haltung ähnelt erstaunlicherweise der Quantenlogik, in der Fluktuationen und Wahrscheinlichkeiten keine Fehler im Modell darstellen, sondern dessen zugrundeliegende Struktur.

Einige mittlerweile klassische Beispiele zeigen, wie nah die biologische Wahrnehmung an die Grenzen der Physik heranreicht. Haie und Rochen können dank der Lorenzini-Ampullen – Sinnesorgane, die bereits im 17. Jahrhundert von dem italienischen Arzt Stefano Lorenzini beschrieben wurden – elektrische Felder von weniger als einem Mikrovolt pro Zentimeter wahrnehmen. Diese Empfindlichkeit ist unvorstellbar: Sie entspricht der Wahrnehmung einer Muskelkontraktion aus mehreren Metern Entfernung. Zugvögel hingegen liefern eines der meistdiskutierten Beispiele für die Anwendung der Quantenbiologie auf die Wahrnehmung von Schwäche. Seit den 2000er-Jahren hat der deutsche Physiker Thorsten Ritz in Zusammenarbeit mit Biologen und Chemikern die These aufgestellt, dass der Magnetsinn von Vögeln durch chemische Reaktionen vermittelt wird, die auf den Spin von Elektronen in Cryptochrom-Proteinen reagieren. Dies ist ein äußerst empfindlicher Mechanismus, der möglicherweise vom Erdmagnetfeld beeinflusst wird, welches auf molekularer Ebene extrem schwach ist.

Hier ist die Grenze zur Quantenphysik nicht metaphorisch, sondern strukturell. Ohne Quantenkohärenz, selbst wenn sie nur flüchtig ist, würde das Signal im thermischen Rauschen untergehen.

Der Körper als Verstärker von Möglichkeiten.

Diesen Phänomenen ist ein allgemeines Prinzip gemeinsam: Lebende Organismen verstärken minimale Möglichkeiten. Sie suchen nicht nach starken Signalen, sondern nach Resonanzbedingungen. Sie akkumulieren keine Energie, sondern Information.

Aus philosophischer Sicht widerlegt dies die immer noch weit verbreitete Ansicht, Leben sei ein grobes, ungenaues, „unsauberes" System im Vergleich zur Eleganz der fundamentalen Physik. Im Gegenteil, die Biologie scheint gerade darauf spezialisiert zu sein, sich mit dem Infinitesimalen auseinanderzusetzen und dem Sinnvolles Bedeutung zu verleihen, was in anderen Kontexten vernachlässigbar wäre.

Es ist kein Zufall, dass Erwin Schrödinger in seinen Vorlesungen in Dublin 1943 (die später in „Was ist Leben?" gesammelt wurden) darauf beharrte, dass das Leben dank einer raffinierten Nutzung mikroskopischer Ordnung vom Gleichgewicht fernbleibt. Heute würden wir sagen: dank einer extremen Sensibilität für das Beinahe-Nichts.

Eine weitergehende Frage drängt sich auf, unausweichlich für diejenigen, die eine nicht-reduktionistische Sichtweise vertreten: Nimmt das Leben das Schwache wahr, weil es fundamental ist?

Aus einer von der Quantenphysik inspirierten metaphysischen Perspektive sind minimale Signale – Fluktuationen, Korrelationen, Resonanzen – keine Nebeneffekte, sondern Spuren einer tieferen Ordnung, eines Informationsfeldes, das der makroskopischen Manifestation vorausgeht.

Die biologische Wahrnehmung des Schwachen könnte dann als Schnittstelle zwischen dem Organismus und einem größeren Feld verstanden werden, in dem nicht Intensität, sondern Kohärenz, nicht Stärke, sondern Bedeutung zählt.

Letztendlich ist die Lehre subtil, aber radikal. Das Leben triumphiert nicht, indem es sich der Welt aufzwingt, sondern indem es sich auf das einstimmt, was die Welt ihm zuflüstert. Wo die klassische Physik das Marginale tendenziell ignoriert, hört die Biologie zu. Wo der gesunde Menschenverstand nach unumstößlichen Gewissheiten sucht, gedeiht der Organismus in kontrollierter Ambiguität.

In dieser Fähigkeit, das Schwache wahrzunehmen – winzige elektrische Signale, kaum messbare Magnetfelder, vom Rauschen überlagerte Fluktuationen – erkennen wir eine der tiefsten Verbindungen zwischen Biologie und der Quantensicht der Realität.

Realität als Quantenkonstruktion der Erfahrung.

Es gibt eine Idee, so einfach wie verstörend, die die moderne Biologie stillschweigend durchdringt: Wir nehmen nicht die Realität wahr, sondern eine biologische Übersetzung von ihr. Unsere Sinne sind keine Fenster zur Welt, sondern hochentwickelte Filter, die von der Evolution geformt wurden, um das Universum bewohnbar zu machen, nicht um es getreu zu beschreiben. Bereits Anfang des 20. Jahrhunderts sprach der deutsche Biologe und Philosoph Jakob von Uexküll von einer „Umwelt“: Jeder Organismus lebt in seiner eigenen „Wahrnehmungswelt“, die auf seine Sinnesfähigkeiten zugeschnitten ist. Die Zecke, Uexkülls berühmtes Beispiel, nimmt ihre Umgebung fast gar nicht wahr und reagiert nur auf drei Signale: den Geruch von Buttersäure, die Hauttemperatur und die Beschaffenheit ihres Fells. Der Rest des Universums existiert für sie schlichtweg nicht.

Heute wissen wir, dass diese radikale Selektion nicht nur auf neurobiologischer Ebene stattfindet, sondern viel tiefer beginnt, wo physikalische Signale in molekulare Ereignisse und in manchen Fällen in Prozesse umgewandelt werden, die die Quantenschwelle berühren.

Von der Möglichkeit zur Wahrnehmung: Eine Kette von „Messungen“.

In der Quantenphysik besitzt ein System erst dann definierte Eigenschaften, wenn es mit etwas anderem interagiert. Diese Interaktion – die Physiker als Messung bezeichnen –

transformiert eine Reihe von Möglichkeiten in ein konkretes Ereignis.

Überraschenderweise lässt sich jeder biologische Wahrnehmungsakt als Kette von Mikromessungen betrachten. Ein Photon, eine Molekülschwingung, eine elektromagnetische Fluktuation: Was die Sinne erreicht, ist eine physikalische Möglichkeit, die schrittweise zu biologischer Information „kollabiert". Nicht im technischen und kontroversen Sinne des Kollapses der Wellenfunktion, sondern als operative Reduktion der Komplexität der Realität.

Das Gehirn, wie jahrzehntelange neurowissenschaftliche Studien – von Hermann von Helmholtz bis zu den neuesten Vorhersagemodellen – zeigen, wartet nicht passiv auf Sinnesdaten. Es antizipiert, stellt Hypothesen auf und vergleicht. Wahrnehmung ist nicht bloßes Aufnehmen, sondern Schlussfolgern. Und was geschlossen wird, hängt von den Grenzen und Möglichkeiten der zugrunde liegenden physikalischen Prozesse ab.

Die Quantenphysik hat die Vorstellung einer Realität aus Objekten mit von der Beobachtung unabhängigen Eigenschaften untergraben. Die Biologie wiederum hat dasselbe mit der Idee einer neutralen und objektiven Wahrnehmung getan.

Es ist kein Zufall, dass Niels Bohr darauf bestand, die Physik untersuche nicht, „wie die Natur ist", sondern „was wir über die Natur aussagen können". Ein Satz, der sich leicht in einem Lehrbuch der Sinnesphysiologie finden ließe.

Klassische Experimente der Psychophysik zeigen, wie unsere Welterfahrung eine aktive Konstruktion ist: Farben, die im elektromagnetischen Spektrum nicht als solche existieren, vom Gehirn erzeugte zeitliche Kontinuitäten, Festigkeit, die aus nahezu leeren Kraftfeldern entsteht. Auf fundamentaler Ebene ist Materie selbst größtenteils Raum und Wahrscheinlichkeit. Die Biologie korrigiert diese Unbestimmtheit nicht, sie macht sie erträglich.

Quantenprozesse als ontologische Filter.

Hier eröffnet sich Raum für tiefergehende Reflexion, wo Wissenschaft auf Philosophie trifft. Wenn Quantenprozesse, selbst indirekt, an der Konstruktion von Sinneserfahrungen beteiligt sind, dann ist die Realität, die wir erleben, bereits das Ergebnis einer ontologischen Selektion.

Nicht alles Existierende wird zur Erfahrung. Nur das, was mit unseren biologischen Filtern interagiert – Filtern, die an bestimmten entscheidenden Punkten an den Grenzen der Quantenphysik arbeiten –, entsteht als „Welt".

In diesem Licht erscheint die phänomenale Realität als ein lokaler Ausschnitt eines viel größeren Feldes von Möglichkeiten. Diese Vorstellung findet Resonanz in einigen Interpretationen der Quantenmechanik, aber auch in antiken philosophischen Traditionen von Platon bis Kant, für die wir nicht „die Dinge an sich" erkennen, sondern nur die Phänomene, die durch unsere Sinnlichkeitsformen geordnet werden.

Wenn Wahrnehmung eine Schnittstelle und kein Spiegel ist; wenn die erlebte Realität aus der Interaktion zwischen biologischen Systemen und einer tiefgreifenden physikalischen Ordnung hervorgeht, dann ist Bewusstsein kein isolierter Zufall, sondern ein Zugangsweg.

Aus dieser Perspektive könnten individuelle Bewusstseinszustände – menschliche, tierische und allgemeiner lebende – als Lokalisierungen eines umfassenderen Erfahrungsfeldes betrachtet werden, so wie Wellen Lokalisierungen eines physikalischen Feldes sind. Kein wissenschaftlicher Beweis, sondern ein begrifflicher Zusammenhang.

Die Realität, in der wir leben, ist also keine Momentaufnahme der Welt, sondern eine kohärente Erzählung, die durch biologische Filter an den Grenzen der fundamentalen Physik ermöglicht wird. Eine Erzählung, die stabil genug ist, um uns

Leben, Erkenntnis und Reflexion zu erlauben. Aber niemals endgültig.

Die vielleicht tiefgreifendste Lehre der Quantenbiologie der Wahrnehmung ist nicht, dass „alles quantenphysikalisch ist“, sondern etwas Subtileres: Realität ist immer vermittelt. Und diese Vermittlung ist keine Grenze, die es zu überwinden gilt, sondern vielmehr die Bedingung der Erfahrung selbst.

Wir leben in einer Realität, die sich in der Begegnung zwischen der Welt und unseren Wahrnehmungsorganen, zwischen dem Feld der Möglichkeiten und der Auswahl des Lebens formt. Dies zu verstehen, löst das Geheimnis nicht auf. Im Gegenteil, es macht es erträglich.

X°. Organismen als offene Quantensysteme.

Energie, Information, Entropie

Jeder lebende Organismus vollbringt in jedem Augenblick einen kleinen Akt kosmischen Widerstands. Nicht im Sinne der Verletzung physikalischer Gesetze – der zweite Hauptsatz der Thermodynamik bleibt bestehen –, sondern in der überraschenden Art und Weise, wie das Leben es schafft, lokale Ordnung in einem Universum zu schaffen, das als Ganzes zu zunehmender Entropie tendiert. Erwin Schrödinger hatte dies bereits 1944 intuitiv erfasst. Lebende Organismen, schrieb er, ernähren sich von „negativer Entropie" oder – wie wir heute präziser sagen würden – exportieren Unordnung in die Umwelt, um hochorganisierte Strukturen in sich selbst aufrechtzuerhalten. Eine Idee, die achtzig Jahre später immer noch eine der stärksten Brücken zwischen Physik und Biologie darstellt. Doch was damals lediglich eine Intuition war, ist heute um eine neue Dimension bereichert: Information als physikalische Größe, nicht nur als metaphorische.

Wenn Information so viel wiegt wie Energie.

1961 formulierte Rolf Landauer im IBM-Labor in Yorktown Heights ein Prinzip, das unser Verständnis des Verhältnisses von Geist, Maschine und Materie grundlegend verändern sollte: Information ist Physik. Das Löschen eines Informationsbits erfordert minimalen Energieaufwand, der unweigerlich mit einer Zunahme der Entropie einhergeht.

Für die Biologie ist dies keine abstrakte Theorie. Jede Zelle ist eine unaufhörliche Informationsfabrik: Sie liest, kopiert, korrigiert und sendet Signale. DNA ist nicht nur ein chemisches Molekül, sondern ein dynamisches Archiv, das sich in einem empfindlichen Gleichgewicht zwischen Stabilität und Veränderung befindet. Jeder Informationsprozess benötigt Energie; jeder Energieverbrauch verändert die entropische Struktur des Systems. Neu ist heute, dass einige dieser Schritte – insbesondere die subtilsten, schnellsten und selektivsten – an den Grenzen der klassischen Physik stattfinden, wo Fluktuationen, Wahrscheinlichkeiten und Quantenkohärenzen relevant werden. Leben nutzt nicht einfach nur Energie: Es orchestriert sie und wandelt sie in sinnvolle Information um.

Ein Organismus ist niemals ein geschlossenes System. Es atmet, ernährt sich, gibt Wärme, chemische und elektromagnetische Signale ab. Physikalisch gesehen ist es ein offenes System weit entfernt vom Gleichgewicht, um den von Ilja Prigogine, dem Chemie-Nobelpreisträger von 1977, geprägten Ausdruck zu verwenden.

Prigogine zeigte, wie unter Nichtgleichgewichtsbedingungen geordnete Strukturen – sogenannte dissipative Strukturen – spontan entstehen können. Dazu gehören Wirbel in einer Flüssigkeit, Konvektionszellen und sogar die chemischen Muster, die Alan Turing 1952 in seiner Arbeit zur Morphogenese untersuchte.

Die Biologie führt diese Logik noch weiter; sie erzeugt nicht nur Ordnung, sondern erhält sie auch über die Zeit aufrecht, passt sie an, lernt von ihr und macht sie kontextsensitiv. Hier verliert der Informationsbegriff seine Neutralität und wird im engeren Sinne zu Bedeutung.

Entropie und Bedeutung: ein scheinbarer Widerspruch.

Aus thermodynamischer Sicht ist ein lebender Organismus eine dissipative Maschine. Aus Erfahrungsperspektive ist es ein Zentrum von Intentionalität, Wahrnehmung und Entscheidung.

Wie lassen sich diese beiden Ebenen zusammenführen, ohne die eine auf die andere zu reduzieren?

Einige zeitgenössische Forscher – wie Jeremy England am MIT – haben vorgeschlagen, dass Materie, die ständigen Energieflüssen ausgesetzt ist, dazu neigt, sich spontan in Formen zu organisieren, die Energie immer effizienter dissipieren. Diese Perspektive ist zwar noch umstritten, aber faszinierend: Leben ist das natürliche Ergebnis tiefgreifender physikalischer Dynamiken, kein unwahrscheinlicher Zufall.

Auf subtile Weise deutet diese Vision etwas Kühneres an: dass das Universum Information nicht gleichgültig gegenübersteht, sondern strukturell darauf ausgelegt ist, Energie in organisierte Formen und – auf komplexeren Ebenen – vielleicht in Erfahrung umzuwandeln.

Aus dieser Perspektive erzeugen lebende Organismen Information nicht aus dem Nichts, sondern stimmen sie ab, wie Instrumente, die auf einen größeren Hintergrund gestimmt sind.

Entropie ist demnach nicht nur Unordnung. Sie ist der kosmische Preis, den das Universum zahlt, damit lokal Inseln der Bedeutung entstehen können, die fähig sind, wahrzunehmen, sich zu erinnern und zu hinterfragen.

So betrachtet erscheint jeder Organismus als schöpferische Antwort auf den Energiefluss des Universums. Eine Antwort, die den Lauf der Zeit nicht leugnet, sondern ihn biegt, kanalisiert, in biologische Geschichte und letztlich in bewusste Erfahrung umwandelt. Energie, die zu Information wird. Information, die der Entropie widersteht. Entropie, die Wandel ermöglicht. In diesem instabilen Gleichgewicht überlebt das Leben nicht nur, sondern interpretiert die Welt.

Leben am Rande von Ordnung und Chaos.

Wenn es ein Bild gibt, das den Zustand des Lebens am besten beschreibt, dann ist es nicht das des Gleichgewichts, sondern das der permanenten Spannung. Ein lebender Organismus ist niemals wirklich stabil: Wäre er es, wäre er tot. Stattdessen lebt er in einem subtilen und instabilen Bereich, schwebend zwischen zwei gegensätzlichen Abgründen – kristallisierter Ordnung und zerfallendem Chaos.

Diese Idee hat eine lange wissenschaftliche Tradition. In den 1970er Jahren sprach Ilja Prigogine, der Systeme fernab des Gleichgewichts untersuchte, von einer „neuen Allianz“ zwischen Physik und Biologie: Leben nicht als Ausnahme von den Gesetzen der Thermodynamik, sondern als deren kreativster Ausdruck. Es ist die präzise kontrollierte Instabilität, die die Entstehung komplexer Formen ermöglicht.

Heute würden wir sagen, dass das Leben eine kritische Zone bewohnt, eine dynamische Grenze, an der kleine Fluktuationen große Auswirkungen haben können. Und hier beginnt die Biologie, die Sprache der Quantenphysik zu sprechen.

Der Ausdruck „Rand des Chaos“ hielt in den 1980er-Jahren dank Studien am Santa Fe Institute, geleitet von Forschern wie Stuart Kauffman, Einzug in den wissenschaftlichen Wortschatz. Kauffman analysierte Modelle genetischer Netzwerke und komplexer Systeme und zeigte, dass die anpassungsfähigsten Systeme weder streng geordnet noch völlig chaotisch sind, sondern sich in einer Zwischenzone befinden, in der Informationen fließen können, ohne einzufrieren oder sich aufzulösen.

Diese Entdeckung betrifft die Evolution, aber auch den Stoffwechsel, das Nervensystem und das Ökosystem. Ein zu regelmäßiger Herzschlag ist pathologisch; ein zu unregelmäßiger ebenso. Gesundheit – wie Studien zur Herzfrequenzvariabilität zeigen – ist ein Tanz mikroskopischer Unregelmäßigkeiten. Dieser Zustand der Quasi-Instabilität ist kein Defekt, sondern ein Kennzeichen von Vitalität.

Fluktuationen, Rauschen und die Kreativität der Materie.

In der klassischen Welt ist Rauschen ein Problem. In der Welt lebender Systeme ist es oft eine Ressource. Ab den 1980er Jahren führten der italienische Physiker Roberto Benzi und seine Mitarbeiter das Konzept der „stochastischen Resonanz“ ein. In bestimmten nichtlinearen Systemen kann bereits geringes Rauschen sehr schwache Signale verstärken und sie so messbar machen.

Das Leben scheint diese Logik übernommen zu haben. In einer Zelle, einem Neuron, einem komplexen biologischen Netzwerk werden Fluktuationen – thermische, molekulare, vielleicht sogar quantenmechanische – nicht einfach eliminiert. Sie werden kanalisiert.

Hier wird die Grenze zwischen klassischer und Quantenphysik durchlässig. Auf mikroskopischer Ebene ist Instabilität nicht nur dynamisch, sondern ontologisch: Die Welt selbst ist probabilistisch. Am Rande von Ordnung und Chaos zu leben bedeutet daher, Unsicherheit zu akzeptieren und sie in eine Funktion zu verwandeln.

Karl Popper prägte ein eindrucksvolles Bild mit dem von „Wolken und Uhren“. Uhren sind vorhersagbare Systeme, Wolken chaotische. Die Realität, so Popper, ist weder das eine noch das andere, sondern etwas dazwischen. Die Biologie ist das offensichtlichste Beispiel für dieses Zwischenreich.

Auch Erwin Schrödinger betonte diesen Punkt: Der lebende Organismus entgeht dem entropischen Zerfall. Er erstarrt nicht, sondern bewahrt eine hochgeordnete und dennoch flexible Struktur. Eine Ordnung, die niemals endgültig ist.

In der heutigen Sprache könnte man sagen, dass Leben eine metastabile Konfiguration ist, die stets bereit ist, sich neu zu organisieren.

An diesem Punkt treffen wissenschaftliche und philosophische Überlegungen aufeinander. Wenn Leben nur an den Rändern zwischen Ordnung und Chaos entsteht und fortbesteht, gilt dann nicht dasselbe für das Bewusstsein? Viele moderne Modelle des Geistes, von biologischen bis hin zu künstlichen neuronalen Netzen, zeigen, dass sinnvolle Informationsverarbeitung stattfindet, wenn sich das System in der Nähe eines Phasenübergangs befindet: stabil genug, um Erinnerungen zu speichern, instabil genug, um Neues zu erzeugen.

In diesem Licht erscheint Bewusstsein als Grenzphänomen, das sich weder auf reine Mechanik noch auf reinen Zufall reduzieren lässt. Ein Prozess, der aus dem instabilen Gleichgewicht zwischen Determination und Möglichkeit entsteht.

Die Vision des universellen Bewusstseinsfeldes findet hier eine natürliche Resonanz. Wenn das Universum auf einer tieferen Ebene als eine Menge von Quantenfeldern in ständiger Fluktuation strukturiert ist, dann könnte das Leben als eine privilegierte Form der Einstimmung auf dieses dynamische Fundament interpretiert werden. Die Grenze zwischen Ordnung und Chaos wäre nicht bloß eine thermodynamische Bedingung, sondern eine ontologische Schwelle: der Punkt, an dem sich das Feld zu erfahrbaren Formen organisiert. Kein Wunder, sondern eine Möglichkeit, die in das Gefüge der Realität selbst eingeschrieben ist.

Letztendlich sucht das Leben weder die Sicherheit absoluter Ordnung noch die zerstörerische Begeisterung des Chaos. Es sucht die Grenze. Einen instabilen, anspruchsvollen, schöpferischen Ort. Dort bleibt Information lebendig, dort nimmt Energie Form an, dort hört Materie auf zu schweigen.

Vielleicht ist dies der Grund, warum jeder Organismus – und jedes Bewusstsein – in einem tieferen Sinne ein Wagnis gegen das Gleichgewicht ist. Und vielleicht lernt die Welt gerade auf diesem schmalen Grat zwischen Notwendigkeit und Möglichkeit, über sich selbst nachzudenken.

Der Körper als Quantenantenne

Es gibt eine radikal andere Sichtweise auf den menschlichen Körper – und allgemeiner auf jeden lebenden Organismus. Nicht als Maschine, die auf lokale Reize reagiert, sondern als feldempfindliches System, das Signale erfassen, filtern und integrieren kann, die oft der bewussten Wahrnehmung entgehen. Vom Körper als „Quantenantenne" zu sprechen, ist keine poetische Metapher um ihrer selbst willen, sondern die Erforschung einer noch offenen wissenschaftlichen Möglichkeit: die von Organismen, die auf tiefe Ebenen physikalischer Information abgestimmt sind.

In der Physik erzeugt eine Antenne kein Signal: Sie empfängt es, weil sie mit ihm in Resonanz steht. Die Frage ist daher ebenso einfach wie schwindelerregend: Was wäre, wenn das Leben zum Teil eine Frage der Resonanz mit dem unsichtbaren Gefüge der Realität wäre?

Felder, nicht nur Teilchen.

Michael Faraday erkannte im London des 19. Jahrhunderts bereits, dass Felder – elektrische und magnetische – keine bloßen mathematischen Konstrukte, sondern physikalische Realitäten sind. Heute wissen wir, dass sich das Universum treffender als Netzwerk von Quantenfeldern beschreiben lässt als als Ansammlung fester Objekte. In diesem Szenario ist lebende Materie nicht isoliert: Sie ist von Feldern umgeben, durchdrungen und wird fortwährend von ihnen beeinflusst.

Der menschliche Körper ist ein äußerst komplexes elektromagnetisches System. Jede Zelle weist Potenzialunterschiede auf, jedes Neuron kommuniziert über elektrische Impulse, und das Herz erzeugt ein Magnetfeld, das aus der Ferne messbar ist, wie Studien von John und Beatrice Lacey bereits in den 1960er-Jahren zeigten. Nichts Esoterisches: reine Biophysik. Doch der nächste Schritt ist kühner – und interessanter.

Eines der überzeugendsten Beispiele für eine „biologische Antenne" liefert die Untersuchung der Orientierung von Zugvögeln. Wie bereits in einem früheren Kapitel erwähnt, schlugen der Physiker Thorsten Ritz, Klaus Schulten und andere Forscher ab den 2000er Jahren vor, dass die Magnetorezeption bei Vögeln auf einem Quantenmechanismus beruht, der mit Cryptochromen, lichtempfindlichen Proteinen in der Netzhaut, verknüpft ist. In diesem Modell reagieren Paare verschränkter Elektronen auf das Erdmagnetfeld und beeinflussen so die zelluläre Biochemie.

Es ist ein seltener und wertvoller Fall: ein Quanteneffekt, der in einem heißen, feuchten und geräuschvollen Organismus nicht nur überlebt, sondern auch funktionsfähig ist. Das Leben leidet also nicht unter der Quantenwelt, sondern nutzt sie.

Entscheidend ist nicht die Stärke des Signals, sondern die Empfindlichkeit des Empfängers. Eine effektive Antenne benötigt keine starken Wellen, sondern eine Struktur, die mit bestimmten Frequenzen in Resonanz treten kann. In der Biologie findet sich dieses Prinzip überall: in Proteinen, die ihre Konformation ändern, in Ionenkanälen, die sich öffnen und schließen, und in neuronalen Netzwerken, die sehr schwache Signale verstärken.

In den 1980er Jahren stellte der theoretische Biologe Herbert Fröhlich die Hypothese auf, dass biologische Systeme Zustände niederfrequenter elektromagnetischer Kohärenz erreichen könnten, die durch den kontinuierlichen Fluss metabolischer Energie aufrechterhalten werden. Die Hypothese wird noch immer diskutiert, hat aber den Vorteil, die Fragestellung zu verschieben: nicht ob der Körper mit Feldern interagiert, sondern wie.

Der Körper als Schnittstelle, Bewusstsein als Einstimmung.

Hier verschmilzt wissenschaftliche Reflexion unweigerlich mit philosophischer. Wenn der Körper ein offenes, sensibles und resonantes System ist, dann könnte Bewusstsein nicht nur ein inneres Produkt sein, sondern auch eine Beziehung – eine Form dynamischer Übereinkunft zwischen dem Organismus und dem Feld, in das er eingebettet ist.

In diesem gedanklichen Raum nimmt die Idee des universellen Bewusstseinsfeldes Gestalt an: nicht als mystische, von der Physik getrennte Entität, sondern als eine tiefgreifende Ebene der Weltordnung, deren lokale Modulationen individuelle Bewusstseinszustände sind. Der Körper „produziert" in dieser Sichtweise Bewusstsein nicht wie eine Drüse ein Hormon, sondern kanalisiert es, wie ein Musikinstrument unsichtbare Schwingungen in Klang umwandelt. Natürlich ist die Grenze zwischen wissenschaftlicher Hypothese und metaphysischer Spekulation fließend. Theorien wie die von Roger Penrose und Stuart Hameroff, die neuronalen Mikrotubuli eine Quantenrolle zuschreiben, sind höchst umstritten. Doch ihre kulturelle Bedeutung liegt darin, dass sie eine Frage wieder aufgeworfen haben, die der Reduktionismus allzu schnell verworfen zu haben schien: Lässt sich Bewusstsein vollständig klassisch erklären?

Selbst Skeptiker können die zugrundeliegende Tatsache nicht ignorieren: Das Leben ist außerordentlich effektiv darin, Signale an der Grenze des Messbaren zu erfassen, zu verstärken und zu integrieren. Als wäre es zum Zuhören geschaffen – oder entstanden.

Den Körper als Quantenantenne zu betrachten, bedeutet letztlich, die Idee der Trennung neu zu überdenken. Der

Organismus ist keine geschlossene Monade, sondern ein Knotenpunkt von Interaktionen, ein Schnittpunkt von Energie-, Informations- und vielleicht auch Bewusstseinsströmen.

Aus dieser Perspektive ist das Leben kein lokaler Zufall in einem gleichgültigen Universum, sondern eine Modalität, durch die der Kosmos sich selbst wahrnimmt. Und der Körper ist weit mehr als nur ein Behälter des Geistes; er ist dessen lebendige Schwelle: der Ort, an dem das Unsichtbare Gestalt annimmt und das Feld – was auch immer seine letztendliche Natur sein mag – zu resonieren lernt.

Was ändert sich, wenn Bewusstsein in einem offenen Quantensystem entsteht?

Seit über einem Jahrhundert gilt der Geist als ein elegantes, aber sekundäres Epiphänomen: ein Produkt der elektrochemischen Aktivität des Gehirns, vergleichbar mit Software auf biologischer Hardware. Dieses Paradigma, ein Produkt des Mechanismus des 19. Jahrhunderts und des Positivismus des 20. Jahrhunderts, hat in der Neurowissenschaft außergewöhnliche Ergebnisse hervorgebracht. Doch wie so oft in der Wissenschaftsgeschichte, blieben mit zunehmender Verfeinerung des Modells immer mehr entscheidende Fragen unbeantwortet.

Was ist subjektive Erfahrung? Woher kommt das Gefühl der Einheit des Selbst? Warum lässt sich das Bewusstsein nicht in Module zerlegen, wie es bei kognitiven Funktionen der Fall ist?

Akzeptiert man die in diesem Kapitel entwickelte Idee, dass Organismen offene Quantensysteme sind, die ständig von Energie-, Informations- und nichtlokalen Korrelationsströmen durchdrungen werden, ändert sich auch der Status des Geistes. Er ist nicht länger ein innerer „Ort“ oder ein isoliertes Produkt des Gehirns, sondern ein dynamischer Prozess, der aus der kontinuierlichen Wechselwirkung zwischen dem Organismus und seiner tiefgreifenden Umwelt entsteht.

Bereits in den 1970er Jahren schlug der Biologe und Neurowissenschaftler Francisco Varela, der in Chile und Paris arbeitete, zusammen mit Humberto Maturana das Konzept der Autopoiesis vor: Lebende Systeme reagieren nicht einfach, sondern erzeugen und erhalten sich selbst. Später erweiterte Varela diese Vision auf das Bewusstsein und sprach von „Enaktion“: Der Geist repräsentiert die Welt nicht, er inszeniert sie durch Interaktion. In einem offenen System ist der Geist nicht begrenzt: Er ist relational.

Kohärenz, Integration, Einheit der Erfahrung.

Einer der rätselhaftesten Aspekte des Bewusstseins ist seine Einheit. Millionen von Neuronen, Milliarden von Synapsen, und doch erscheint die Erfahrung als ein kohärentes Ganzes. In der Quantenphysik ist Kohärenz genau das, was es vielen Teilen ermöglicht, sich wie ein einziges System zu verhalten. Es ist legitim zu fragen – ohne eine Antwort zu erzwingen –, ob biologische Kohärenz auch auf mentaler Ebene eine Rolle spielen könnte.

Der Physiker Roger Penrose, Nobelpreisträger 2020 für seine Forschungen zu Schwarzen Löchern, argumentierte, dass der Geist nicht vollständig durch klassische Rechenprozesse erklärt werden kann. In Zusammenarbeit mit dem Anästhesisten Stuart Hameroff stellte er die Hypothese auf, dass subneuronale Strukturen wie Mikrotubuli Quantenprozesse unterstützen könnten, die für das Bewusstsein relevant sind. Diese Hypothese ist Gegenstand hitziger Debatten, doch ihre kulturelle Bedeutung ist unbestreitbar: Sie hat die Frage nach der angemessenen physikalischen Ebene zur Erklärung des Geistes neu fokussiert.

Aus dieser Perspektive ist das Selbst keine Substanz, sondern eine dynamische Stabilität. Vergleichbar mit einem Strudel in einem Fluss: erkennbar, beständig, aber untrennbar mit dem durchfließenden Wasser verbunden. Der Geist entsteht, wenn das Organismus-System eine bestimmte Informationsorganisation aufrechterhält, fernab vom Gleichgewicht, die Signale über viele Skalen hinweg integrieren kann.

Diese Idee findet überraschende kulturelle Resonanzen. Bereits 1890 sprach der Philosoph William James vom

Bewusstsein als einem Fluss, nicht als einer Ansammlung von Zuständen. Und in östlichen kontemplativen Traditionen – vom indischen Buddhismus bis zu den japanischen Zen-Schulen – wird das Selbst als ein vorübergehender Prozess, nicht als eine separate Entität betrachtet. Neu ist heute, dass diese Erkenntnisse die Physik komplexer Systeme und die Quantentheorie offener Systeme einbeziehen.

Auf dem Weg zum Feld des Bewusstseins.

Hier überschreitet die Reflexion die Grenzen der etablierten Wissenschaft und dringt in den Bereich einer fundierten Metaphysik vor. Wenn der Geist aus hochkohärenten offenen Systemen hervorgeht und diese Systeme in ein Gefüge universeller Quantenfelder eingebettet sind, dann lässt sich die Hypothese aufstellen, dass das individuelle Bewusstsein eine Lokalisierung – eine Modulation – eines größeren Feldes ist. David Bohm hat vorgeschlagen, dass die manifestierte Realität aus einer tieferen, nicht-lokalen Ebene entsteht. In diesem Licht ist das universelle Feld des Bewusstseins keine übernatürliche Entität, sondern eine fundamentale Dimension des Seins, deren temporäre Ausdrucksformen die individuellen Geister sind, wie Wellen auf der Oberfläche eines Ozeans. Kein Beweis, sondern ein Interpretationsrahmen. Einer, der zumindest die Tiefe des Phänomens Bewusstsein ernst nimmt.

Die Implikationen sind tiefgreifend. Wenn der Geist ein offener Prozess ist, wird die Grenze zwischen Innen und Außen durchlässig. Bewusstsein endet nicht dort, wo das Nervensystem endet, sondern erstreckt sich – auf noch zu verstehende Weise – auf die Beziehungen, Felder und Bedeutungsnetzwerke, die jedes Lebewesen mit dem Rest der Welt verbinden.

In diesem Sinne reduziert eine von offenen Quantensystemen inspirierte Theorie des Geistes den Menschen nicht: Sie verortet ihn neu. Nicht länger das isolierte Zentrum eines stillen Universums, sondern ein sensibler Punkt, durch den sich der Kosmos vielleicht seiner selbst bewusst wird.

XI°. Der Beobachter in der Biologie.

Der Beobachtereffekt. Wenn Beobachten Eingreifen bedeutet.

Der „Beobachtereffekt" hielt in den 1920er-Jahren offiziell Einzug in die Wissenschaftsgeschichte, in den Korridoren des Instituts für Theoretische Physik in Kopenhagen. Dort diskutierten Niels Bohr und Werner Heisenberg hitzig über eine beunruhigende Tatsache: In der Quantenwelt ist der Messvorgang niemals neutral. Er erfasst nicht einfach nur das Geschehen, sondern trägt zu dessen Bestimmung bei. Das Elektron hat vor der Messung keine Position „an sich"; es erhält sie erst im Moment der Beobachtung.

Jahrzehntelang blieb diese Besonderheit auf den Bereich des Unendlich Kleinen beschränkt, eine philosophische Eigenart, die toleriert wurde, weil sie für Berechnungen nützlich war. Doch mit dem Einzug der Quantenphysik in die Biologie – und dem wachsenden Interesse an komplexen, lebenden Systemen – begann sich diese Grenze zu verschieben. Die Frage ist heute nicht mehr, ob der Beobachtereffekt existiert, sondern wie weit er reicht.

Leben beobachten: niemals ein unschuldiger Akt.

In der Biologie war Beobachtung nie völlig neutral. Claude Bernard wusste dies bereits im 19. Jahrhundert, als er warnte: „Lebewesen reagieren auf Experimente." Doch erst im 20. Jahrhundert, mit dem Aufkommen zellulärer und molekularer Bildgebungsverfahren, wurde das Problem deutlich: Die Markierung eines Proteins mit einem Fluorophor, die

Beleuchtung einer Zelle mit einem Laser oder die Isolierung eines Gewebes aus seinem Kontext bedeuten zwangsläufig eine Veränderung des beobachteten Systems.

Ein Paradebeispiel ist die Fluoreszenzmikroskopie, die in den 1990er-Jahren perfektioniert und 2014 mit dem Nobelpreis für Chemie ausgezeichnet wurde. Ein leistungsstarkes Werkzeug, gewiss, aber nicht ohne Nebenwirkungen: Das zum „Sehen" verwendete Licht kann oxidativen Stress auslösen, die Zelldynamik verändern und mitunter sogar die DNA schädigen. Anders ausgedrückt: Leben zeigt sich nicht einfach, sondern reagiert.

Lange Zeit wurden diese Effekte als experimentelle Nachteile betrachtet, die es zu minimieren galt. Heute werden sie jedoch zunehmend als Hinweise auf etwas Tieferliegendes interpretiert. In lebenden Systemen, die hochgradig nichtlinear und weit vom Gleichgewicht entfernt sind, kann selbst eine minimale Störung makroskopische Folgen haben. Dies ist das Prinzip des „Schmetterlingseffekts", das der Meteorologe Edward Lorenz in den 1960er-Jahren bekannt machte. Doch es geht hier nicht um deterministisches Chaos, sondern um die Wechselwirkungen. Der Organismus ist kein passives Objekt, das der Beobachtung unterworfen ist; Es handelt sich um ein sensibles, adaptives System, das Informationen aus der Umgebung integrieren kann, einschließlich jener, die durch den Akt der Beobachtung selbst erzeugt werden.

Wenn die Quantenphysik ins Spiel kommt, wird die Angelegenheit noch komplexer. In offenen Quantensystemen – wie lebenden Organismen – ist Beobachtung nicht einfach gleichbedeutend mit „Schauen", sondern mit der Einführung einer neuen Wechselwirkung in das System. Dies gilt für ein Teilchen, aber prinzipiell auch für ein biochemisches Netzwerk oder ein neuronales System.

Es lohnt sich, an John Archibald Wheeler zu erinnern, der diese Intuition so weit trieb, dass er die Idee eines „partizipatorischen Universums" formulierte, in dem der Beobachter nicht außerhalb der Realität steht, sondern ein aktiver Bestandteil von ihr ist. Diese Vision, obwohl nach wie vor kontrovers, hatte enormen kulturellen Einfluss und berührte sogar die theoretische Biologie und die Kognitionswissenschaft.

Der Organismus als Beobachter seiner selbst.

Hier ist ein entscheidender Punkt: In lebenden Organismen ist der Beobachter nicht immer extern. Ein biologisches System beobachtet sich kontinuierlich selbst. Molekulare Sensoren, Rückkopplungsschleifen und Genregulationsmechanismen fungieren als interne Messgeräte. Die Zelle „liest" ihren eigenen Zustand, der Organismus überwacht sein Gleichgewicht, das Gehirn beobachtet seine Aktivität.

In diesem Sinne verschwimmt die klassische Unterscheidung zwischen Beobachter und Beobachtetem. Das Leben erscheint als ein Prozess, in dem Erkenntnisakt und Seinsakt teilweise zusammenfallen. Diese Einsicht erinnert stark an philosophische Überlegungen von Maurice Merleau-Ponty, für den Wahrnehmung und Körper untrennbar sind.

Hier stößt der wissenschaftliche Diskurs an seine Grenzen und eröffnet einen metaphysischen Raum. Wenn Beobachtung eine fundamentale Beziehung ist und das Leben seinem Wesen nach relational, dann ist der Beobachtereffekt keine Ausnahme, sondern ein ontologisches Merkmal des Lebendigen. Aus dieser Perspektive erscheint die Idee eines universellen Bewusstseinsfeldes – aus dem individuelle Bewusstseinszustände hervorgehen und an denen sie teilhaben – nicht als willkürliche Ergänzung, sondern als mögliche kohärente Erweiterung des Paradigmas. Keine bewiesene Wahrheit, sondern ein Interpretationshorizont: Leben als ein Ort, an dem das Universum nicht nur geschieht, sondern im Geschehen beobachtet wird. Und in diesem Akt findet unweigerlich eine Transformation statt.

Wenn Messen Verändern bedeutet.

Jeder Student der Naturwissenschaften lernt früh eine ungeschriebene Regel: Um ein Phänomen zu verstehen, muss man es messen. Doch gerade wenn das Lebewesen Gegenstand der Untersuchung ist, verbirgt diese Regel ein Paradoxon. Messen bedeutet Eingreifen, selbst wenn der Eingriff minimal, raffiniert und scheinbar „nicht-invasiv“ ist.

Das Problem ist uralt. Claude Bernard warnte bereits 1865 in seiner „Einführung in das Studium der experimentellen Medizin“, dass Lebewesen keine Maschinen sind, die man folgenlos zerlegen kann: Ein Organ zu isolieren, seine Bedingungen zu verändern, es aus seinem Kontext zu entfernen, bedeutet, sein Verhalten zu verändern. Doch erst im 20. Jahrhundert, mit der Verfeinerung experimenteller Techniken, wurde diese Intuition zu einem wahren erkenntnistheoretischen Kernpunkt.

In der klassischen Welt ist Messen wie Fotografieren: Es erfasst, was da ist. In der Quantenwelt – wie Werner Heisenberg seit 1927 lehrte – ist es ein Ereignis, eine Wechselwirkung, die den Zustand des Systems verändert. Die Biologie ist heute überraschenderweise näher an diesem zweiten Szenario, als man bisher angenommen hatte.

Ein Paradebeispiel liefert die neuronale Elektrophysiologie. Das Einführen einer Mikroelektrode in ein Neuron zur Aufzeichnung des Aktionspotenzials führt zwangsläufig zu einer Veränderung der Zellmembran. In den 1950er Jahren wussten Alan Hodgkin und Andrew Huxley, die in Plymouth am Axon des Riesenkalmars arbeiteten, genau, dass ihre Instrumente ihre Beobachtungen veränderten. Doch ohne diese Störung hätten wir die grundlegenden Mechanismen der

Nervenleitung nie verstanden. So entsteht biologisches Wissen: aus einem instabilen Gleichgewicht zwischen Präzision und Störung.

Wenn Licht zum biologischen Agens wird.

Noch aufschlussreicher ist die moderne optische Mikroskopie. Die Techniken, die es uns ermöglichen, intrazelluläre Prozesse in Echtzeit zu beobachten – Konfokal-, Zwei-Photonen- und Superauflösungsmikroskopie – nutzen Lichtstrahlen, die keine einfachen „Fenster“ zur Realität sind. Sie sind physikalische Reize, die dem System Energie zuführen.

In den 2000er Jahren dokumentierten mehrere Labore, wie längere Beleuchtung die Genexpression verändern, den Zellstoffwechsel beeinflussen und Stressreaktionen auslösen kann. Eine Zelle, die beleuchtet wird, um sichtbar zu werden, ändert ihr Verhalten. Messungen erfassen nicht nur das Leben, sondern lenken es. Lebende Systeme zu messen bedeutet, in ihre Geschichte einzutauchen.

Anders als einfache physikalische Systeme besitzt ein Organismus ein Gedächtnis. Jede Messung hinterlässt eine Spur, die seine bisherige Geschichte ergänzt.

In diesem Sinne ist die Messung eines Organismus nicht gleichbedeutend mit dem Sammeln von Daten, sondern mit dem Schreiben einer weiteren Zeile in seiner Biografie. Ein Experiment lässt sich nie exakt wiederholen, da das System nach der Messung nicht mehr dasselbe ist.

Hier berührt die Biologie eine Frage, die der Quantenphysik wohlbekannt ist: Es gibt keine klare Trennlinie zwischen Beobachter und beobachtetem System. In der Biologie wird diese Idee fast täglich konkret.

Man denke nur an Experimente zum Tierverhalten: Die Anwesenheit des Beobachters, menschlicher Geruch, selbst die Körperhaltung der Person, die die Daten aufzeichnet, kann das

Ergebnis beeinflussen. Es ist kein Zufall, dass Konrad Lorenz, einer der Väter der Ethologie, die Bedeutung geduldiger und ganzheitlicher Beobachtung betonte und sich ihres Einflusses auf das Fachgebiet bewusst war.

An diesem Punkt geht es nicht mehr um eine rein methodische Frage. Wenn jede Messung Lebewesen verändert, bedeutet Wissen über das Leben, eine Beziehung zu ihnen einzugehen. Und jede Beziehung impliziert Gegenseitigkeit.

Denn kein Experiment ist wirklich neutral.

Jedes wissenschaftliche Experiment beginnt lange vor dem technischen Akt. Vor dem eingeschalteten Mikroskop, dem kalibrierten Sensor oder der präparierten Probe gibt es eine stille und oft unterschätzte Phase: die experimentelle Intention. Wonach suche ich? Welche Hypothese halte ich für plausibel? Welches Ergebnis erwarte ich – oder befürchte ich?

In der klassischen Wissenschaft gilt diese Dimension als irrelevant, als psychologisches Element, das aus dem Labor ferngehalten werden soll. Doch sobald wir uns mit komplexen Systemen und insbesondere mit der Biologie befassen, die mit der Quantenphysik interagiert, wird diese Trennung immer schwieriger aufrechtzuerhalten.

In der Quantenphysik ist das Problem seit einem Jahrhundert bekannt. Max Planck erklärte bereits in den 1930er Jahren: „Die Wissenschaft kann das letzte Geheimnis der Natur nicht lösen, weil wir selbst Teil des Geheimnisses sind, das wir zu lösen suchen.“ Er sprach nicht von Intention im psychologischen Sinne, sondern von einer tiefer liegenden Tatsache: Der Beobachter steht niemals außerhalb des Phänomens.

Mit John von Neumann und seinen „Mathematisch-technischen Grundlagen der Quantenmechanik“ (1932) hielt das Thema formal Einzug in die Theorie: Die Messkette führt unweigerlich zum Bewusstsein des Beobachters. Wo genau „kollabiert“ das System? Diese Frage bleibt offen, führt aber ein entscheidendes Element ein: Messung ist nicht nur ein physikalischer, sondern auch ein kognitiver Akt.

Übertragen auf die Biologie, nimmt dieses Bewusstsein konkrete Formen an. Die Wahl dessen, was gemessen wird, welche Variablen als signifikant gelten und welcher Zeitrahmen beobachtet wird, bestimmt das Verhalten des untersuchten Systems. Ein bekanntes Beispiel stammt aus der Stressforschung an Tieren. Studien seit den 1970er Jahren haben gezeigt, wie die einfache Erwartungshaltung des Beobachters die Erhebung von Verhaltensdaten beeinflussen kann – ein Phänomen, das heute als „Beobachter-Erwartungs-Effekt“ bekannt ist. Dies ist weder Betrug noch bewusste Suggestion, sondern eine subtile Wechselwirkung zwischen Beobachter und Beobachtetem. Die Biologie offenbart somit mehr als andere Wissenschaften eine unbequeme Wahrheit: Intention ist nicht extern zum kognitiven Prozess, sondern ein struktureller Bestandteil desselben.

In lebenden Systemen, die hochsensibel auf Informationen reagieren, fungiert die Intention des Beobachters als Rahmen. Sie entscheidet, was sichtbar wird und was unsichtbar bleibt. Der theoretische Biologe Francisco Varela betonte diesen Punkt in den 1980er und 1990er Jahren, als er von Enaktion sprach: Wissen ist keine passive Repräsentation der Welt, sondern ein durch Interaktion realisierter Prozess.

Messen bedeutet aus dieser Perspektive die Mitgestaltung eines Bedeutungsbereichs. Man erfindet das Phänomen nicht, sondern lässt es auf spezifische Weise entstehen. Das Leben reagiert nicht nur auf physikalische Reize, sondern auch auf den kognitiven Kontext, in dem es untersucht wird.

Es ist wichtig, Folgendes klarzustellen: Von experimenteller Intention zu sprechen bedeutet weder, dem Denken magische Kräfte zuzuschreiben, noch wissenschaftliche Strenge aufzugeben. Es bedeutet anzuerkennen, dass Wissenschaft keine körperlose Tätigkeit ist. Jedes Experiment ist in ein Netzwerk von Erwartungen, theoretischen Modellen, Sprachen und Werten eingebettet. Werner Heisenberg selbst betonte in seinen philosophischen Schriften, die in „Physik und Philosophie“ (1958) gesammelt sind, wie die Fragen, die wir an die Natur stellen, die Art der Antworten bestimmen, die wir erhalten können. Nicht weil die Natur unserem Verstand

„gehorcht“, sondern weil Wissen immer eine strukturierte Beziehung ist.

Hier eröffnet sich ein metaphysischer Raum. Wenn die Quantenrealität ein Gefüge von Potenzialitäten ist, die sich durch Interaktion verwirklichen, und wenn das Leben ein Prozess ist, der auf Information und Kontext reagiert, dann kann Intention als eine Form der Resonanz innerhalb eines größeren Feldes verstanden werden.

Die Hypothese eines universellen Bewusstseinsfeldes, das nicht nur den Menschen gehört, sondern die gesamte Schöpfung durchdringt, bietet einen kühnen Deutungsschlüssel: Intention zwingt nicht auf, sondern harmonisiert. Sie verursacht nicht direkt, sondern lenkt die Möglichkeiten, die aus der Interaktion zwischen Beobachter und lebendem System entstehen.

In diesem Licht betrachtet schwächt die Rolle der experimentellen Intention die Wissenschaft nicht, sondern stärkt ihr Selbstbewusstsein. Die Erkenntnis, dass jeder Erkenntnisakt aus einer situierten, verkörperten und zielgerichteten Frage entsteht, bedeutet, der wissenschaftlichen Forschung eine menschlichere – und vielleicht universellere – Dimension zurückzugeben.

Die Quantenbiologie, in ihrem noch jungen und kontroversen Dialog mit Physik und Philosophie, lädt uns ein, zu bedenken, dass wir das Leben nicht von außen beobachten, sondern ihm begegnen. Und in dieser Begegnung ist Intention kein Hintergrundrauschen, sondern eine der Bedingungen, unter denen das Leben, wenn es befragt wird, entscheidet, wie es sich offenbart.

Philosophie der Beziehung: Das Beobachtete antwortet.

Es gibt einen Moment in der Geschichte der Wissenschaft, in dem die klare Unterscheidung zwischen Beobachter und Beobachtetem zu bröckeln beginnt. Dies geschieht nicht plötzlich, sondern durch die Anhäufung von Anomalien, Zweifeln und bahnbrechenden Erfahrungen. In der Biologie fällt dieser Moment mit der Erkenntnis zusammen, dass das Lebewesen kein träges Objekt, sondern ein Gesprächspartner ist.

Die westliche Philosophie hatte diesen Wandel bereits lange vor dem Aufkommen der Quantenbiologie intuitiv erfasst. Martin Buber sprach in seinem berühmten Werk „Ich und Du“ von 1923 von einer „Ich-Du“-Beziehung, die beide Pole der Begegnung transformiert. Angewendet auf die Biologie, gewinnt diese Erkenntnis eine radikale Bedeutung: Der beobachtete Organismus wird nicht nur beeinflusst, sondern reagiert auch.

Im Labor werden biologische Reaktionen oft als Anpassung beschrieben. Doch dieser beruhigende und mechanistische Begriff birgt die Gefahr, die Tiefe des Phänomens zu verschleiern. Ein Bakterium, das seine Genexpression als Reaktion auf neue Umweltbedingungen verändert, führt nicht einfach ein Programm aus: Es interpretiert einen Kontext.

In den 1960er Jahren vertrat Jacques Monod die Idee, dass Leben auf „Zufall und Notwendigkeit“ beruhe. Doch schon damals betonten andere Biologen – wie Ludwig von Bertalanffy, der Begründer der Systemtheorie – die relationale Natur lebender Systeme. Die Zelle reagiert nicht linear, sondern umfassend, indem sie Signale, Geschichte und Kontext integriert.

Die Lehre der Ethologie: Beobachtet zu werden verändert das Verhalten.

Außerhalb des Labors wird diese Dynamik noch deutlicher. Die Ethologie des 20. Jahrhunderts zeigte, wie die Anwesenheit des Beobachters Teil des untersuchten Beziehungsfeldes wird. Jane Goodall begann 1960 ihre Beobachtungen von Schimpansen im Gombe-Nationalpark in Tansania und beschrieb oft, wie die Tiere zunächst ihr Verhalten in Reaktion auf ihre Anwesenheit veränderten und dann eine Art Vertrautheit entwickelten.

Dies war kein Messfehler, sondern eine gegebene Tatsache: Die Beziehung entwickelt sich. Beobachtung wird zu einem gemeinsamen Prozess, in dem das beobachtete Tier den Beobachter als festen Bestandteil seiner Welt erkennt.

In der Quantenphysik ist das Konzept der Reaktion eines Systems auf Beobachtung in der Theorie selbst verankert. Niels Bohr sprach von Komplementarität: Es gibt kein Quantenphänomen ohne das Messgerät, das es ermöglicht. Übertragen auf die Biologie bedeutet dies, dass kein lebenswichtiges Phänomen isoliert von dem Beziehungsgeflecht existiert, in dem es untersucht wird.

Der Biologe und Philosoph Hans Jonas entwarf in seinem Werk „Das Phänomen des Lebens" (1966) eine Vision von Leben als verkörperter Freiheit, die fähig ist, kreativ auf äußere Bedingungen zu reagieren. Die Antwort ist nicht bloße Reaktion, sondern Ausdruck eines – wenn auch minimalen – Spielraums für Autonomie.

An diesem Punkt ist die Frage nicht mehr rein methodologischer, sondern ontologischer Natur. Wenn Lebewesen reagieren, ist die Beziehung kein Zufall, sondern eine fundamentale Struktur des Seins. Die biologische Realität präsentiert sich als ein Geflecht von Interaktionen, in dem jeder Erkenntnisakt zugleich ein Akt der Teilhabe ist.

1977 bemerkte Werner Heisenberg auf einer Konferenz in München: „Die moderne Wissenschaft hat die Idee eines Beobachters, der die Natur von außen betrachtet, widerlegt." In der Biologie hat diese Widerlegung tiefgreifende Konsequenzen. Der wissenschaftliche Blick ist kein neutraler Spiegel, sondern eine Frage an die lebende Welt.

Und das Leben, befragt, antwortet. Manchmal mit subtilen Veränderungen, manchmal mit radikalen Transformationen. In dieser Antwort eröffnet sich ein neuer Raum für Erkenntnis: nicht länger Herrschaft, sondern Dialog; nicht länger Trennung, sondern Beziehung. Die Philosophie der Beziehung, angewendet auf die Quantenbiologie, lädt uns somit ein, unseren Platz in der Welt neu zu überdenken. Nicht distanzierte Beobachter eines stillen Lebens, sondern Teilnehmer eines intelligenten Prozesses, der Organismen, Felder und Bewusstsein umfasst. Ein Austausch, in dem jedes Mal, wenn wir Leben beobachten, etwas – außerhalb und innerhalb von uns – unweigerlich reagiert.

XII°. Leben als Phänomen kollektiver Entstehung.

Das Geheimnis der Ordnung ohne Befehl.

Seit Jahrhunderten prägt ein Bild unser Weltbild: das einer von oben auferlegten Ordnung, eines verborgenen Dirigenten, der jede Bewegung koordiniert. In der Biologie nahm diese Metapher oft die Form eines zentralen „Programms“ an, der DNA als starre Partitur oder des Gehirns als absoluter Dirigent. Doch wenn wir lebende Systeme tatsächlich beobachten – mit den Werkzeugen der Komplexitätstheorie und den Erkenntnissen der Quantenphysik –, gerät dieses Bild ins Wanken.

Wir entdecken: Das Leben braucht keinen Dirigenten, um Harmonie zu erzeugen. Ordnung entsteht von selbst. Es geschieht spontan, von unten, durch lokale Wechselwirkungen, die, miteinander verwoben, überraschend kohärente globale Formen erzeugen.

Wenn Komplexität ins Labor kommt.

In den 1970er Jahren zeigte Ilja Prigogine, wie sich Systeme fernab des Gleichgewichts selbst organisieren können. Energetische Unordnung kann Ordnung erzeugen, wenn das System offen ist und von Stoffströmen durchflossen wird. In den von Prigogine untersuchten oszillierenden chemischen Reaktionen gab es keinen zentralen Plan. Dennoch entstanden stabile Muster, Rhythmen und Zyklen. Aus dieser Perspektive erscheint das Leben als eine unendlich viel komplexere Version desselben Prinzips: ein komplexes System, das Chaos als Ressource nutzt. Man muss nur einen Starenschwarm bei

Sonnenuntergang über Rom beobachten, einen dieser schwarzen Wirbel, die sich ständig verändernde Formen am Himmel zeichnen, um zu verstehen, wie trügerisch die Vorstellung einer zentralen Steuerung ist. Kein einzelner Vogel „entscheidet" über die Gesamtform. Jedes Individuum folgt einigen lokalen Regeln – Distanz, Ausrichtung, Geschwindigkeit – und das Ganze erzeugt ein hochgradig koordiniertes kollektives Verhalten. Dasselbe geschieht in den Ameisenkolonien, die Edward O. Wilson ab den 1950er Jahren untersuchte, oder in den Fischschwärmen, die Meeresbiologen im Laufe des 20. Jahrhunderts analysierten. Intelligenz ist nicht lokalisiert, sondern verteilt. Und vor allem: Sie ist relational.

Betrachtet man die kleinsten Dimensionen, so erweist sich die Zelle selbst als ein komplexes System par excellence. Es gibt keine „Kommandozentrale", die alle biochemischen Reaktionen steuert. Stoffwechsel, Genexpression und intrazellulärer Transport entstehen aus Netzwerken nichtlinearer Wechselwirkungen, die auf Anfangsbedingungen und Kontext reagieren.

Hier wird der Dialog mit der Quantenphysik unausweichlich. Auch der Quantenwelt fehlt ein zentraler Dirigent. Eigenschaften entstehen aus der Wechselwirkung, Korrelation und Beziehung zwischen den Teilen. Verschränkung – so kontrovers sie in der Biologie auch angewendet werden mag – hat Physikern gelehrt, dass das Ganze nicht auf die Summe seiner Teile reduziert werden kann.

In dieser konzeptionellen Resonanz zwischen biologischer Komplexität und Quantenphysik lässt sich ein metaphysischer Hinweis erahnen: Wenn Ordnung überall ohne lokales Zentrum entsteht, existiert vielleicht eine tiefere Ebene der Kohärenz, ein Feld, das nicht lenkt, sondern ermöglicht.

Interessanterweise ist diese Vision nicht gänzlich neu. Im Timaios stellte sich Platon den Kosmos als lebenden Organismus mit einer Weltseele vor. Heute spricht die Wissenschaft nicht mehr von einer Seele, sondern erkennt an, dass Ordnung ohne Zwang durch dynamische und nichtlineare Beziehungen entstehen kann.

Der Unterschied besteht darin, dass wir sie nun beobachten, modellieren und simulieren können. Von Supercomputern, die biologische Netzwerke untersuchen, bis hin zur Forschung über molekulare Selbstorganisation – die Botschaft ist eindeutig: Leben entsteht nicht wie eine Maschine, sondern wächst wie ein Prozess. Im Hintergrund bietet die Theorie des universellen Bewusstseinsfeldes eine weitere Interpretation: Die entstehende Ordnung ist nicht nur ein physikalisches Phänomen, sondern Ausdruck einer diffusen, nicht lokalisierten Intelligenz, die sich durch Beziehungen manifestiert. Kein lenkender Herrscher, sondern ein verbindendes Feld.

Ob wir diese Hypothese akzeptieren oder nicht, eine Tatsache bleibt unbestreitbar: Das Leben zeigt uns täglich, dass tiefste Ordnung keine starren Hierarchien erfordert. Sie entsteht aus Begegnungen, aus Interaktion, aus sich selbst regulierender Komplexität.

Und vielleicht ist es genau hier, in dieser Ordnung ohne Befehl, dass die Quantenbiologie eine neue Vorstellung von Intelligenz nahelegt: nicht die Art von Intelligenz, die kontrolliert, sondern die, die entsteht, wenn die Welt lernt, mit sich selbst in Dialog zu treten.

Spontane Synchronisation und Selbstorganisation.

Es gibt ein Phänomen, das sich mit beinahe eleganter Diskretion durch die Natur zieht, so sehr, dass es oft unbemerkt bleibt: spontane Synchronisation. Es ist nicht die statische Ordnung einer Form, sondern die dynamische Ordnung eines gemeinsamen Rhythmus. Es geschieht, wenn unabhängige Elemente, ohne einander zu kennen oder einem zentralen Befehl zu folgen, schließlich im gleichen Takt schlagen.

Das Leben organisiert sich nicht nur selbst, es synchronisiert sich. Und in dieser Fähigkeit zur Harmonisierung liegt einer der wichtigsten Schlüssel zur biologischen Selbstorganisation.

Von Huygens' Pendeln zu Modellen des 20. Jahrhunderts.

Die Geschichte beginnt fernab der Biologie. 1665 beobachtete der niederländische Physiker Christiaan Huygens, bettlägerig, etwas Merkwürdiges: Zwei Pendeluhren, die an demselben Balken hingen, schwingten nach einer Weile in perfekter Phasengegenläufigkeit. Keine sichtbare Verbindung, kein Kontrollmechanismus. Nur eine schwache Wechselwirkung durch die gemeinsame Aufhängung. Drei Jahrhunderte später, 1975, entwickelte der japanische Mathematiker Yoshiki Kuramoto aus dieser Erkenntnis ein formales Modell, das zeigt, wie Systeme lose gekoppelter Oszillatoren spontan zur Synchronisation tendieren. Sein Modell, das heute in Physik, Biologie und Neurowissenschaften Anwendung findet, beschreibt ein einfaches und wirkungsvolles Prinzip: Überschreitet die Wechselwirkung einen kritischen

Schwellenwert, entsteht zeitliche Ordnung. Beispiele dafür gibt es in der Natur zuhauf. In den Mangroven Südostasiens, die bereits in den 1930er Jahren von britischen Naturforschern beschrieben wurden, leuchten ganze Kolonien von Glühwürmchen der Gattung Pteroptyx synchron auf und verwandeln die Nacht in ein pulsierendes Lichtspiel. Kein einzelnes Glühwürmchen gibt den Ton an: Jedes reagiert auf die Signale der anderen, und das System findet seinen eigenen Rhythmus.

Ähnliches geschieht in unserem Körper. Die Schrittmacherzellen des Herzens, die im 20. Jahrhundert eingehend erforscht wurden, schlagen zunächst jeweils in ihrem eigenen Rhythmus. Doch wenn sie miteinander in Kontakt kommen, synchronisieren sie sich rasch und erzeugen so den uns bekannten, gleichmäßigen Herzschlag. Das Herz ist kein von oben vorgegebenes Metronom, sondern ein sich selbst organisierendes, oszillierendes System.

Im Gehirn wurden ähnliche Phänomene bei neuronalen Oszillationen beobachtet. Alpha-, Beta- und Gammawellen – in den 1920er Jahren von Hans Berger mittels Elektroenzephalographie beschrieben – sind nicht das Produkt eines einzelnen Zentrums, sondern riesiger Neuronenpopulationen, die sich vorübergehend synchronisieren. Der Geist entsteht also erneut durch Synchronisation.

Synchronisation ist eine besondere Form der Selbstorganisation: Sie erzeugt weniger Form als vielmehr Kohärenz im Zeitverlauf. Es ist die Ordnung, die in Prozessen, nicht in Objekten entsteht. Und hier kommt die Biologie der Quantenphysik überraschend nahe.

Selbst in der Quantenwelt ist Kohärenz keine Eigenschaft einzelner Teilchen, sondern ihrer Beziehungen. Wenn ein Quantensystem eine gemeinsame Phase aufrechterhält, entstehen kollektive Verhaltensweisen, die sich nicht durch isolierte Einzelkomponenten erklären lassen. Die Biologie, obwohl sie bei völlig anderen Temperaturen und auf anderen

Skalen operiert, scheint einen Weg gefunden zu haben, diese relationale Logik zu nutzen und sie in eine lebenswichtige Funktion zu verwandeln.

Die Idee eines universellen Bewusstseinsfeldes findet hier eine ihrer eindrücklichsten Stützen. Wenn Synchronisation überall auftritt – von Molekülen bis zu Neuronen, von Organismen bis zu Populationen –, dann handelt es sich vielleicht nicht um ein bloßes Zusammentreffen von Mechanismen, sondern um eine fundamentale Tendenz der Realität zur Resonanz.

Spontane Synchronisation zwingt uns, ein weiteres grundlegendes Konzept neu zu betrachten: das der Zeit. Biologische Zeit ist nicht nur eine Abfolge von Momenten, sondern eine gemeinsame Zeit, die durch Interaktion entsteht. Leben bedeutet zu einem großen Teil, in Harmonie zu kommen.

Aus dieser Perspektive erscheint das Leben als ein großes Experiment zeitlicher Selbstorganisation, ein Geflecht von Rhythmen, die sich begegnen, beeinflussen und harmonisieren. Und vielleicht manifestiert sich gerade in dieser Fähigkeit zur Synchronisation – ohne Befehle, ohne Lenker – eine der subtilsten Formen von Intelligenz. Eine Intelligenz, die nicht gebietet, sondern resoniert.

Denn die Biologie spricht immer im Plural.

Wenn es einen wiederkehrenden Fehler in unserer Darstellung der Biologie im Großteil des 20. Jahrhunderts gibt, dann ist es die Fixierung auf den einzelnen Akteur: das Gen, das Protein, das Neuron, das Individuum. Doch je weiter die Forschung fortschreitet, desto deutlicher wird, dass sich das Leben niemals wirklich solistisch ausdrückt. Biologie ist ein vielschichtiges Phänomen: Jede lebenswichtige Funktion entsteht aus dem Zusammenspiel vieler Faktoren, von denen keiner allein die Bedeutung des Ganzen besitzt. Das ist nicht nur eine suggestive Metapher, sondern eine experimentelle Beobachtung.

Nehmen wir das Immunsystem, das seit den 1970er Jahren mit der Entwicklung der modernen Immunologie intensiv erforscht wird. Es gibt keine zentrale „Kommandozelle“, die entscheidet, was verteidigt und was toleriert wird. T-Lymphozyten, B-Lymphozyten, dendritische Zellen, Zytokine: Jede Zelle spielt eine partielle, lokale und situationsabhängige Rolle. Die Immunantwort erscheint als kollektiver Dialog, oft ambivalent, manchmal widersprüchlich, aber insgesamt außerordentlich effektiv.

Noch radikaler ist die Erkenntnis über das Mikrobiom, die in den 2000er Jahren dank Metagenomik-Projekten wie dem „Human Microbiome Project“ (gestartet 2007) mit Nachdruck in den Vordergrund rückte. Wir entdecken, dass unsere Körper Billionen von Mikroorganismen beherbergen, ohne die Verdauung, Immunität und sogar einige Verhaltensweisen undenkbar wären. Das „biologische Individuum“ entpuppt sich als lebendige ökologische Gemeinschaft.

Selbst scheinbar einfache Organismen liefern überraschende Beispiele für diese Vielfalt. In den 1990er Jahren trug die Mikrobiologin Bonnie Bassler zur Aufklärung der Mechanismen des Quorum Sensing bei: Bakterien kommunizieren chemisch miteinander und aktivieren bestimmte Verhaltensweisen erst, wenn die Population einen kritischen Schwellenwert erreicht.

Biolumineszenz, Biofilmbildung, Virulenz: Kein einzelnes Bakterium „weiß“, was das Ganze tut, und doch agiert das Ganze wie eine kohärente Einheit. Es liegt nahe, diese Phänomene als eine grundlegende Form kollektiver Intelligenz zu betrachten.

Die überraschende Weisheit hirnloser Organismen.

Ein häufig in Debatten über verteilte Kognition angeführtes Beispiel ist Physarum polycephalum, ein Schleimpilz, der in japanischen und europäischen Laboren intensiv erforscht wurde. Da ihm ein Nervensystem fehlt, findet dieser Organismus durch die Optimierung der Verteilung seiner Verzweigungen den effizientesten Weg durch ein Labyrinth.

Ein Experiment der Universität Hokkaido aus dem Jahr 2010 zeigte, dass Physarum ein Netzwerk reproduzieren konnte, das dem Eisenbahnnetz im Großraum Tokio verblüffend ähnlich war. Nicht etwa, weil er Tokio „kannte", sondern weil die Lösung aus dem globalen Zusammenspiel seiner Teile entstand.

Der Begriff „Choralität" findet in Korallenriffen, die seit den 1950er Jahren intensiv erforscht werden, ein fast wörtliches Echo. Korallen sind keine einzelnen Organismen, sondern eine Symbiose zwischen tierischen Polypen und photosynthetischen Algen (Zooxanthellen). Die Struktur, die wir sehen – zugleich zerbrechlich und majestätisch – ist das Ergebnis kontinuierlicher, zentrumsloser und ungeplanter, aber dennoch über die Zeit stabiler Kooperation.

An Land geschicht etwas Ähnliches in den Mykorrhiza-Netzwerken von Wäldern. Forschungen der kanadischen Biologin Suzanne Simard, die in den 1990er Jahren begannen, haben gezeigt, dass Bäume durch unterirdische Pilznetzwerke verbunden sind, durch die Nährstoffe und chemische Signale zirkulieren. Der Wald ist keine Ansammlung von Pflanzen, sondern ein Beziehungssystem, das Ressourcen und Informationen teilt.

Diese biologische Choralität hat Implikationen, die über die experimentelle Wissenschaft hinausgehen. Bereits in den 1950er Jahren kritisierte der Philosoph Gilbert Simondon die Vorstellung von geschlossenen, autarken Individuen und sprach von Individuationsprozessen, die stets unvollständig und relational sind. Die moderne Biologie scheint ihm zuzustimmen.

Auf subtile Weise findet die Vision eines universellen Bewusstseinsfeldes hier fruchtbaren Boden: Wenn das Leben wie ein Chor funktioniert, ist das Bewusstsein selbst vielleicht kein Privateigentum, sondern eine gemeinsame Resonanz, die sich lokal ausdrückt, ohne sich in ihren Erscheinungsformen zu erschöpfen.

Die Biologie als chorisches Phänomen lädt uns ein, unser Zuhören zu verändern. Nicht die lauteste Stimme zu suchen, sondern die Harmonie, die aus dem Ganzen entsteht. Das Leben ruft nie „Ich", sondern flüstert immer „Wir".

Und vielleicht erhaschen wir in diesem stillen Lied aus Beziehungen, Rückkopplungen und Resonanzen einen Blick auf die verborgene Intelligenz der Welt, deren Präsenz die Quantenphysik, die Systembiologie und eine erneuerte Metaphysik – jede auf ihre Weise – allmählich erkennen.

Wenn das Leben eine Musik spielt, die größer ist als es selbst.

Wenn wir in den vorangegangenen Abschnitten das Leben als kollektives und chorisches Phänomen dargestellt haben, ist der nächste Schritt hier beinahe unausweichlich: Das Lebewesen ist nicht nur ein Chor, sondern ein Orchester. Eine Ansammlung verschiedener Teile, jeder mit seiner eigenen Klangfarbe, seiner eigenen Funktion, seinem eigenen Einsatzzeitpunkt, die jedoch erst im Zusammenspiel mit einer größeren, unsichtbaren, aber dennoch aktiven Einheit Bedeutung erzeugen.

In einem Orchester „enthält" keine Violine die Symphonie. Und doch existiert die Symphonie. Sie liegt im Raum der Beziehungen zwischen den Instrumenten, im Klangfeld, das sie umhüllt und koordiniert. Es ist eine kraftvolle – und erstaunlich präzise – Metapher, um zu beschreiben, was Systembiologie,

Feldphysik und eine gewisse metaphysische Betrachtung heute zu erahnen beginnen: Leben als lokaler Ausdruck eines größeren Feldes.

Das Feld: Vom physikalischen Konzept zum biologischen Horizont.

In der Physik ist der Begriff des Feldes alles andere als poetisch. Von den elektromagnetischen Feldern, die James Clerk Maxwell in der zweiten Hälfte des 19. Jahrhunderts formalisierte, bis zu den Quantenfeldern des 20. Jahrhunderts ist das Feld die Grundlage für die Existenz und Wechselwirkung von Teilchen. In der modernen Physik sind nicht die Teilchen fundamental, sondern die Felder: Teilchen sind lokale Anregungen von etwas Tieferem.

Diese Idee auf die Biologie zu übertragen bedeutet nicht, die Disziplin zu verwirren, sondern eine strukturelle Analogie zu erfassen. Ein lebender Organismus ist nicht einfach die Summe seiner Moleküle, genauso wenig wie eine Symphonie die Summe der Noten in der Partitur ist. Es ist das Beziehungsgeflecht, das funktionale Einheit ermöglicht.

In den 1940er Jahren betonte der österreichische Biologe Ludwig von Bertalanffy, Begründer der Allgemeinen Systemtheorie, diesen Punkt: Lebewesen werden durch ihre Organisation definiert, nicht durch ihre Bestandteile. Heute würden wir sagen: durch ihre Organisation, eingebettet in ein dynamisches Feld. Ein traditionelles Orchester hat einen Dirigenten. Das Leben nicht. Und das macht das Phänomen umso faszinierender.

Betrachten wir das Gehirn. Es gibt kein „Masterneuron“, das die anderen steuert. Doch wie jahrzehntelange neurowissenschaftliche Studien zeigen – von Karl Pribram in den 1960er Jahren bis hin zu den neuesten Forschungen zur globalen Hirndynamik –, entsteht mentale Aktivität aus kohärenten, verteilten Mustern, die oft als globale Zustände des Systems beschrieben werden.

Dasselbe gilt für den Organismus als Ganzes: Stoffwechsel, Hormonregulation, Immunantwort, Wahrnehmung. Jeder Prozess scheint zu „wissen", wann er zum Tragen kommt, als folge er einer impliziten Partitur. Wer schreibt diese Partitur? Die klassische Biologie antwortet: Niemand. Doch diese Antwort, so richtig sie auch auf mechanistischer Ebene ist, lässt eine tiefere Frage offen.

Hier setzt die metaphysische Perspektive dieses Buches an: die Hypothese eines universellen Bewusstseinsfeldes als ultimative Grundlage lebender Organisation. Kein persönliches Bewusstsein, kein anthropomorpher Geist, sondern ein Ordnungsprinzip, das Kohärenz, Resonanz und die Entstehung von Bedeutung ermöglicht.

In dieser Vision ist jeder Organismus wie eine lokale, unwiederholbare Aufführung einer Musik, die nicht in ihm ihren Ursprung hat. So wie dieselbe Beethoven-Sinfonie, die 1824 in Wien und heute in Tokio gespielt wird, nie identisch ist und doch erkennbar bleibt, so interpretiert das Leben das Feld in immer neuen Formen.

Ein entscheidender Aspekt dieses Orchesters ist, dass Koordination durch gegenseitiges Zuhören und nicht durch Aufzwingen geschieht. Die Instrumente stimmen sich durch das gemeinsame Klangfeld aufeinander ein. Ähnlich verhält es sich in lebenden Organismen: Regulation erfolgt nicht durch lineare Befehle, sondern durch Resonanz.

Diese Idee findet auch in experimentellen Bereichen Widerhall. Studien zu biologischen Oszillationen und zirkadianen Rhythmen – formuliert von Franz Halbberg in den 1950er Jahren – zeigen, dass das Leben zutiefst rhythmisch ist und auf Felder, Zyklen und Synchronisationen reagiert, die weit über den einzelnen Organismus hinausgehen.

Zu sagen, dass lebende Organismen Orchester des Feldes sind, bedeutet letztlich, unseren Blick zu verändern: vom Objekt zum Prozess, vom Teil zum Ganzen, vom Individuum zur

Beziehung. Das Leben „besitzt“ kein Bewusstsein; es drückt es aus. Es erschafft keine Ordnung aus dem Nichts; es interpretiert sie. Aus dieser Perspektive wird jede Zelle, jeder Organismus, jedes Ökosystem zu einer Variation des Themas einer umfassenderen Intelligenz, die nicht von oben regiert, sondern sich von innen heraus manifestiert, wie Musik, die erst Gestalt annimmt, wenn sie gespielt wird.

TEIL III. AUF DEM WEG ZU EINER NEUEN METAPHYSIK DES BEWUSSTSEINS.

Von der Physik zum universellen Feld des Bewusstseins.

Es gibt Momente in der Geschichte des Denkens, in denen die Realität einen Schritt nach vorn zu machen scheint, sodass wir kaum Zeit haben zu begreifen, dass etwas geschehen ist.

Es geschah 1905, als der junge Angestellte des Berner Patentamts vier Artikel veröffentlichte, die die Physik für immer verändern sollten. Es geschah 1927, als Einstein und Bohr auf dem Solvay-Kongress in Brüssel bis spät in die Nacht darüber stritten, was es wirklich bedeutet, ein Phänomen zu „beobachten". Und es geschah erneut in den letzten zwanzig Jahren, als Neurowissenschaften, Quantenphysik und Systembiologie immer mehr ineinander übergingen, wie Phänomene, die sich nicht mehr trennen lassen.

Der dritte Teil dieses Buches setzt genau an diesem Wendepunkt an. Nachdem wir die Quantenschwellen des Lebens erforscht und die unsichtbaren Verbindungen untersucht haben, die den Organismus mit den ihn umgebenden Feldern verweben, stehen wir nun vor einer radikalen Frage: der Frage nach dem Bewusstsein.

Was ist Bewusstsein wirklich? Eine emergente Eigenschaft des Gehirns? Ein neurochemisches Epiphänomen? Oder, wie östliche Philosophen und einige Physiker des 20. Jahrhunderts intuitiv erahnten, eine fundamentale Dimension des Universums, die überall in vielfältigen Formen präsent ist, vom Atom bis zu den Galaxien?

Die Rückkehr des Rätsels: Bewusstsein als unreduzierbarer Kern der Realität

In den 1990er Jahren stellte Francis Crick – Nobelpreisträger für die Entdeckung der DNA-Doppelhelix – provokativ die These auf: „Bewusstsein ist nichts anderes als die Aktivität von Neuronen." Doch mit fortschreitender Forschung zeigten sich erste Schwächen dieser Behauptung. Es wurden zwar immer mehr Daten gesammelt, aber das „Wie“ subjektiver Erfahrung blieb undurchsichtig. Synapsen, Neurotransmitter oder Schaltkreise reichten nicht aus.

Es ist, als wäre das Bewusstsein ein unerwarteter Gast: Es verwirft neurowissenschaftliche Erklärungen nicht, sondern scheint nach mehr zu verlangen. Und dieses „Etwas“ könnte in den Realitätsebenen zu finden sein, die die Quantenphysik bereits vor einem Jahrhundert infrage stellte.

Im Jahr 2014 sagte der Physiker Henry Stapp – ein Schüler Heisenbergs – auf einer Konferenz in Tucson zum Thema „Wissenschaft des Bewusstseins“ lächelnd, je mehr er den Geist erforschte, desto mehr schien es ihm, als sei Bewusstsein keine Wirkung, sondern eine Ursache. Er sagte: „Die moderne Physik verlangt, dass wir die Rolle des Beobachters ernst nehmen.“ Dies war keine oberflächliche Philosophie, sondern die Meinung eines amerikanischen Physikers mit einer beeindruckenden Forschungsbilanz. Und diese einfache Bezugnahme auf den „Beobachter“ korrespondiert tiefgründig mit dem, was dieser dritte Teil aufzeigen will: die Idee, dass Bewusstsein kein Nebenprodukt des Gehirns ist, sondern die fundamentale Dimension, die die beobachtete Realität erst ermöglicht.

Das Feld als Matrix von Geist und Leben.

Viele Physiker, darunter David Bohm, haben die Existenz einer impliziten Ordnung angedeutet, einer tiefen Ebene der Realität, die nicht aus Teilchen, sondern aus Beziehungen, aus reiner Information besteht. Bohm sprach von einem „immanenten Gewebe“, einem Kontinuum voller Potenzial, aus dem die Ereignisse der manifesten Welt hervorgehen.

Wenn diese Ebene real ist, dann könnte Bewusstsein – weit davon entfernt, ein lokales Phänomen oder eine Ausnahme im wohlgeordneten Kohlenstoff zu sein – ein kosmisches Prinzip, eine intrinsische Eigenschaft des Feldes sein, das alles durchdringt.

Vom tibetischen Mönch, der in einem Kloster in Ladakh meditiert, bis zum Physiker, der Wellenfunktionen an einer Tafel in Princeton analysiert, sind wir alle Teil dieses Feldes. Jeder von uns erfasst einen Teil davon, eine Schwingung, ein Fragment des Bewusstseins.

Und hier tritt die Metaphysik erneut in einen Dialog mit der Wissenschaft. Die alten Upanishaden – wahrscheinlich zwischen dem 8. und 5. Jahrhundert v. Chr. verfasst – legten bereits nahe, dass das individuelle Bewusstsein ein Spiegelbild des „Atman“, des universellen Selbst, ist. Heute, dank der Quantenfeldphysik, scheint diese Intuition eine neue, weniger symbolische und strukturiertere Sprache zu finden.

Die Vorstellung, dass Bewusstsein ein universelles Phänomen ist, ist keine Flucht in mystische Gefilde. Sie ist eine mögliche Synthese unseres bisherigen Wissens. Die Biologie zeigt uns komplexe Systeme, die über den Zufall hinauszugehen scheinen; die Physik offenbart einen mit Information gefüllten Raum; die Philosophie des Geistes unterscheidet zunehmend zwischen Gehirn und Bewusstsein.

Es ist, als stünden wir kurz vor einer neuen wissenschaftlichen Revolution – einer Revolution, die intellektuellen Mut und epistemologische Offenheit erfordert. Keine Revolution gegen die Wissenschaft, sondern eine Revolution der Wissenschaft.

In diesem Szenario stellt sich eine entscheidende Frage: Wenn Bewusstsein nicht aus Materie entsteht, sondern die Matrix ist, aus der Materie hervorgeht, welche Rolle spielt dann der Mensch? Wie verändert es unser Verhältnis zur Natur, zum Universum, zu uns selbst?

Dieser dritte Teil des Buches versucht, diese Fragen nicht als dogmatische Abhandlung, sondern als Reise zu beantworten. Eine Reise, die durch theoretische Physiklabore, uralte Weisheitstraditionen, neuartige Phänomene der modernen Biologie und kühne Hypothesen über die Zukunft der

Wissenschaft führt. Denn vielleicht liegt die wahre Revolution nicht im Verständnis der Funktionsweise des Bewusstseins, sondern in der Erkenntnis, dass wir Teil eines Feldes sind, das größer ist als wir selbst – eines Feldes, das uns umfasst, über uns nachdenkt und uns hervorbringt.

Ein Feld, das, auf eine Weise, die wir erst jetzt allmählich begreifen, die verborgene Intelligenz der Welt sein könnte.

XIII°. Bewusstsein als emergentes Phänomen.

Das Scheitern des Reduktionismus. Als alles von Neuronen abzuhängen schien.

Im Großteil des 20. Jahrhunderts wurde die Geschichte des Bewusstseins als eine Geschichte im Inneren des Schädels erzählt. Der Geist, so hieß es, sei das, was das Gehirn erschafft. Eine elegante, beruhigende, scheinbar endgültige Formel. Schließlich hatte die Neurowissenschaft seit den 1950er Jahren eine beeindruckende Menge an Daten gesammelt: Neuronen, Synapsen, Neurotransmitter, kortikale Areale, die in der funktionellen Magnetresonanztomographie „aufleuchten". Doch je mehr das Gehirn erforscht wurde, desto mehr beschlich ein unbehagliches Gefühl: Irgendetwas stimmte nicht. Nicht, weil Details fehlten, sondern weil selbst bei der Zusammenführung aller Details die subjektive Erfahrung außen vor blieb. Als ob man beim Zerlegen einer Geige bis zur letzten Faser feststellte, dass die Musik nirgends zu finden war. Bereits 1995 sprach der australische Philosoph David Chalmers offen vom „harten Problem des Bewusstseins". Die Erklärung, wie das Gehirn Informationen verarbeitet, ist nicht dasselbe wie die Erklärung, warum diese Prozesse mit einer gelebten, qualitativen und untrennbar subjektiven Erfahrung einhergehen.

Einer der symbolträchtigsten Momente des neurozentrischen Reduktionismus ist die Begeisterung für Hirnkarten. Beginnend mit Wilder Penfields Pionierstudien in den 1940er und 1950er Jahren – dem berühmten motorischen und sensorischen „Homunkulus" – gewann die Vorstellung, dass jede mentale Funktion einem spezifischen Hirnareal entspricht, an Bedeutung.

Doch im Laufe der Zeit wurde diese Sichtweise untergraben. Patienten mit ausgedehnten Läsionen zeigten erstaunlich intakte kognitive Fähigkeiten; andere, mit minimalen Schäden, erlebten tiefgreifende Persönlichkeitsveränderungen. Die von Oliver Sacks ab den 1970er Jahren gesammelten klinischen Fälle spielten eine entscheidende kulturelle Rolle: Sie zeichneten das Bild eines plastischen, narrativen und unvorhersehbaren Gehirns, das nicht wie eine modulare Maschine funktionierte.

Die moderne Neurowissenschaft spricht zunehmend von verteilten Netzwerken, globaler Dynamik und emergenten Zuständen. Eine Sprache, die uns paradoxerweise vom Reduktionismus distanziert: Je mehr wir das Gehirn erforschen, desto weniger erscheint es wie die Summe isolierbarer Teile.

Der neurozentrische Reduktionismus hat einen eleganten Ausweg versucht: Bewusstsein ist eine emergente Eigenschaft neuronaler Aktivität. Doch Emergenz droht, wenn sie nicht geklärt wird, zu einem Zauberwort zu verkommen. Emergenz inwiefern? Emergenz bedeutet nicht Erklärung. Zu sagen, Bewusstsein entstehe aus dem Gehirn, ist in etwa so, als würde man sagen, Bedeutung entstehe aus Buchstaben: richtig, aber unzureichend. Bedeutung ist nicht physisch in der Tinte enthalten, und Bewusstsein scheint auch nicht in den Aktionspotenzialen der Neuronen enthalten zu sein. Der Philosoph des Geistes, John Searle, obwohl weit entfernt von metaphysischen Positionen, gab dies unumwunden zu: Wir wissen nicht, wie wir von der objektiven Beschreibung von Gehirnprozessen zur subjektiven Erfahrung gelangen können. Die begriffliche Brücke existiert schlichtweg nicht.

Das Gehirn als Zustand, nicht als Ursprung.

Hier eröffnet sich ein neuer begrifflicher Raum. Die Infragestellung des Neurozentrismus bedeutet nicht, die Rolle des Gehirns zu leugnen, sondern vielmehr seine ontologischen Ansprüche zu relativieren. Das Gehirn erscheint zunehmend als notwendige Bedingung verkörperten Bewusstseins, nicht als dessen letztendlicher Ursprung.

Eine Idee mit illustren Vorbildern. Bereits 1898 verglich William James das Gehirn mit einem Ventil oder Filter: Es erzeugt kein Bewusstsein, sondern begrenzt und ordnet dessen Fluss. Eine Erkenntnis, die lange Zeit ein Randphänomen blieb, heute aber überraschend relevant ist. Aus dieser Perspektive entsteht Bewusstsein nicht im Gehirn, sondern wird durch es ausgedrückt, wie ein Signal, das durch einen Empfänger Form annimmt. Ändert man den Empfänger, ändert sich der Ausdruck; das Signal erschöpft sich jedoch nicht innerhalb des Geräts.

In den letzten Jahrzehnten haben verschiedene biologische Phänomene die Krise des Reduktionismus verschärft. Die Geschwindigkeit und Einheit bewusster Erfahrung, die großflächige Synchronisation neuronaler Aktivität, die unmittelbare Integration verteilter Informationen: all dies sind Elemente, die sich mit rein lokaler und linearer Kausalität nur schwer erklären lassen. Es ist kein Zufall, dass einige Neurowissenschaftler, wie Christof Koch, nach einer streng materialistischen Karriere begonnen haben, radikalere Hypothesen zu erforschen, etwa den informationellen Panpsychismus (wobei sie jedoch im philosophischen, nicht im experimentellen Bereich verbleiben). Ein Zeichen dafür, dass das Problem nicht länger ignoriert werden kann.

Das Scheitern des neurozentrischen Reduktionismus ist keine Niederlage für die Wissenschaft, sondern ein Zeichen von Reife. Es zeigt an, dass wir eine Schwelle erreicht haben: Jenseits dieser Schwelle reicht die Sprache der Neurobiologie allein nicht mehr aus.

Hier wird ein Paradigmenwechsel notwendig. Wenn Bewusstsein kein zufälliges Nebenprodukt der Materie, sondern eine fundamentale Dimension der Realität ist, muss das Gehirn als lokale Schnittstelle eines umfassenderen Bewusstseinsfeldes neu gedacht werden. Ein Feld, das nicht nur dem Menschen gehört, sondern alle Lebewesen und vielleicht den gesamten Kosmos umfasst.

Es handelt sich noch nicht um eine wissenschaftliche Theorie im engeren Sinne. Vielmehr ist es eine ontologische Arbeitshypothese. Doch gerade aus solchen Hypothesen sind in der Geschichte der Wissenschaft – von Kopernikus bis Einstein – die tiefgreifendsten Revolutionen entstanden.

Quantenhypothesen des Bewusstseins.

Die Idee, dass Bewusstsein mit Quantenphysik zusammenhängen könnte, entstand nicht in New-Age-Salons, sondern an ganz realen Orten: Laboren, Universitäten und Forschungsinstituten. Sie entspringt vor allem einem intellektuellen Unbehagen. Als einige Physiker und Neurowissenschaftler ab den 1980er-Jahren begannen, die Grenzen klassischer Erklärungen des Geistes genauer zu untersuchen, war die Empfindung eindeutig: Bewusstsein schien Regeln zu folgen, die tiefer reichen als jene des neuronalen Determinismus.

Es ist kein Zufall, dass diejenigen, die diese Frage aufwerfen, oft Wissenschaftler sind, die beruflich mit Unsicherheit umgehen können. „Ich glaube, Bewusstsein sollte eine physikalische, aber keine computergestützte Beschreibung haben", erklärte Roger Penrose 1989 in seinem berühmten Werk „Des Kaisers neue Kleider", einem Buch, das in Zusammenarbeit zwischen Oxford und Cambridge entstand und – im Guten wie im Schlechten – eine Debatte neu entfachte, die die Wissenschaft bereits als abgeschlossen betrachtet hatte.

Die bekannteste – und meistdiskutierte – Quantenhypothese des Bewusstseins ist zweifellos die von Roger Penrose und dem amerikanischen Anästhesisten Stuart Hameroff ab den 1990er Jahren entwickelte Orch-OR-Theorie (Orchestrated Objective Reduction).

Dieser Theorie zufolge finden einige grundlegende kognitive Prozesse nicht nur auf synaptischer Ebene, sondern auch innerhalb von Mikrotubuli statt, Proteinstrukturen, die in Neuronen und allen eukaryotischen Zellen vorkommen. In diesen hochgeordneten Umgebungen, so die Hypothese von

Penrose und Hameroff, könnten Zustände von Quantenkohärenz entstehen, die stabil genug sind, um das neuronale Verhalten zu beeinflussen.

Das radikalste Element der Theorie ist jedoch ein anderes: Bewusstsein entsteht aus objektiven Quantenkollapse-reignissen, die nicht mit externer Beobachtung, sondern mit der Struktur der Raumzeit selbst verknüpft sind. Dies ist eine kühne, kontroverse, aber faszinierende Idee, da sie das Bewusstsein über den rein biologischen Bereich hinausführt und es im tiefen Gefüge des Universums verankert.

Es ist kein Zufall, dass Penrose häufig auf Kurt Gödel und die inhärenten Grenzen formaler Systeme verweist: Wenn der menschliche Geist nicht berechenbare Wahrheiten erfasst, dann – so seine Annahme – muss er auf eine Realitätsebene zurückgreifen, die über den Algorithmus hinausgeht.

Lange vor diesen Hypothesen hatte bereits ein anderer Physiker einen entscheidenden begrifflichen Bruch vollzogen. David Bohm, ein Schüler Einsteins und eine Randfigur, die jedoch im Zentrum der Wissenschaft des 20. Jahrhunderts stand, sprach von der impliziten Ordnung: einer tiefgreifenden Dimension der Realität, in der alles miteinander verbunden und verwoben ist, nicht lokal getrennt.

In seinem Dialog mit dem Philosophen Jiddu Krishnamurti in den 1970er Jahren in London legte Bohm dar, dass Geist und Materie zwei Aspekte eines einzigen Prozesses sind. Nicht zwei Substanzen, sondern zwei Manifestationen eines tieferen Feldes von Information und Bedeutung.

In dieser Sichtweise wird Bewusstsein nicht wie Rauch aus einer Verbrennung vom Gehirn erzeugt, sondern entsteht als Mittel zur Organisation der impliziten Ordnung. Das Gehirn fungiert erneut als Schnittstelle: eine Linse, die etwas, das auf einer fundamentaleren Ebene existiert, in Zeit und Raum sichtbar macht.

In den letzten Jahrzehnten hat sich der Informationsbegriff zu einer natürlichen Brücke zwischen Physik und Biologie entwickelt. Doch Quanteninformation ist nicht einfach eine

Ansammlung von Bits: Sie ist Beziehung, Korrelation, Potenzialität.

Einige Philosophen des Geistes und Komplexitätstheoretiker haben die Hypothese aufgestellt, dass Bewusstsein der Ort ist, an dem Information zu Erfahrung wird. Kein Epiphänomen, sondern eine fundamentale Eigenschaft von Systemen, die Information nichtlokal, nichtlinear und kohärent integrieren können.

Hier setzt die metaphysische Interpretation an. Beschreibt die Quantenphysik ein Universum aus nichtlokalen Feldern, Wahrscheinlichkeiten und Korrelationen, so könnte Bewusstsein als lokale Resonanz mit einem universellen Bewusstseinsfeld interpretiert werden.

Eine Idee, die in zeitgenössischer Form an alte Intuitionen anknüpft. Von Spinoza, für den Geist und Natur zwei Attribute derselben Substanz waren, bis zu Erwin Schrödinger, der 1958 in Wien schrieb: „Bewusstsein ist singulär; es existiert nicht im Plural." Ein Satz, der bis heute verunsichert und fasziniert.

Aus dieser Perspektive versuchen Quantenhypothesen des Bewusstseins nicht, Erfahrung durch Reduktion auf Teilchen zu „erklären", sondern sie in eine umfassendere Kosmologie einzuordnen, in der Lebewesen ein lokalisierter Ausdruck einer diffusen Intelligenz sind.

Es muss klar gesagt werden: Bislang wurde keine Quantenhypothese des Bewusstseins endgültig bestätigt. Die Debatte ist offen, oft hitzig und mitunter polarisiert. Ihre Bedeutung liegt jedoch weniger in den Antworten, die sie liefern, als in der Frage, die sie aufwirft: Was wäre, wenn Bewusstsein kein Zufall der Materie, sondern eine konstitutive Dimension der Realität wäre?

In diesem Sinne fungieren Quantenhypothesen als Grenzmarkierungen. Sie zeigen an, dass der Geist nicht verstanden werden kann, wenn man sich ausschließlich auf das klassische Paradigma beschränkt. Und sie bereiten den Boden für den nächsten, vielleicht radikalsten Schritt: die Anerkennung von Subjektivität als primäre Eigenschaft der

Welt – ein Thema, das im nächsten Unterkapitel ausführlich behandelt wird.

Subjektivität als primäre Eigenschaft der Realität.

Subjektivität als primäre Eigenschaft der Realität zu definieren bedeutet zu verstehen, dass die Welt nicht einfach eine Ansammlung unabhängiger objektiver Fakten ist, sondern erst durch die Perspektiven, Interpretationen und Erfahrungen der beobachtenden Subjekte Bedeutung erlangt. Diese Position besagt, dass das, was wir „Realität" nennen, untrennbar damit verbunden ist, wie bewusste Wesen die Welt wahrnehmen, bewerten und in sie eingreifen: Wahrnehmungen, Absichten, Erwartungen und soziale Praktiken sind keine Begleiterscheinungen einer bereits bestehenden Realität, sondern vielmehr konstitutive Bestandteile dessen, was wir als real betrachten.

Ein einfaches, alltägliches Beispiel verdeutlicht dies: Ein Anmeldebildschirm für einen Dienst – mit Feldern wie „E-Mail", „Passwort", einem „Anzeigen"-Button oder einem Link „Passwort vergessen" – ist nicht bloß ein neutrales grafisches Objekt; er ist auf die Bedürfnisse, Absichten und Praktiken der Nutzer zugeschnitten, die diese Elemente unterschiedlich interpretieren und verwenden (jemand, der sein Passwort anzeigen möchte, jemand, der es vergessen hat, jemand, der ein Konto erstellt). In diesem Sinne ergeben sich Funktion und Bedeutung des Bildschirms aus der Subjektivität und den Zielen des Nutzers, nicht bloß aus den technischen Eigenschaften des Codes oder des Designs.

Ein zweites Beispiel betrifft die Sinneswahrnehmung: Zwei Personen können dasselbe Naturphänomen (einen Sonnenuntergang) beobachten und ihm unterschiedliche Bedeutungen – ästhetische, wissenschaftliche, religiöse – zuschreiben, die ihr weiteres Handeln beeinflussen

(Fotografieren, Messen, Beten). Hier hängt die erlebte Realität von den subjektiven Perspektiven ab, die Sinnesdaten filtern und ordnen.

Schließlich ist im sozialen und regulatorischen Bereich Subjektivität primär, da Institutionen, Gesetze und Normen dank gemeinsamer Überzeugungen und performativer Handlungen existieren: Ein Vertrag ist gültig, wenn die Beteiligten ihn als bindend anerkennen; eine Währung hat Wert, weil die Menschen ihr vertrauen. Somit gründet die soziale Realität auf intersubjektiven Handlungen, die zwar geteilt werden, sich aber immer auf individuelle und kollektive Subjektivitäten beziehen.

Kurz gesagt: Subjektivität als primäre Eigenschaft zu betrachten bedeutet, subjektive Perspektiven, Praktiken und Interpretationen nicht als Beiwerk der Realität zu sehen, sondern als Elemente, die sie konstituieren und verständlich machen – eine Position, die sich selbst in den alltäglichsten Dingen widerspiegelt, wie etwa einem einfachen Anmeldebildschirm, dessen Bedeutung aus der subjektiven Interaktion mit den Benutzern entsteht.

Lange Zeit wurde Subjektivität in der Geschichte der modernen Wissenschaft als sekundäres Problem behandelt. Ein sekundärer Effekt, ein verfeinertes Nebenprodukt ausreichend komplexer Gehirne. Materie kommt zuerst – so heißt es –, dann schließlich die Erfahrung. Doch je mehr Physik und Biologie ihren Blick auf die tieferen Ebenen der Realität richteten, desto mehr begann diese Abfolge zu bröckeln.

Die Frage wird heute beinahe umgekehrt formuliert: Was wäre, wenn Subjektivität nicht etwas wäre, das aus der Realität hervorgeht, sondern etwas, das in der Realität entsteht, weil die Realität auf einer fundamentalen Ebene bereits von Erfahrung durchdrungen ist? Nicht im Sinne eines „allgegenwärtigen Geistes“, sondern als primäre Eigenschaft, gleichwertig mit Energie, Information und Zeit. Es ist eine unbequeme Frage, denn sie zwingt uns, den impliziten Pakt zwischen Wissenschaft und Objektivität, der seit dem 17. Jahrhundert vorherrschend war, neu zu überdenken.

Der ursprüngliche Riss: als die Physik den Beobachter entdeckte.

Die Quantenphysik war die erste Disziplin, die offen über dieses Paradoxon stolperte. 1927, auf dem Solvay-Kongress in Brüssel, während Einstein und Bohr hitzig über die Bedeutung der Wellenfunktion debattierten, wurde deutlich, dass der Beobachter nicht einfach aus der Gleichung entfernt werden konnte. Nicht etwa, weil er die Realität mit seinem Geist „erschaffen" hätte, sondern weil die mikroskopische Realität nicht beschrieben werden kann, ohne den Akt der Beobachtung zu berücksichtigen.

Jahrzehnte später trieb John Archibald Wheeler diese Intuition mit seiner berühmten Formel „It from Bit" auf die Spitze. Die physikalische Realität, so seine These, entsteht aus Informationsvorgängen, aus Antworten auf Fragen. Ein partizipatorisches Universum, in dem das Fragen nicht außerhalb der Welt liegt, sondern Teil von ihr ist.

Wenn dies für Elementarteilchen gilt, warum sollte es dann für die biologischen Systeme, die aus diesen Teilchen hervorgehen, falsch sein?

In der Biologie wird die Vorstellung, Erfahrung sei eine späte Eigenschaft, durch die außergewöhnliche Sensibilität von Lebewesen erschüttert. Ein Bakterium, das sich entlang eines chemischen Gradienten bewegt, eine Pflanze, die ihre Blätter zum Licht ausrichtet, ein Oktopus, der komplexe Probleme löst: In all diesen Fällen verschwimmt die Grenze zwischen mechanischer Reaktion und Proto-Erfahrung.

Alfred North Whitehead, ein ausgebildeter Mathematiker und Einsteins wichtiger Gesprächspartner, hatte dies bereits in den 1920er Jahren intuitiv erfasst. In seinem Werk „Prozess und

Wirklichkeit“ entwirft er eine radikale Vision: Wirklichkeit besteht aus Erfahrungsereignissen, nicht aus leblosen Dingen. Jedes Element der Welt besitzt ein gewisses Maß an Innerlichkeit, sei es auch noch so gering. Dies ist keine wissenschaftliche Position im strengen Sinne, bietet aber einen überraschend kompatiblen begrifflichen Rahmen mit der Feldphysik und der Biologie komplexer Systeme.

Panpsychismus neu interpretiert im Lichte der Quantenphysik.

Der Begriff „Panpsychismus“ blickt auf eine lange Geschichte zurück und ist mit vielen Missverständnissen behaftet. In seinen zeitgenössischen Versionen – von Galen Strawson bis Philip Goff – bezeichnet er jedoch nicht die Vorstellung, dass alles „denkt“, sondern vielmehr, dass Subjektivität ein fundamentaler Aspekt der Materie ist, der sich nicht auf rein objektive Konfigurationen reduzieren lässt. Die Quantenphysik mit ihrer Sprache der Potenzialität, Superpositionen und Kollapse scheint eine natürliche Grammatik für diese Intuition zu bieten. Werden Eigenschaften erst durch Interaktion definiert, verliert die starre Unterscheidung zwischen einer Welt „da draußen“ und einem Bewusstsein „hier drinnen“ ihre Gültigkeit.

In diesem Rahmen ist das menschliche Bewusstsein kein isoliertes Wunder, sondern eine lokale Verdichtung eines übergeordneten Prinzips, eine hochorganisierte Modalität einer diffusen Subjektivität.

Subjektivität als primäre Eigenschaft der Realität zu betrachten, bedeutet nicht, die Wissenschaft aufzugeben, sondern ihren ontologischen Horizont zu erweitern. Es bedeutet, anzuerkennen, dass Erfahrung kein unbedeutender Gast des Universums ist, sondern eine seiner Ausdrucksformen.

In dieser stillen Umkehrung wird die Quantenbiologie zu einem privilegierten Feld: Denn im Leben hört die Welt auf, bloß messbar zu sein, und beginnt unmissverständlich zu fühlen. Und vielleicht ist es genau hier, wo die Wissenschaft der Zukunft innehalten lernen muss: an dem Punkt, an dem Realität nicht nur geschieht, sondern sich ihres Geschehens bewusst wird.

Von der Materie zur Relation: ein Grammatikwechsel.

Wenn es einen roten Faden gibt, der sich durch die Quantenphysik, die Biologie komplexer Systeme und die jüngsten Überlegungen zum Bewusstsein zieht, dann ist es die fortschreitende Abkehr von der Vorstellung, dass Realität aus „Dingen" besteht. An ihre Stelle treten Beziehungen, Prozesse und Informationsfelder. In diesem Szenario erscheint selbst der Geist nicht mehr als lokalisiertes Objekt – beschränkt auf das Gehirn –, sondern wird als Feldfunktion, als verteilter Prozess, der Information organisiert, verstanden.

Es handelt sich nicht um einen poetischen Sprung, sondern um einen Paradigmenwechsel. Wie Gregory Bateson in den 1970er Jahren zwischen Palo Alto und Bali schrieb: „Information ist eine Differenz, die eine Differenz erzeugt." Eine einfache, aber radikale Definition: Information ist kein Ding, sondern ein relationales Ereignis. Und der Geist, so Bateson, fällt nicht mit dem Gehirn zusammen, sondern mit dem System von Beziehungen, das den Organismus und seine Umwelt umfasst.

Information: die neue Brücke zwischen Physik und Biologie.

In der Quantenphysik hat Information eine zunehmend zentrale Rolle eingenommen. Von Rolf Landauers Arbeiten in den 1960er Jahren („Information ist physikalisch") bis hin zur aktuellen Forschung über die Rolle der Quantenentropie ist deutlich geworden, dass Information nicht die Realität beschreibt, sondern deren Struktur.

In der Biologie findet diese Erkenntnis überraschend fruchtbaren Boden. DNA ist nicht nur eine chemische Sequenz, sondern ein dynamischer Informationscode, der ständig mit der zellulären Umgebung, elektrochemischen Feldern und der Geschichte des Organismus interagiert.

Das Leben erscheint in diesem Sinne als ein Prozess kontinuierlicher Informationsinterpretation, nicht als eine Maschine, die feste Anweisungen ausführt. Der menschliche Geist – mit seiner Fähigkeit zu Sinngebung, Antizipation und Vorstellungskraft – fügt sich nahtlos in diese Kontinuität ein: kein Epiphänomen der Materie, sondern eine hochentwickelte Form der Informationsorganisation.

In den letzten Jahrzehnten haben selbst einige angesehene Neurowissenschaftler begonnen, ungewöhnliche Metaphern zu verwenden. Christof Koch, ein Mitarbeiter von Francis Crick, spricht vom Gehirn als einem „Informationsintegrationsmechanismus“. Giulio Tononi erkennt mit seiner „Integrierten Informationstheorie“ (IIT) innerhalb eines strengen wissenschaftlichen Rahmens an, dass Bewusstsein nicht allein durch die Impulsabgabe von Neuronen erklärt werden kann.

Was aber, wenn das Gehirn weniger ein „Produzent“ von Bewusstsein wäre, sondern vielmehr ein Modulator, ein Transduktor, eine Schnittstelle zwischen einem umfassenderen Informationsfeld und individueller Erfahrung? Eine Hypothese, die analog zur Beziehung zwischen einem Radio und dem von ihm empfangenen Signal anmutet: Die Zerstörung des Radios verzerrt das Signal, bedeutet aber nicht, dass das Signal vom Radio stammt. Es handelt sich natürlich um eine Analogie. Doch Analogien haben in der Geschichte der Wissenschaft oft neue Forschungsrichtungen eröffnet.

Das Feldkonzept zählt zu den wirkungsvollsten der modernen Physik. Vom elektromagnetischen Feld Maxwells bis hin zu den Quantenfeldern, die das Vakuum durchdringen, erscheint die Realität immer weniger als Ansammlung isolierter Teilchen und immer mehr als ein kontinuierliches Gefüge von Potenzial.

In diesem Kontext entsteht die Idee eines Bewusstseinsfeldes nicht als wissenschaftliche Aussage, sondern als ontologische Hypothese: Wenn alles Existierende von physikalischen Feldern durchdrungen ist, warum sollte das Bewusstsein die einzige Ausnahme bilden und ohne eigenes Bezugsfeld sein? Der Physiker David Bohm sprach in seinen Dialogen mit Jiddu Krishnamurti in den 1980er Jahren im Brockwood Park von einer impliziten Ordnung, aus der Geist und Materie als untrennbare Aspekte einer einzigen, tieferen Realität hervorgehen. Keine mystische Verschmelzung, sondern eine strukturelle Einheit.

„Geist, Information, Feld“: Dies sind keine drei getrennten Entitäten, sondern drei Sichtweisen auf denselben Prozess. Der Geist als gelebte Erfahrung, Information als relationale Struktur, das Feld als ontologische Grundlage.

In diesem neuen Paradigma ist Bewusstsein keine Anomalie des Universums mehr, sondern einer seiner kohärentesten Ausdrucksformen. Das Leben wird zum Ort, an dem Information wahrnehmbare Form annimmt, und der Geist zum Punkt, an dem die Welt sich sozusagen von innen heraus versteht.

Vielleicht sind wir keine Inseln des Bewusstseins in einem Meer blinder Materie. Vielleicht sind wir temporäre Wirbel eines größeren Feldes, durch das sich das Universum selbst erforscht. Dies ist keine endgültige Schlussfolgerung, sondern eine Richtung der Bedeutung. Und wie so oft bei großen Paradigmenwechseln liegt ihr Wert weniger in den Antworten, die sie bietet, als vielmehr in den Fragen, die sie unausweichlich macht.

XIV°. Bewusstseinsfeld und Quantenordnung.

Quantenpotential.

In den 1960er Jahren, als die Teilchenphysik ihre experimentellen Erfolge feierte und das Standardmodell Gestalt annahm, beschlich einen amerikanischen theoretischen Physiker ein tiefes Unbehagen. David Bohm, ein Schüler von Robert Oppenheimer in Berkeley, war kein Außenseiter: Er hatte maßgeblich zur Quantenmechanik beigetragen. Dennoch spürte er, dass unter dem makellosen mathematischen Apparat etwas Wesentliches fehlte: ein kohärentes Bild der Realität.

1952 schlug Bohm eine Neuformulierung der Quantenmechanik vor – heute bekannt als die „kausale Interpretation" oder „Bohm-Theorie" – und führte ein Element ein, das damals beinahe als ketzerisch galt: das Quantenpotential. Keine Kraft im klassischen Sinne, sondern eine Funktion, die das Verhalten von Teilchen unabhängig von ihrer Energieintensität beschreiben kann. Eine überraschende Erkenntnis: Materie wird nicht nur durch Energie angetrieben, sondern durch die Form der Information.

Das Quantenpotential besitzt eine einzigartige Eigenschaft: Es nimmt mit zunehmender Entfernung nicht ab. Es kann nichtlokal wirken und das Verhalten entfernter Systeme ohne direkten Energieaustausch koordinieren. Anders ausgedrückt: Es reagiert auf das gesamte System, nicht auf einzelne Bestandteile.

Bohm selbst verwendete gern eine einfache Metapher: ein Schiff, das von Radar gesteuert wird. Das Radar schiebt das Schiff nicht physisch an, sondern gibt ihm die Richtung vor. Ebenso „schiebt" das Quantenpotential keine Teilchen an, sondern orientiert sie. Die Realität, so Bohm, wird nicht nur von mechanischen Ursachen, sondern auch von Strukturen aktiver Bedeutung bestimmt.

Diese Idee fand unerwartete Resonanz in der Biologie, wo zunehmend beobachtet wird, dass lebende Systeme eher auf globale Konfigurationen als auf isolierte lokale Reize reagieren. Form geht der Kraft voraus; Ordnung geht der Bewegung voraus.

In den 1970er Jahren, als er über die philosophischen Implikationen des Quantenpotentials nachdachte, ging Bohm noch einen Schritt weiter. In dem Buch „Ganzheit und die implizite Ordnung“ (1980), das er größtenteils in London und am Birkbeck College verfasste, entwarf er eine radikale Vision: Die beobachtbare Realität – das, was wir Raum, Zeit und Objekte nennen – ist lediglich eine explizite Ordnung, die oberflächliche Manifestation einer tiefer liegenden impliziten Ordnung.

Um die Idee anschaulich zu machen, nutzte Bohm ein faszinierendes konzeptionelles Experiment: einen Tropfen Tinte in einem Glycerinzylinder. Durch langsames Drehen des Zylinders dehnt sich der Tropfen aus, bis er unsichtbar wird und scheinbar verschwindet. Doch durch Umkehrung der Drehrichtung setzt sich der Tropfen wieder zusammen, die Tinte erscheint erneut. Die Information wurde nicht zerstört, sondern gefaltet.

So funktioniert das Universum laut Bohm: Was wir sehen, entsteht aus einem kontinuierlichen Prozess von Implikation und Explikation. Die Trennung zwischen den Dingen ist auf der phänomenalen Ebene real, aber auf einer tieferen Ebene, wo alles eng miteinander verbunden ist, illusionär.

Richten wir unseren Blick vom Physiklabor auf die lebende Welt, so gewinnt die implizite Ordnung eine besondere Resonanz. Biologische Organismen zeigen eine außergewöhnliche Fähigkeit zur globalen Koordination: Zellen, die sich kohärent differenzieren, Gewebe, die sich selbst organisieren, Systeme, die als unteilbare Einheiten reagieren.

Man muss Bohm nicht zwanghaft auf die Biologie übertragen. Doch die Verwandtschaft zwischen seiner Vision und einigen Erkenntnissen Ludwig von Bertalanffys, dem Begründer der Systemtheorie, oder Conrad Waddingtons berühmter „epigenetischer Landschaft" ist unübersehbar. In all diesen Fällen lässt sich die Form nicht auf die Summe ihrer Teile reduzieren: Sie entspringt einer tieferen Ordnung, die das Werden lenkt, ohne es starr festzulegen.

In seinen letzten Lebensjahren vertiefte Bohm seinen Dialog mit dem indischen Philosophen Jiddu Krishnamurti in einer Reihe von Gesprächen, die zwischen den 1970er und 1980er Jahren, zumeist in England, stattfanden. Im Zentrum dieser Gespräche stand eine kühne Frage: Was wäre, wenn Bewusstsein nicht ein spätes Nebenprodukt der Materie, sondern eine intrinsische Dimension der impliziten Ordnung wäre?

Bohm sprach nicht von einem persönlichen oder psychologischen Bewusstsein, sondern von einer fundamentalen Qualität der Wirklichkeit, einer Art diffuser Sensibilität, die der Unterscheidung zwischen Subjekt und Objekt vorausgeht. Aus dieser Perspektive erzeugt der menschliche Geist keine Bedeutung, sondern erfasst sie und macht sie explizit.

Die implizite Ordnung ist keine im strengen Sinne der Experimentalphysik überprüfbare Theorie, und Bohm war sich dessen vollkommen bewusst. Sie ist vielmehr ein begriffliches Rahmenwerk, ein Versuch, fragmentiertem Wissen wieder Einheit zu verleihen. Doch wie so oft in der Ideengeschichte – von Platon bis Spinoza, von Goethe bis Whitehead – sind es gerade diese Randvisionen, die den Weg für neue Sprachen ebnen.

Im Kontext einer Betrachtung der Quantenbiologie und des universellen Bewusstseins erscheint Bohms Erbe heute relevanter denn je. Seine Botschaft ist letztlich einfach und zugleich verblüffend: Realität besteht nicht aus Dingen, sondern aus Prozessen der Bedeutungsbildung. Und das Leben – mit seiner Fähigkeit zu organisieren, wahrzunehmen und zu verstehen – könnte einer der Wege sein, auf denen die implizite Ordnung des Kosmos sich langsam selbst erkennt.

Bewusstsein als Eigenschaft des Feldes.

An diesem Punkt der Reise, nach der Erforschung des Quantenpotenzials und David Bohms impliziter Ordnung, drängt sich die Frage fast unausweichlich auf: Welchen Platz nimmt das Bewusstsein in dieser tiefgründigen Architektur der Realität ein? Ist es ein später Zufall der biologischen Evolution, ein Nebenprodukt neuronaler Komplexität oder etwas Ursprünglicheres, das in das Gefüge des Universums selbst eingeschrieben ist?

Die diesem Kapitel zugrunde liegende Hypothese ist eindeutig: Bewusstsein entsteht nicht aus dem Feld, sondern ist eine Eigenschaft des Feldes selbst. Nicht im naiven Sinne eines Universums, das wie ein menschliches Gehirn „denkt", sondern vielmehr als intrinsische Fähigkeit zu sinnvoller Erfahrung, Beziehung und Information. Diese Idee, so radikal sie heute auch klingen mag, hat tiefe Wurzeln in der Geschichte der Physik und Naturphilosophie.

Ebenso aufschlussreich ist, was Schrödinger in den Jahren nach der Veröffentlichung von „Was ist Leben?" schrieb, insbesondere in den in „Geist und Materie" (1958) gesammelten Essays. Hier behauptet der österreichische Physiker unmissverständlich, dass Bewusstsein fundamental eins ist und die Vielfalt individueller Bewusstseinszustände eine Art phänomenale Illusion darstellt.

Es ist kein Zufall, dass Bohm von „Sinn" als einer eigenständigen physikalischen Größe sprach. Das Quantenfeld transportiert seiner Ansicht nach nicht nur Energie und Teilchen, sondern auch aktive Information, die Prozesse organisieren und lenken kann.

Das Feld als „diffuses Subjekt“

Hier berührt die Diskussion unweigerlich die Grenze zwischen Physik und Metaphysik. Sie überschreitet diese jedoch nicht willkürlich. In der Quantenphysik hat der Feldbegriff längst den Teilchenbegriff als ultimative Grundlage abgelöst. Teilchen sind lokale Anregungen von Feldern, die die gesamte Raumzeit durchdringen.

Die Hypothese, die wir untersuchen, geht noch einen Schritt weiter: Bewusstsein ist eine emergente Eigenschaft des globalen Quantenfeldes, nicht lokalisiert, nicht individuell, aber fähig, sich lokal durch geeignete Strukturen – wie etwa komplexe biologische Systeme – zu manifestieren.

In diesem Sinne ist das Feld kein „Objekt“, sondern ein Prozess. Ein Prozess, der unter anderem subjektive Erfahrung einschließt. Eine Position, die in gewisser Weise an die Philosophie von Alfred North Whitehead erinnert, der zufolge die Realität aus Erfahrungsereignissen und nicht aus materiellen Dingen besteht.

Die Quanten-Nichtlokalität, experimentell bestätigt durch Alain Aspects Experimente in den 1980er Jahren und weiterentwickelt in den Wiener Laboren unter der Leitung von Anton Zeilinger, lehrt uns, dass die Realität nicht in unabhängige Einheiten zerlegt werden kann. Weit entfernte Systeme können sich wie eine ungeteilte Einheit verhalten.

Übertragen wir diese Erkenntnis sorgfältig auf die Ebene des Bewusstseins, so ergibt sich eine faszinierende Hypothese: Individuelle Bewusstseinszustände sind keine voneinander getrennten Inseln, sondern lokale Modulationen eines einzigen Bewusstseinsfeldes. Die Trennung zwischen Subjekt und Objekt, Selbst und Welt, wäre demnach eine notwendige biologische Annäherung, keine absolute Wahrheit. Einige philosophische und spirituelle Traditionen – vom indischen Advaita Vedanta, das Schrödinger gut kannte, bis hin zu Spinoza – hatten diese Einheit lange vor der modernen Physik intuitiv erfasst. Die heutige Neuheit besteht darin, dass die Quantenphysik eine präzise Sprache bietet, um diese Einheit neu zu denken, ohne sie auf eine bloße Metapher zu reduzieren.

Die Biologie als Fenster zu diesem Feld.

Warum sollte sich Bewusstsein gerade im Leben manifestieren? Da lebende Systeme hochorganisierte, dissipative Strukturen sind, die in einem von Entropie dominierten Universum Kohärenz, Gedächtnis und Sensibilität bewahren können, wird die Biologie aus dieser Perspektive zum privilegierten Ort, an dem das Bewusstseinsfeld sich selbst wahrnehmbar wird.

Es ist nicht richtig, dass das Gehirn „Bewusstsein produziert wie die Leber Galle“, eine Aussage des französischen Arztes und Philosophen Pierre-Jean-Georges Cabanis. Cabanis verwendete diesen negativen Vergleich bereits im 18. Jahrhundert, um eine materialistische Position zu stützen, der zufolge mentale Phänomene – und somit auch das Bewusstsein – das Ergebnis physiologischer Prozesse im Gehirn sind, ohne auf spirituelle oder dualistische Erklärungen zurückzugreifen. Vielmehr stimmt das Gehirn das Bewusstsein in Raum und Zeit ab, filtert es und operationalisiert es. Diese Idee findet eindrucksvolle Analogien in der Funktionsweise von Radioantennen, die bereits in der Umgebung vorhandene elektromagnetische Wellen hörbar machen.

Zu sagen, dass Bewusstsein eine Eigenschaft des Feldes ist, bedeutet, eine bedeutende theoretische Verantwortung zu übernehmen. Das bedeutet anzuerkennen, dass die Wissenschaft, um das Leben und den Geist vollständig zu verstehen, ihren Realitätsbegriff erweitern muss. Nicht, dass sie die Strenge aufgibt, sondern sie erweitert.

Wie Bohm in seinen letzten Lebensjahren, kurz vor seinem Tod 1992 in London, schrieb: „Die Trennung von Materie und

Bewusstsein ist eine nützliche Konvention, keine fundamentale Wahrheit.“ Wenn diese Aussage zutrifft, ist Bewusstsein kein Randphänomen des Universums, sondern einer seiner tiefgründigsten Ausdrucksformen.

Individuelle Geister als Schnittstellen zwischen dem Menschlichen und dem Universellen.

Wenn Bewusstsein – wie im vorherigen Kapitel argumentiert – eine Eigenschaft des Feldes ist, nimmt der individuelle Geist eine radikal andere Rolle ein als die, die ihm die klassische Neurowissenschaft zuschreibt. Nicht länger eine autonome Fabrik von Gedanken und Erfahrungen, sondern eine Schnittstelle, ein Zugangspunkt, eine Übersetzungsfläche zwischen einer tiefen Domäne und einer konkreten Biografie.

Diese Idee ist weniger extravagant, als sie zunächst erscheint. In der Informatik erzeugt eine Schnittstelle keine Inhalte: Sie macht sie zugänglich, organisiert und filtert sie nach einer bestimmten Struktur. Ebenso wäre jeder menschliche Geist – mit seinem Gehirn, seinem Körper, seiner Geschichte – eine lokale Konfiguration, die sich auf das universelle Bewusstseinsfeld einstimmen und eine situierte, partielle, aber dennoch authentische Version davon wiedergeben kann.

Eine häufig wiederkehrende Metapher, die hier eine strenge Bedeutung annimmt, ist die des Radios: Musik wird nicht vom Gerät erzeugt, sondern durch die Interaktion zwischen einem diffusen Signal und einem auf eine bestimmte Frequenz eingestellten Empfänger.

William James und die „Filtertheorie"

Diese Vision ist nicht neu. Ende des 19. Jahrhunderts entwickelte William James, der Vater der modernen Psychologie und ein bedeutender Philosoph, eine erstaunlich ähnliche Auffassung des Geistes. In einem Vortrag von 1898, der später in „Die menschliche Unsterblichkeit“ veröffentlicht wurde, argumentierte James, dass das Gehirn das Bewusstsein nicht erzeugt, sondern es begrenzt, wie ein Ventil, das einen größeren Durchfluss drosselt.

„Bewusstsein“, schrieb James, „mag überall vorhanden sein, manifestiert sich aber nur dort, wo die richtigen Bedingungen gegeben sind.“ Eine Idee, die damals beinahe mystisch anmutete und heute dank Feldphysik und der Biologie komplexer Systeme in neuem Licht erscheint.

Aus biologischer Sicht erscheint das Gehirn immer weniger wie ein Computer, der Symbole verarbeitet, und immer mehr wie ein dynamisches System aus Resonanzen, Schwingungen und Synchronisationen. Die Erforschung von Hirnwellen, von Hans Bergers Entdeckung des Elektroenzephalogramms im Jahr 1924 bis hin zu aktuellen Studien zur neuronalen Synchronisation, zeigt, dass Bewusstsein entsteht, wenn große Netzwerke in kohärente Zustände eintreten.

Akzeptiert man die Feldhypothese, wäre diese Kohärenz nicht nur intern, sondern auch relational: eine Form der Kopplung zwischen dem Nervensystem und einer tieferen Realitätsordnung. Der individuelle Geist würde somit zu einer quantensensitiven biologischen Schnittstelle, die nicht-lokale Information in subjektive Erfahrung übersetzen kann.

Es gibt Momente, in denen diese Schnittstelle „transparenter“ zu werden scheint. Außergewöhnliche Bewusstseinszustände – tiefe Meditation, intensive ästhetische Erfahrungen, mitunter Nahtoderfahrungen – zeigen eine Reduktion des Gefühls eines getrennten Selbst und eine Zunahme des Einheitsgefühls.

Von 1901 bis 1902 hielt William James in Edinburgh die berühmten „Gifford Lectures“, die später, ebenfalls 1902, unter dem Titel „The Varieties of Religious Experience“ veröffentlicht wurden. James beurteilte die metaphysische Wahrheit dieser Erfahrungen nicht, erkannte aber ihren phänomenologischen Wert: Sie legen nahe, dass das individuelle Bewusstsein unter bestimmten Bedingungen seine gewohnten Grenzen überschreiten kann. Aus dieser Perspektive verschwindet das Selbst nicht, sondern wird verkleinert: vom absoluten Subjekt zum Tor.

Verschiedene Bewusstseinsebenen, verschiedene Fenster.

Wenn Bewusstseinsebenen Schnittstellen sind, dann ist ihre Vielfalt kein Problem, das es zu beseitigen gilt, sondern ein ontologischer Reichtum. Jede Spezies, jedes Individuum, jede Kultur repräsentiert einen anderen Zugang zum Feld. Der Biologe und Systemtheoretiker Ludwig von Bertalanffy betonte, dass unterschiedliche Systeme, obwohl sie auf dieselbe Umwelt zurückgreifen, unterschiedliche Welten erschaffen. Auf das Bewusstsein angewendet, bedeutet diese Erkenntnis, dass sich das Feld durch eine Vielzahl von Perspektiven ausdrückt, von denen keine Exklusivität beanspruchen kann. Es gibt kein „zentrales" Bewusstsein, sondern vielmehr eine Konstellation von Schnittstellen, jede mit ihrer eigenen Sprache, ihrer eigenen Sensibilität und ihren eigenen Grenzen.

Diese Vision hat tiefgreifende Konsequenzen. Wenn der Geist eine Schnittstelle ist, bedeutet Wissen immer Interpretation, nicht den Besitz der absoluten Wahrheit. Alles Wissen ist kontextbezogen, jede Erfahrung partiell. Doch gerade deshalb ist jede Erfahrung auch wertvoll.

In einem berühmten Dialog mit Jiddu Krishnamurti bemerkte David Bohm, dass das menschliche Denken dazu neigt, seine eigenen Vorstellungen mit der Realität selbst zu verwechseln. Die Vorstellung des Geistes als Schnittstelle lädt uns ein, das Gegenteil zu tun: zu erkennen, dass das, was wir sehen, real ist, aber nicht alles.

Die Auffassung des individuellen Geistes als Schnittstelle löst das Individuum nicht in einer kosmischen Unbestimmtheit auf, sondern bettet es in ein umfassenderes Bedeutungsnetz ein. Der Mensch ist weder das Zentrum des Universums noch ein bedeutungsloser Zufall: Er oder sie ist ein Standpunkt, durch den das Feld Gestalt, Sprache und Erinnerung annimmt. Durch den es sich selbst erkennt.

Aus dieser Perspektive hebt das universelle Bewusstsein individuelle Bewusstseinszustände nicht auf, sondern ermöglicht sie. Und das Leben in seinen unendlichen Formen wird zum Laboratorium, in dem das Universum mit sich selbst experimentiert – durch eine Vielzahl von Fenstern, die sich zur Realität öffnen.

Ein Universum, das nicht „ist", sondern geschieht.

Wenn wir die Hypothese eines Bewusstseinsfeldes als tiefgreifendes Gefüge der Realität akzeptieren, dann erscheint die Welt nicht länger als eine Ansammlung vorgegebener Objekte, sondern offenbart sich als das, was sie vielleicht schon immer war: ein fortwährender Prozess, eine kontinuierliche Selbstoffenbarung. Nicht etwas, das einfach existiert, sondern etwas, das sich manifestiert.

Diese Erkenntnis durchzieht, wie ein Karstbach, viele Denktraditionen. Die moderne Physik entdeckt sie mit mathematischen Werkzeugen wieder; die Philosophie hatte sie bereits in weniger formalisierten Formen intuitiv erfasst. „Die Natur liebt es, sich zu verbergen", schrieb Heraklit im 6. Jahrhundert v. Chr., und vielleicht meinte er damit nicht, dass die Realität undurchsichtig sei, sondern dass sie sich nur in der Bewegung offenbart, niemals ein für alle Mal.

Von der Welt der Objekte zur Welt der Ereignisse.

Die klassische Mechanik hat uns daran gewöhnt, die Welt als einen riesigen Mechanismus zu betrachten: feste Teile, unveränderliche Gesetze, vorhersehbare Bahnen. Die Quantenphysik hingegen beschreibt eine Realität aus Prozessen, Übergängen und Möglichkeiten, die erst im Moment der Interaktion wirksam werden. Materie selbst wäre eine Geschichte, die sich ereignet, kein unbeweglicher Block. In diesem Rahmen ist das Bewusstseinsfeld kein passiver

Hintergrund, sondern das dynamische Prinzip, durch das die Welt Augenblick für Augenblick Gestalt annimmt.

Im Leben wird diese prozesshafte Natur der Realität am deutlichsten. Ein Organismus ist niemals identisch mit sich selbst: Er erneuert sich, repariert sich, passt sich an. Jede Zelle ist das vorübergehende Ergebnis eines instabilen Gleichgewichts zwischen Energie-, Informations- und Materieflüssen.

Der Biologe François Jacob, Nobelpreisträger von 1965, schrieb, das Leben sei nichts anderes als „Bricolage“, eine fortwährende kreative Neuausrichtung. Radikaler formuliert: Das Leben ist die Art und Weise, wie das Feld im Laufe der Zeit mit sich selbst experimentiert und dabei immer neue Konfigurationen erforscht.

Es gibt keinen starren Plan, sondern eine immanente Intelligenz, die sich durch Versuch, Irrtum und plötzliches Auftreten ausdrückt. Die natürliche Selektion ist aus dieser Perspektive betrachtet nicht bloß ein blinder Mechanismus, sondern eine der Sprachen, durch die die Realität artikuliert wird.

Wenn die Welt ein Prozess der Selbstoffenbarung ist, ist das Bewusstsein kein externer Zuschauer. Im Gegenteil: Bewusstsein und Welt entstehen gemeinsam in einer zyklischen Beziehung. Es gibt nicht zuerst ein vollständiges Universum und dann einen Beobachter, der es betrachtet: Der Akt des Erkennens selbst ist Teil des Prozesses, durch den die Realität sichtbar wird. 1927, während der berühmten Solvay-Konferenz in Brüssel, betonte Niels Bohr, dass wir in der Quantenphysik das Phänomen nicht klar vom Akt der Beobachtung trennen können. Diese Erkenntnis, die zunächst auf das Labor beschränkt war, gewinnt hier ontologische Bedeutung: Jede Erfahrung ist ein Moment der Selbstoffenbarung der Welt.

Kunst, Wissenschaft, Spiritualität: Sprachen derselben Offenbarung.

Wenn sich die Realität offenbart, dann sind die verschiedenen menschlichen Arten, sich zur Welt zu verhalten – Wissenschaft, Kunst, Philosophie, Spiritualität – keine getrennten Bereiche, sondern unterschiedliche Ausprägungen desselben Prozesses.

Als Paul Cézanne den Berg Sainte-Victoire bei Aix-en-Provence malte, wollte er kein statisches Objekt abbilden, sondern, wie er in seinen Briefen schrieb, „die ständige Entstehung von Formen" einfangen. Ebenso beteiligt sich der Wissenschaftler, der ein Protein oder eine Galaxie untersucht, mit anderen Mitteln an dieser enthüllenden Geste. Das Feld des Bewusstseins bevorzugt in dieser Lesart keine einzelne Sprache: Es drückt sich durch alle aus und passt sich den Strukturen an, denen es begegnet.

So gelangen wir zu einer Schlussfolgerung, die zugleich wissenschaftlich, philosophisch und – unweigerlich – existenziell ist. Wenn die Welt ein Prozess der Selbstoffenbarung ist, dann ist die Existenz kein zielloser Zufall, sondern eine fortlaufende Erzählung. Keine vorgegebene Geschichte, sondern ein offener Handlungsstrang.

Jedes Lebewesen, jeder Geist, jeder Akt des Verstehens fügt dieser kosmischen Erzählung eine Nuance hinzu. Das Feld erhält die Realität nicht einfach aufrecht: Es erforscht sie durch ihre Manifestationen selbst. Aus dieser Perspektive bedeutet die Erkenntnis der Welt, an ihrem Werden teilzuhaben. Und vielleicht liegt die Aufgabe, wie Rainer Maria Rilke in „Briefe an einen jungen Dichter" andeutete, nicht darin, endgültige Antworten zu finden, sondern „die Fragen zu leben". Denn gerade in diesem Leben – biologisch, quantenmechanisch, bewusst – offenbart sich die Welt langsam.

XV°. Biologische Zeit und Quantenzeit.

Lebensrhythmen und die Entstehung der biologischen Zeit.

Es gibt eine Erfahrung, die alle Lebensformen teilen, von den Algen, die sich im Sonnenlicht wiegen, bis zum Menschen, der erwacht, noch bevor der Wecker klingelt: Die Zeit fließt nicht einfach, sie pulsiert. Sie hat einen Rhythmus. Und dieser Rhythmus ist keine einfache biologische Übersetzung der physikalischen Zeit, die von Atomuhren gemessen wird, sondern etwas Tieferes, fast Intimes: eine Zeit, die aus der Organisation des Lebens selbst hervorgeht.

Als Jeffrey C. Hall, Michael Rosbash und Michael W. Young 2017 den Nobelpreis für Medizin für ihre Entdeckung der molekularen Mechanismen der circadianen Rhythmen erhielten, sprachen viele von einer eleganten Bestätigung dafür, dass die Biologie „weiß, was die Zeit ist". Doch diese Erkenntnisse auf ein komplexes genetisches Uhrwerk zu reduzieren, wäre irreführend. Der biologische Rhythmus ist kein einfacher innerer Chronometer: Er ist eine Form emergenter Zeitlichkeit, eine Art und Weise, wie das Leben Zeit aus Zyklen, Resonanzen und Synchronisationen konstruiert.

Zeit vor der Uhr.

Lange bevor Galilei die Isochronie des Pendels im Dom von Pisa beobachtete, hatte das Leben bereits gelernt, Zeit ohne Zahlen zu messen. Stoffwechselschwankungen, Schlaf-Wach-Zyklen, Zellteilung, neuronale Pulsationen: All dies geschieht ohne vorgegebene äußere Zeitvorgabe, sondern durch selbstorganisierende Prozesse.

Der theoretische Biologe Ludwig von Bertalanffy, der Begründer der Systemtheorie, erkannte bereits Mitte des 20. Jahrhunderts, dass lebende Organismen nicht als in der Zeit funktionierende Maschinen verstanden werden können, sondern vielmehr als Systeme, die ihre eigene innere Zeit erzeugen. Diese Erkenntnis findet bemerkenswerte Resonanz in einigen Überlegungen der heutigen Physik, in der Zeit nicht länger als unbeweglicher Hintergrund, sondern als eine Größe betrachtet wird, die aus den Beziehungen zwischen Systemen hervorgeht.

In der Quantenmechanik nimmt die Zeit eine ambivalente Stellung ein. Anders als Raum, Masse oder Energie wird sie nicht durch einen beobachtbaren Operator repräsentiert, sondern bleibt ein externer Parameter. In den jüngsten Formulierungen der Quantengravitation – man denke etwa an Carlo Rovellis Ideen zur „thermischen Zeit" – ist die Zeit jedoch ein fundamentaler Begriff. Mit der „thermischen Zeit" schlägt Carlo Rovelli eine Idee vor, die klar verdeutlicht, was es bedeutet, Zeit als etwas zu begreifen, das aus einem System hervorgeht, anstatt als absoluten Hintergrund. Die thermische Zeit hat ihren Ursprung im Kontext der statistischen Mechanik und der Quantengravitation. Die zentrale Idee ist, dass Zeit nicht fundamental ist, sondern aus dem thermodynamischen Zustand eines Systems hervorgeht.

Genauer gesagt: Gegeben ein physikalisches System, das durch einen statistischen Zustand beschrieben wird (beispielsweise ein Gleichgewichts- oder Quasi-Gleichgewichtszustand), lässt sich eine interne Zeitvariable definieren, ausgehend vom durch die Entropie (oder genauer: den Moduloperator) erzeugten Fluss. Diesen Fluss nennt Rovelli thermische Zeit. Die zugrundeliegende Intuition ist, dass es in der fundamentalen Physik (insbesondere der allgemeinen Relativitätstheorie und der Quantengravitation) keine universelle Zeit gibt. In diesem Sinne scheint die Biologie die Physik vorweggenommen zu haben.

Nehmen wir das menschliche Herz. Es schlägt nicht wie ein perfektes Metronom. Tatsächlich ist ein zu regelmäßiger

Herzschlag oft ein Anzeichen für eine Erkrankung. Die sogenannte Herzfrequenzvariabilität hingegen ist ein Zeichen von Gesundheit, da sie die Anpassungsfähigkeit des Körpers widerspiegelt, seine innere Zeit als Reaktion auf die Umwelt zu modulieren. Biologische Zeit ist daher nicht starr: Sie ist elastisch, sensibel und kreativ.

Dasselbe gilt für das Gehirn. Neuronale Oszillationen – Alpha-, Beta- und Gammawellen – sind keine bloßen Begleiterscheinungen der Gehirnaktivität, sondern tatsächliche Zeitgeber, die Erfahrungen koordinieren. Der Neurowissenschaftler Francisco Varela, der 2001 verstarb, sprach von verkörperter Zeitlichkeit: Bewusstsein entsteht nicht in einem abstrakten Augenblick, sondern wird durch zeitliche Integrationsfenster im Bereich von wenigen hundert Millisekunden konstruiert. In diesen Fenstern nimmt die Welt für uns Gestalt an.

Hier verschwimmt die Grenze zwischen Biologie und Philosophie. Denn wenn bewusstes Erleben von Rhythmen, Synchronisationen und Phasenübereinstimmungen abhängt, dann ist Zeit nicht nur das, was wir messen, sondern das, was wir erleben. Und was wir erleben, so legt dieses Paradigma nahe, ist keine einfache Widerspiegelung der physikalischen Zeit, sondern deren aktive Modulation.

Die Entstehung von Zeit aus Komplexität.

In vielen komplexen Systemen – von Lasern bis hin zu Fischschwärmen – erzeugt kollektives Verhalten neue Eigenschaften, die sich nicht auf einzelne Elemente reduzieren lassen. Die Biologie ist darin ein Meister. Zirkadiane Rhythmen beispielsweise sind nicht in einem einzelnen Molekül verankert, sondern entstehen aus dem Zusammenspiel genetischer Netzwerke, biochemischer Signale und Umweltreize wie Licht.

Diese zeitliche Entstehung faszinierte auch Physiker wie Ilya Prigogine, der dissipative Systeme fernab des Gleichgewichts untersuchte. Für Prigogine ist Leben untrennbar mit Irreversibilität, mit dem Zeitpfeil, verbunden. Aber nicht mit einer abstrakten Zeit: mit einer Zeit, die aus Organisation entsteht, aus der Fähigkeit, lokale Ordnung aufrechtzuerhalten und gleichzeitig die globale Entropie zu erhöhen. Aus dieser Perspektive ist die biologische Zeit keine einfache Kopie der thermodynamischen Zeit, sondern eine kreative Interpretation derselben. Das Leben ist nicht der Zeit unterworfen: Es artikuliert sie. Es gliedert sie in Zyklen, beschleunigt oder verlangsamt sie und verleiht ihr Bedeutung.

Ein Aspekt, der bei der Diskussion um die biologische Zeit oft übersehen wird, ist ihre Verbindung zur Bedeutung. Ein Bakterium, das sich zu einer Nahrungsquelle bewegt, tut dies aufgrund chemischer Gradienten, aber auch aufgrund von Reaktionszeiten. Ein Tier, das vor einem Raubtier flieht, agiert innerhalb eines kritischen Zeitfensters. Zeit ist hier untrennbar mit Wert verbunden.

Zu Beginn des 20. Jahrhunderts unterschied der Philosoph Henri Bergson die wissenschaftliche Zeit von der „Durée“, der erlebten Dauer. Für Bergson lässt sich das Leben nicht durch aneinandergereihte Momente verstehen, sondern nur als kontinuierlicher und qualitativer Fluss. Heute, im Lichte der Erkenntnisse über die Dynamik biologischer Systeme, erscheint diese Intuition weniger metaphorisch und wissenschaftlich fundierter.

Wenn biologische Zeit aus Rhythmen entsteht und Rhythmen aus Beziehungen, dann ist die Zeitlichkeit des Lebens ihrem Wesen nach relational. Es gibt kein isoliertes „Jetzt“, sondern ein Netz von Synchronisationen, das Moleküle, Zellen, Organismen und Umwelten miteinander verbindet.

Hier nähert sich die Diskussion der Quantenphysik, ohne jedoch Schlussfolgerungen zu erzwingen. Einige Studien – etwa zu Quanteneffekten in der Photosynthese – legen nahe, dass Kohärenz und Oszillationen auf mikroskopischer Ebene zur

Effizienz von Lebensprozessen beitragen können. Obwohl der direkte Zusammenhang zwischen diesen Phänomenen und der biologischen Zeit weiterhin diskutiert wird, findet die Vorstellung, dass Leben als Orchestrierung von Rhythmen über verschiedene Zeitskalen hinweg funktioniert, zunehmend Akzeptanz. In dieser Sichtweise fließt die Zeit nicht gleichmäßig von der Vergangenheit in die Zukunft, sondern pulsiert. Und das Leben ist das, was diese Pulsationen wahrnimmt, verstärkt und in Erfahrung umwandelt.

Wenn ein universelles Bewusstseinsfeld existiert, das Materie und Geist zugrunde liegt, dann könnte die biologische Zeit als eine seiner ersten lokalen Manifestationen betrachtet werden. Keine von außen auferlegte Zeit, sondern eine Zeit, die entsteht, wenn sich das Feld zu einer lebendigen Form organisiert.

Aus dieser metaphysischen Perspektive sind die Rhythmen des Lebens keine bloßen evolutionären Anpassungen, sondern Echos einer tieferen Zeitlichkeit. Herzschlag, der Wechsel von Schlaf und Wachzustand, Wachstum und Verfall sind nicht bloß biologische Funktionen, sondern Wege, auf denen das Feld Zeit im Laufe des Lebens „erfährt".

Diese Idee kann faszinieren oder verunsichern, doch sie hat den Wert, eine uralte Frage neu zu fokussieren: Existiert Zeit unabhängig von uns, oder entsteht sie jedes Mal, wenn etwas lebt, fühlt oder weiß? In der rhythmischen Zeit der Biologie – zerbrechlich, anpassungsfähig, kreativ – könnten wir die Antwort erahnen: Zeit ist nicht nur das Vergehende. Sie ist das, was geschieht, wenn Leben in Beziehung zur Welt tritt.

Wenn die Zeit ihre Grenzen verliert. Zeitliche Unbestimmtheit.

Es gab einen präzisen Moment – wobei „präzise“ vielleicht nicht der richtige Ausdruck ist –, als die Physik des 20. Jahrhunderts aufhörte, die Zeit als einen Fluss zu betrachten, der für alle gleich fließt, und begann zu ahnen, dass die Zeit im Grunde etwas viel Schwerfassbareres ist. Dies ist der Moment, als die Quantenmechanik Einzug hielt und mit ihr die Unsicherheit: nicht nur bezüglich Positionen und Geschwindigkeiten, wie Werner Heisenbergs berühmtes Prinzip von 1927 besagt, sondern auch bezüglich Ereignissen und ihrer zeitlichen Einordnung.

In der klassischen Physik ist die Zeit eine unabhängige, externe Variable, die die Entwicklung von Systemen bestimmt, ohne von ihnen beeinflusst zu werden. Newton definierte sie als „absolut, wahr und mathematisch“, und über zwei Jahrhunderte lang hatte niemand ernsthaften Grund, daran zu zweifeln. Doch in der Quantenwelt wird diese Gewissheit untergraben.

Ein Paradebeispiel ist die sogenannte Zerfallszeit eines instabilen Teilchens. Ein radioaktives Atom kann jetzt, in einer Sekunde oder in tausend Jahren zerfallen: Die Theorie liefert keinen spezifischen Zeitpunkt, sondern nur eine Wahrscheinlichkeit. Es geht nicht darum, dass uns der Zeitpunkt des Zerfalls unbekannt ist: Er ist vielmehr bis zum Zeitpunkt des Ereignisses unbestimmt. Wie der Physiker Eugene Wigner in den 1950er Jahren feststellte, betrifft die Unsicherheit hier nicht nur das Beobachtete, sondern die Struktur des Werdens selbst.

Dieser Paradigmenwechsel hatte tiefgreifende Konsequenzen. In den 1970er Jahren, mit dem sogenannten Zeitproblem in der Quantengravitation, begannen

Wissenschaftler zu vermuten, dass Zeit auf fundamentaler Ebene als primäre Größe gar nicht existieren könnte. In manchen Formulierungen – wie der Wheeler-DeWitt-Gleichung – verschwindet die Zeit vollständig. Es bleiben nur noch die Beziehungen zwischen Zuständen bestehen. Aus diesen Beziehungen entsteht möglicherweise die Zeit.

Ereignisse ohne „Vorher“ und „Nachher“.

Zeitliche Unsicherheit ist nicht nur ein theoretisches Problem. Immer ausgefeiltere Experimente, die seit den 2000er Jahren in Laboren wie der Universität Wien und dem MIT durchgeführt wurden, haben gezeigt, dass die zeitliche Abfolge zweier Quantenereignisse unbestimmt werden kann. In manchen Quanteninformationsprotokollen lässt sich die Reihenfolge der Ereignisse nicht bestimmen. Nicht etwa, weil eine ausreichend präzise Uhr fehlt, sondern weil die Reihenfolge selbst nicht eindeutig definiert ist.

Dieses Phänomen fasziniert Wissenschaftsphilosophen wie Tim Maudlin, der betont hat, wie destabilisierend die Idee der Kausalität ohne eine starr geordnete Zeit ist. Wenn Kausalität „verschwimmen“ kann, verliert die Zeit ihre Funktion als Raster, auf dem alles angeordnet ist.

Für Leser, die Zeit als linearen Prozess betrachten, wirken diese Ideen zunächst verwirrend. Doch in der Quantenwelt scheint die Realität eher einem Netz von Möglichkeiten als einer Abfolge klar getrennter Augenblicke zu gleichen.

Hier eröffnet sich ein Raum für den Dialog mit der Metaphysik. Niels Bohr betonte bereits, dass die Quantenmechanik nicht beschreibt, was ist, sondern was geschehen kann. Quantenzeit ist aus dieser Perspektive keine Abfolge abgeschlossener Handlungen, sondern ein Horizont der Möglichkeit.

Diese Vision findet eine überraschende Resonanz in der aristotelischen Philosophie, insbesondere im Konzept der „Dynamis“, der dem Akt vorausgehenden Potenzialität. In der Quantenwelt wird das Ereignis nicht einfach zeitlich verzögert: Es verharrt in einem Zustand realer Möglichkeit. Erst die Wechselwirkung – in der Physik als Messung bezeichnet, aber allgemeiner als Relation verstanden werden kann – verwandelt Potenzialität in Ereignis.

Einige Physiker, wie John Archibald Wheeler, haben diese Idee so weit weiterentwickelt, dass sie ein „partizipatorisches“ Universum postulierten, in dem Ereignisse durch ein Netzwerk von Wechselwirkungen Gestalt annehmen, an dem auch der Beobachter beteiligt ist. Das berühmte Gedankenexperiment der „verzögerten Entscheidung“, das Wheeler in den 1970er Jahren diskutierte, legt nahe, dass Entscheidungen in der Gegenwart unsere Interpretation vergangener Ereignisse auf Quantenebene beeinflussen können. Dies ist keine Zeitreise, sondern vielmehr eine Herausforderung für die Vorstellung einer starr festgelegten Vergangenheit.

Das von Wheeler vorgeschlagene Experiment der verzögerten Entscheidung ist ein Gedankenexperiment, das unsere klassische Intuition über das Verhalten von Quantenteilchen infrage stellen soll.

Stellen Sie sich eine einfache Situation vor: Ein einzelnes Photon (ein Lichtteilchen) wird auf eine Vorrichtung gerichtet, die ihm zwei mögliche Wege bietet – zwei Spalte, durch die es hindurchtreten kann. Soweit nichts Ungewöhnliches.

Es gibt zwei Beobachtungsmöglichkeiten: Wir können den Durchgang des Photons mit einem Detektor verfolgen oder nicht.

- Verzichtet man auf einen Wegdetektor, verhält sich das Photon wie eine Welle und zeigt Interferenz, als ob es beide Wege gleichzeitig durchlaufen hätte.
- Setzt man einen Wegdetektor ein, verhält sich das Photon wie ein Teilchen und gibt einen präzisen Weg preis.

Hier liegt jedoch eine unerwartete Überraschung: Der Beobachter wählt die Beobachtungsmethode – also die Entscheidung für oder gegen den Detektor – erst „spät“, nachdem das Photon bereits einen der beiden Spalte passiert hat. Bemerkenswerterweise hängt das Verhalten des Photons von dieser nachträglich getroffenen Entscheidung ab.

Dies führt zu einer zutiefst kontraintuitiven Schlussfolgerung: Es ist widersinnig zu behaupten, das Photon „entscheide im Voraus“, ob es sich wie eine Welle oder ein Teilchen verhält. Sein Verhalten ist erst im Moment der Messung definiert. In gewisser Weise ist es so, als ob die Gegenwart der Messung dazu beiträgt, die Vergangenheit des Photons zu definieren. Wheeler fasste diese Idee provokativ mit den Worten zusammen: „Kein Phänomen ist ein reales Phänomen, bis es beobachtet wird.“

Das Experiment impliziert nicht, dass wir die Vergangenheit tatsächlich verändern können, sondern legt nahe, dass in der Quantenwelt Eigenschaften je nach unserer Untersuchungsweise existieren. Es ist eine tiefgreifende Lektion über die Grenzen unserer klassischen Realitätssicht.

Wenn Quantenzeit unbestimmt, relational und emergent ist, dann ist die Frage berechtigt: Woher kommt die Zeit, die wir als kontinuierlich und unumkehrbar erleben? Die Antwort lautet für viele: Sie kommt aus der Komplexität. Doch das ist nur ein Teil der Wahrheit.

Wir haben bereits die Hypothese eines universellen Bewusstseinsfeldes skizziert, in dem Quantenunbestimmtheit kein Wissensdefizit, sondern eine ontologische Bedingung ist. Zeit existiert in dieser Vision nicht vor Ereignissen, sondern entsteht durch die Differenzierung des Feldes, durch die Auswahl einer Möglichkeit aus vielen. Jeder Bewusstseinsakt – ob menschlich oder nichtmenschlich – wäre somit ein zeitlicher Akt, eine Entscheidung, die das Mögliche in das Reale verwandelt. Wir befinden uns hier nicht im Bereich experimenteller Gewissheiten, sondern im Bereich der Interpretationen. Es ist jedoch bezeichnend, dass einige der bedeutendsten Denker der Physik des 20. Jahrhunderts, von Bohr bis Wheeler, erkannt haben, dass die Quantenmechanik uns zwingt, Zeit radikal neu zu denken.

Die zeitliche Unbestimmtheit der Quantenwelt ist noch nicht Teil der Biologie. Aber sie stellt eine Schwelle dar. Eine Grenzzone, in der Zeit aufhört, ein einfacher Behälter zu sein, und zu einem Prozess wird. In den folgenden Kapiteln werden wir sehen, wie das Leben diese Unbestimmtheit nicht aufhebt, sondern sie moduliert, ihr Funktion verleiht und sie in Rhythmus, Erinnerung und Erwartung verwandelt.

Fürs Erste genügt es, die grundlegende Intuition zu erfassen: Im Kern der Realität ist Zeit keine ein für alle Mal festgelegte Linie. Sie ist eine Möglichkeit, die sich verwirklicht. Und vielleicht liegt genau in dieser ursprünglichen Öffnung der Raum, in dem Bewusstsein – individuell und universell – als Protagonist des Werdens in Erscheinung treten kann.

Vom Leben geformte Zeit: Wie die Biologie das Werden moduliert.

Ein subtiler, aber entscheidender Gedanke durchzieht die moderne Biologie: Organismen unterliegen nicht der Zeit, sie formen sie. Das Leben ist kein Passagier, der vom Fluss der Zeit mitgerissen wird, sondern ein System, das beschleunigen, verlangsamen, pausieren und antizipieren kann. Anders ausgedrückt: Die Biologie moduliert die Zeit. Nicht im Science-Fiction-Sinne der Reise in die Vergangenheit oder Zukunft, sondern im viel konkreteren und tiefgreifenderen Sinne der Transformation unserer Erfahrung, Organisation und Anwendung von Zeit.

Leben heißt vorausschauend handeln.

Ein Bakterium, das zu einer Nahrungsquelle schwimmt, eine Pflanze, die zum richtigen Zeitpunkt blüht, ein Tier, das vor dem Winter in den Winterschlaf fällt: In all diesen Fällen reagiert das Leben nicht nur auf das, was geschieht, sondern auch auf das, was geschehen wird. Die Biologie ist von Natur aus vorausschauend.

In den 1980er-Jahren beobachtete der deutsche Neurowissenschaftler Ernst Pöppel – damals am Max-Planck-Institut –, dass die menschliche Wahrnehmung kein kontinuierlicher Fluss ist, sondern eine Konstruktion, die die unmittelbare Vergangenheit und die erwartete Zukunft in Zeitfenstern von wenigen Sekunden integriert. Das Gehirn, schrieb er, „lebt ein wenig voraus“. Diese Fähigkeit zur

Vorhersage, die heute zentral für die Computerneurowissenschaften ist, transformiert die physikalische Zeit in die biologische Zeit: eine zielgerichtete, sinnstiftende Zeit.

In diesem Sinne reduziert das Leben die Unbestimmtheit der Welt – die wir im Bereich der Quantenphysik erörtert haben –, ohne sie zu eliminieren. Es nutzt sie. Antizipieren bedeutet, aus vielen zukünftigen Möglichkeiten diejenigen auszuwählen, die am besten mit dem Überleben vereinbar sind. Die Biologie ist eine Art zeitlicher Selektionsmechanismus.

Wenn Antizipieren eine Form verkörperter Zukunft ist, dann ist das Gedächtnis der Weg, auf dem die Vergangenheit in der Gegenwart wirksam bleibt. Doch das biologische Gedächtnis ist kein statisches Archiv. Es ist flexibel, dynamisch und überschreibbar. Der kanadische Psychologe Donald Hebb demonstrierte dies in den 1940er Jahren, als er die berühmte Regel formulierte: „Neuronen, die gleichzeitig feuern, verbinden sich.“ Die Vergangenheit wird nicht einfach nur bewahrt, sondern in der Gegenwart neu verknüpft.

Heute wissen wir, dass dies auch auf tieferen Ebenen gilt. Die Epigenetik – ein Begriff, der 1942 von Conrad Waddington eingeführt wurde – zeigt, wie Umwelteinflüsse die Genexpression verändern können, ohne die DNA zu verändern, manchmal über mehrere Generationen hinweg. Es ist eine Vergangenheit, die nicht mehr hinter uns liegt, sondern in uns. Eine geschichtete biologische Zeit, die nicht mit der Linearität der Uhr übereinstimmt.

Die Verbindung zur Quantenphysik ist hier indirekt, aber aufschlussreich: So wie im Quantenzustand die Vergangenheit erst durch Wechselwirkungen endgültig festgelegt wird, bleibt auch in der Biologie die Vergangenheit teilweise offen für eine Neuinterpretation. Erinnerung ist keine Aufzeichnung, sondern eine kontinuierliche Aktualisierung.

Es gibt Lebensformen, die die Zeit beinahe zu überwinden scheinen. Bärtierchen, mikroskopisch kleine Organismen, die bereits im 18. Jahrhundert von Lazzaro Spallanzani erforscht wurden, können in einen Zustand der Kryptobiose eintreten, in dem ihr Stoffwechsel auf ein kaum messbares Niveau reduziert ist. Sie können jahrelang ohne Wasser überleben, dem Vakuum des Weltraums widerstehen und Strahlendosen widerstehen, die für andere Organismen tödlich sind.

In diesen Fällen verlangsamt sich die biologische Zeit beinahe bis zum Stillstand. Dies ist keine Metapher: Die chemischen Prozesse, die normalerweise das Leben kennzeichnen, werden ausgesetzt. Ähnliches geschieht beim Winterschlaf von Bären oder der Diapause vieler Insekten. Das Leben entzieht sich, wenn nötig, der gewöhnlichen Zeit.

Diese Phänomene faszinieren auch Physiker, denn sie zeigen, dass Zeit kein unveränderliches Gerüst ist, sondern eine Variable, die vom Zustand des Systems abhängt. Wenn Zeit in der Quantenwelt an Definition verlieren kann, kann sie in der biologischen Welt an Intensität verlieren.

Der Organismus als Zeitfilter.

Jeder Organismus fungiert als Filter, der auswählt, welche Ereignisse relevant sind und wann sie relevant sind. Das Immunsystem beispielsweise ist ein hochentwickelter Zeitmechanismus: Es muss zwischen Bekanntem und Neuem, zwischen einer unmittelbaren Bedrohung und einem langfristigen immunologischen Gedächtnis unterscheiden. T-Zellen „erinnern“ sich an vergangene Infektionen und reagieren schneller auf zukünftige. Die Reaktionszeit ist nicht linear, sondern adaptiv.

Diese Fähigkeit zur Modulation der Zeit ermöglicht biologische Identität. Ein Organismus ist biologisch, weil er Kontinuität im Wandel aufrechterhält, eine zeitliche Kohärenz, die Millionen von Mikroereignissen umfasst. Wie der chilenische Biologe Humberto Maturana schrieb, ist Leben „die

Erhaltung der Organisation durch Wandel“. Und Erhaltung bedeutet hier, die Zeit zu orchestrieren.

An diesem Punkt drängt sich die Frage auf: Wenn jeder Organismus die Zeit auf seine Weise moduliert, gibt es dann eine tiefere Ebene, auf der diese Modulationen in Einklang gebracht werden? Es könnte das universelle Feld des Bewusstseins sein: ein Bereich, in dem unterschiedliche biologische Zeitlichkeiten eine gemeinsame Matrix finden.

Dies ist keine experimentell bewiesene These, sondern ein Interpretationsvorschlag, der mit einer nunmehr klaren Tatsache übereinstimmt: Zeit ist kein einfacher, dem Leben äußerlicher Parameter. Sie entsteht, strukturiert sich selbst und differenziert sich mit zunehmender Komplexität. Die Biologie erschafft die Zeit nicht aus dem Nichts, sondern formt sie, wie ein Musiker, der den Klang nicht erfindet, sondern ihn zu einer Melodie moduliert.

Aus dieser Perspektive erscheint das Leben als Brücke zwischen quantenmechanischer Unbestimmtheit und gelebter Zeit. Ein natürliches Labor, in dem das Mögliche zum Rhythmus wird, Chaos zur Geschichte und Werden eine Richtung annimmt. Noch nicht der letztendliche Ursprung der Zeit – ein Thema, das wir im nächsten Abschnitt behandeln werden –, aber sicherlich einer ihrer differenziertesten Interpreten.

Vor der Zeit: Das unsichtbare Feld, aus dem das Werden geboren wird.

Es gibt eine begriffliche Schwelle, die an diesem Punkt der Reise nicht mehr umgangen werden kann. Wenn die Quantenzeit unbestimmt erscheint, wenn die biologische Zeit moduliert, rhythmisch, ja sogar aufhebbar ist, dann wird die letzte Frage unausweichlich: Woher kommt die Zeit selbst? Was ist ihr letztendliches Fundament, noch bevor sie die Form von Abfolge, Dauer oder Geschichte annimmt?

Die Hypothese, die diesem Absatz zugrunde liegt – und die einen der Eckpfeiler des gesamten Buches darstellt –, besagt, dass Zeitlichkeit keine primäre Eigenschaft des Universums ist, sondern ein emergenter Ausdruck von etwas Tieferem: einem universellen Feld, verstanden nicht nur als physikalisches Feld, sondern als Feld des Bewusstseins. Die Physik des 20. Jahrhunderts begann bereits mit Einstein, die Vorstellung von Zeit als absolutem Hintergrund zu untergraben. Doch erst mit der Quantenphysik und insbesondere mit den Versuchen, die Gravitation zu quantisieren, begann die Zeit buchstäblich aus den fundamentalen Gleichungen zu verschwinden.

In den 1960er Jahren trug John Archibald Wheeler – eine Schlüsselfigur des Princeton-Programms – zur Formulierung der Wheeler-DeWitt-Gleichung bei. Diese Gleichung beschreibt das Universum als Ganzes und enthält, überraschenderweise, keine Zeit. Dies ist kein mathematischer Fehler, sondern ein konzeptionelles Signal. Auf fundamentaler Ebene scheint das Universum nicht zu „fließen".

Carlo Rovelli hat dies wiederholt betont, unter anderem in populärwissenschaftlichen Werken wie „Die Ordnung der Zeit" (2017): Zeit, wie wir sie erleben, ist keine universelle Variable, sondern ein emergentes Phänomen, das mit komplexen und relationalen Systemen verknüpft ist. Anders ausgedrückt: Zeit findet irgendwo statt, nicht überall. Aber wo genau?

Das Feld als aktiver Hintergrund, nicht als Vakuum.

Hier kommt die Idee des Feldes ins Spiel, ein Konzept, das die gesamte moderne Physik durchdringt. Von Maxwells elektromagnetischen Feldern bis zum Quantenfeld des Vakuums wird Materie selbst heute als Fluktuation fundamentalerer Felder verstanden. Das Quantenvakuum, experimentell untersucht durch den Casimir-Effekt (erstmals 1948 gemessen), ist keineswegs ein Nichts: Es ist ein Meer des Potenzials.

Dieses Buch geht noch einen Schritt weiter und folgt damit einer zwar kleinen, aber hartnäckigen philosophischen und wissenschaftlichen Tradition: Es interpretiert diesen Hintergrund nicht nur als energetisch oder informationell, sondern als bewusst. Ein universelles Bewusstseinsfeld, das die Zeit nicht enthält, aus der sie aber hervorgeht, wenn sich Beziehungen, Unterschiede und Prozesse manifestieren.

Eine Idee, die überraschende historische Entsprechungen findet. In seinem Dialog Timaios definierte Platon die Zeit als ein „bewegtes Abbild der Ewigkeit“. Nicht den Ursprung, sondern die Widerspiegelung. Viele Jahrhunderte später sprach David Bohm – theoretischer Physiker und Gesprächspartner Einsteins – von einer impliziten Ordnung, einer tiefen Ebene der Realität, in der alles bereits miteinander verbunden ist und aus der sich die explizite, zeitliche und kausale Ordnung wie eine Projektion entfaltet.

Wenn das Feld einheitlich und zeitlos ist, warum erleben wir dann Zeit? Die vorgeschlagene Antwort lautet nicht, dass das Bewusstsein Zeit misst, sondern dass es sie lokal erzeugt.

William James bemerkte in seinen „Prinzipien der Psychologie“ (1890), dass das Bewusstsein keine isolierten Augenblicke wahrnimmt, sondern eine „scheinbare Dauer“: eine ausgedehnte Gegenwart, in der die unmittelbare Vergangenheit und die nahe Zukunft koexistieren. Die zeitliche Abfolge ist nicht vorgegeben; sie wird durch Erfahrung konstruiert.

Aus dieser Perspektive führt jeder Bewusstseinsakt eine Unterscheidung ein: vorher/nachher, innen/außen, Ereignis/Erinnerung. Differenzierung ist es, die Zeit entstehen lässt. Wo es keine Differenz gibt, gibt es keine Abfolge. Wo alles eins ist – wie im Feld –, hat Zeit keine Daseinsberechtigung.

Die Biologie ist, wie wir in den vorangegangenen Abschnitten gesehen haben, einer der privilegierten Bereiche, in denen sich diese Differenzierung verstärkt. Das Leben schafft durch Stoffwechsel, Erinnerung und Antizipation zeitliche Richtungen. Doch diese Richtungen sind nicht absolut: Sie sind lokal, kontextbezogen, eingebettet in ein größeres Feld, das an sich nicht-zeitlich bleibt.

Zeit als Ereignis, nicht als Behälter.

Ein hilfreiches Bild ist das der Musik. Stille ist nicht Zeit, sondern die Möglichkeit von Zeit. Musik entsteht, wenn aus der Stille eine Differenz – eine Schwingung – hervortritt. Ebenso fließt das Feld des Bewusstseins nicht, sondern ermöglicht das Entstehen fließender Prozesse.

Diese Metapher war auch Henri Bergson wichtig, der zwischen der räumlich geordneten Zeit der Wissenschaft und der „Durée“, der gelebten Dauer, unterschied. Doch hier geht die Argumentation noch weiter: Dauer ist nicht bloß psychologisch, sondern ontologisch. Sie ist die Art und Weise, wie sich das Feld manifestiert, wenn es als Erfahrung Gestalt annimmt.

Es ist kein Zufall, dass viele spirituelle Traditionen – vom indischen Vedanta bis zum Neuplatonismus – den Ursprung der Zeit im Fall von der Einheit zur Vielfalt verorten. Was sich heute ändert, ist die Sprache: nicht mehr Mythos oder Theologie, sondern Feldphysik, Informationstheorie, Bewusstseinsforschung.

Zu sagen, dass das Feld der Ursprung der Zeitlichkeit ist, bedeutet nicht, die Diskussion zu beenden, sondern sie zu eröffnen. Diese Hypothese ist keine verifizierte Theorie im klassischen experimentellen Sinne. Sie ist ein Interpretationsrahmen, der solide wissenschaftliche Daten und Fragen zusammenführen will, denen sich die Wissenschaft allein nicht mehr entziehen kann.

Wenn Zeit nicht fundamental, sondern abgeleitet ist; wenn das Leben sie moduliert und das Bewusstsein sie artikuliert; dann repräsentiert das Feld jene tiefe Ebene, auf der noch nichts geschieht, aber alles geschehen kann. Ein Ursprung, der kein anfänglicher Augenblick, sondern vielmehr eine beständige Präsenz ist.

Vielleicht entsteht Zeit, wie Wheeler mit seiner Idee eines partizipatorischen Universums andeutete, jedes Mal, wenn sich das Universum seiner selbst bewusst wird. Und in diesem Sinne ist jeder lebende Organismus – jeder Akt der Erfahrung – nicht nur in der Zeit, sondern bringt Zeit ins Dasein.

XVI°. Philosophische und spirituelle Implikationen.

Das Lebendige als Manifestation des Feldes.

Mit dem bisher skizzierten Paradigma geht ein stiller, aber tiefgreifender Wandel einher: Leben erscheint nicht länger als isoliertes Phänomen im Universum, sondern als dessen lokale und wahrnehmbare Manifestation. Aus dieser Perspektive ist das Lebendige nicht etwas, das innerhalb der Welt existiert, sondern etwas, durch das die Welt Gestalt annimmt, sich organisiert und – bis zu einem gewissen Grad – sich ausdrückt.

Vom Lebendigen als Manifestation des Feldes zu sprechen bedeutet, den Fokus vom Objekt auf das Ereignis, von der Struktur auf den Prozess, vom Individuum auf die Beziehung zu verlagern, die dies ermöglicht.

In der Sprache der modernen Physik ist ein Feld nicht einfach ein Objekt unter vielen, sondern eine diffuse, kontinuierliche Realität, die Teilchen, Kräfte und Strukturen erzeugen kann. Das elektromagnetische Feld, das Higgs-Feld und fundamentale Quantenfelder sind unsichtbar, aber ohne sie gäbe es nichts, was wir kennen.

Die diesem Buch zugrunde liegende metaphysische Hypothese geht noch einen Schritt weiter: Auch das Bewusstsein ist ein fundamentales Feld, das sich nicht auf seine lokalen Effekte reduzieren lässt, sondern durch sie erkennbar ist. Lebewesen erzeugen in diesem Sinne kein Bewusstsein; sie manifestieren es, so wie eine Welle den Ozean manifestiert, ohne ihn zu erschöpfen.

Eine Idee, die überraschende kulturelle Resonanzen findet. Schon im Timaios sprach Platon vom Kosmos als einem großen Lebewesen, beseelt von einem intelligiblen Prinzip. Viele Jahrhunderte später beschrieb Baruch Spinoza die Realität als eine einzige, unendliche Substanz, deren unterschiedliche

Attribute Geist und Materie sind. Heute scheint die Wissenschaft mit einer anderen Sprache zu diesen alten Intuitionen zurückzukehren.

Biologie als Ort der Sinngebung.

Aus biologischer Sicht erscheinen Lebewesen immer weniger wie Maschinen und immer mehr wie interpretative Systeme. Ein Bakterium, das sich entlang eines chemischen Gradienten bewegt, eine Pflanze, die ihre Blätter zum Licht ausrichtet, ein Tier, das Gefahr erkennt: In all diesen Fällen reagiert das Leben nicht nur, sondern weist auch Werte zu. In den ersten Jahrzehnten des 20. Jahrhunderts führte der Biologe Jakob von Uexküll das Konzept der Umwelt ein: Jeder Organismus bewohnt seine eigene wahrnehmungsbezogene, selektive und bedeutungstragende Welt. Es gibt keine „Umwelt" im absoluten Sinne, sondern vielmehr eine Vielzahl erfahrener Welten. Diese Idee, die heute von der Kognitionswissenschaft und der Biosemiotik aufgegriffen wird, legt nahe, dass Lebewesen ein Punkt sind, an dem Realität zu Erfahrung wird. Akzeptiert man die Feld-des-Bewusstseins-Hypothese, dann sind diese Welten keine abgeschlossenen Blasen, sondern lokale Modulationen derselben Matrix. Jeder Organismus wäre ein Fenster, kein Zaun.

Eine der radikalsten Konsequenzen dieser Sichtweise betrifft den Körper. In der mechanistischen Tradition ist der Körper ein Behälter: für den Geist, die Identität, das Bewusstsein. Im Feld-Paradigma wird der Körper hingegen zur Schwelle der Manifestation.

Die zeitgenössische Neurowissenschaft bewegt sich in diese Richtung, ohne sich einer metaphysischen Sprache zu bedienen. Antonio Damasio beispielsweise hat gezeigt, wie untrennbar das Bewusstsein mit körperlichen Prozessen, somatischen Karten und Emotionen verbunden ist. Das bedeutet aber nicht, dass Bewusstsein der Körper ist: Es bedeutet, dass der Körper die spezifische Art und Weise ist, wie eine bestimmte Form des Bewusstseins in der Welt Gestalt annimmt.

So wie ein Radio keine Musik erzeugt, sondern sie hörbar macht, so erzeugt der Organismus nicht das Feld, sondern macht es erfahrbar. Die Metapher ist unvollkommen, aber wirkungsvoll und wurde – mit gebotener Vorsicht – bereits im späten 19. Jahrhundert von Denkern wie William James verwendet.

Wer extreme Naturräume besucht hat – eine stille Wüste, einen Urwald, das Atacama-Plateau oder die Weiten der Arktis – beschreibt oft ein schwer zu definierendes Gefühl: weniger das Beobachten von Leben, sondern vielmehr das Beobachtetwerden durch das Leben. Dies ist natürlich keine wissenschaftliche Argumentation, sondern ein wiederkehrendes phänomenologisches Phänomen, das Kulturen und Traditionen verbindet.

Diese Erfahrungen lassen sich keineswegs als subjektive Illusionen abtun, sondern als Momente interpretieren, in denen die Grenze zwischen Beobachter und Beobachtetem verschwimmt. Momente, in denen das Lebewesen intuitiv erkennt, dass es Teil von etwas Größerem ist.

Lebewesen als Manifestationen des Feldes zu betrachten bedeutet letztlich, den menschlichen Exzeptionalismus zu relativieren, ohne die menschliche Erfahrung zu schmälern. Reflektierendes Bewusstsein bleibt ein außergewöhnliches, aber kein isoliertes Ereignis. Es ist ein besonders komplexer Ausdruck einer Eigenschaft, die tiefer reicht als die Realität selbst.

Aus dieser Perspektive ist jede Lebensform – vom einfachsten Einzeller bis zum Geist, der das Universum hinterfragen kann – Teil derselben fundamentalen Bewegung: das Unsichtbare sichtbar zu machen, das Universelle lokal und das Ewige im Feld vergänglich.

Vernetzung und Identität im Zeitalter des Feldes.

Ein Gedanke durchzieht seit Jahrhunderten Biologie, Quantenphysik und philosophische Reflexionen wie ein roter Faden: Identität ist keine Grenze, sondern eine Beziehung. Was wir sind, beschränkt sich nicht auf unsere Haut, Neuronen oder DNA. Vielmehr ist es das Ergebnis eines Netzwerks von Austauschprozessen, Resonanzen und gegenseitigen Einflüssen, die uns fortwährend durchdringen.

Das Paradigma des Bewusstseinsfeldes führt diese Erkenntnis zu ihren äußersten Konsequenzen: Vernetzung ist keine Nebenwirkung der Existenz, sondern ihre primäre Struktur. Das Individuum ist in dieser Perspektive keine isolierte Einheit, sondern ein temporärer Knotenpunkt in einem größeren Gefüge.

Vom Individuum zum Netzwerk: Die Biologie löst das isolierte Selbst auf.

Lange Zeit stellte die Biologie das Leben als einen Wettbewerb zwischen einzelnen Individuen dar. Doch in den letzten Jahrzehnten wurde diese Sichtweise infrage gestellt. Ein Paradebeispiel ist das Mikrobiom: Jeder Mensch beherbergt Billionen von Mikroorganismen, ohne die das Immunsystem, der Stoffwechsel und sogar einige kognitive Funktionen nicht richtig funktionieren würden.

Wer ist also das Individuum? Der menschliche Organismus oder das Ökosystem, das ihn bewohnt? Diese Frage ist nicht rhetorisch. 2007 starteten die National Institutes of Health das

Human Microbiome Project und erkannten damit offiziell an, dass biologische Identität tatsächlich eine kollektive Identität ist. Diese wissenschaftliche Erkenntnis fügt sich nahtlos in eine umfassendere Vision ein: Wenn wir auf biologischer Ebene lebende Netzwerke sind, warum sollten wir dann annehmen, dass Bewusstsein auf einer tieferen Ebene etwas Isoliertes ist?

In der Quantenphysik hat die Verschränkung die klassische Vorstellung von räumlich getrennten Objekten infrage gestellt. Sind zwei Teilchen verschränkt, lässt sich der Zustand des einen nicht unabhängig vom anderen beschreiben, selbst wenn sie Kilometer voneinander entfernt sind. Albert Einstein sprach mit sichtlichem Unbehagen von „spukhafter Fernwirkung", doch Experimente – von denen Alain Aspects in den 1980er-Jahren bis hin zu neueren Tests mit Satellitenphotonen – haben bestätigt, dass die Natur die intuitive Vorstellung von Trennung nicht respektiert.

Im Kontext dieses Buches wird Verschränkung nicht einfach auf die biologische oder psychologische Welt übertragen. Vielmehr wird sie zu einer wirkungsvollen Strukturmetapher: Was getrennt erscheint, kann auf einer tieferen Ebene vereint sein. Identität ist, wie das Quantenteilchen, keine absolute Gegebenheit, sondern eine kontextuelle Beziehung.

Die Philosophie hatte all dies lange vor den Laboren intuitiv erfasst. Spinoza verwarf im 17. Jahrhundert die Idee getrennter Substanzen und beschrieb die Realität als eine einzige unendliche Substanz, deren Individuen vorübergehende Modi sind. Keine abgetrennten „Teile", sondern lokale Ausdrucksformen einer größeren Ordnung.

Im 20. Jahrhundert sprach Maurice Merleau-Ponty vom Körper als einem „Entre-deux", einem „Dazwischen", einem Schnittpunkt von Subjekt und Welt. Wir sind keine Bewusstseinszustände, die ein äußeres Universum beobachten, sondern Inkarnationen einer ursprünglichen Beziehung.

Das Universelle Feld des Bewusstseins reiht sich in diese Tradition ein und verleiht einer alten Intuition eine zeitgenössische Sprache: Das Selbst ist keine Monade, sondern eine Öffnung.

Wenn Vernetzung das wahre Wesen der Identität ist, dann bedeutet Sein nicht, eine unveränderliche Essenz zu besitzen, sondern an einem dynamischen Prozess teilzuhaben. Biologisch verändern wir uns in jedem Augenblick; psychologisch sind wir das Ergebnis von Beziehungen, Erinnerungen und Begegnungen; physisch werden wir von ständigen Strömen von Energie und Information durchdrungen.

Der Biologe und Philosoph Francisco Varela, einer der Begründer der verkörperten Kognitionswissenschaft, sprach von sich selbst als einem enaktiven Prozess: Identität entsteht aus der kontinuierlichen Interaktion zwischen Organismus und Umwelt. Nichts ist statisch, nichts ist endgültig abgeschlossen. In der Sprache des Feldes bedeutet dies, dass jedes individuelle Bewusstsein eine vorübergehende Modulation eines größeren Bewusstseins ist. Kein Tropfen, der im Ozean verloren geht, sondern eine Welle, die nur dank des Ozeans existiert.

Viele Zeugnisse von außergewöhnlichen Bewusstseinszuständen – tiefe Meditation, Gipfelerlebnisse, intensiver Kontakt mit der Natur – beschreiben eine wiederkehrende Empfindung: die Auflösung der Grenzen des Selbst. Nicht Vernichtung, sondern Erweiterung. Nicht Verlust der Identität, sondern ihre Verwurzelung in etwas Größerem.

In seinem Werk „Die Vielfalt religiöser Erfahrung“ von 1902 beschrieb William James diese Zustände als Momente, in denen der Einzelne eine „Kontinuität seines Selbst mit einer umfassenderen Realität“ wahrnimmt. James sprach nicht von Quantenphysik, doch die konzeptionelle Resonanz ist unverkennbar.

Die Erkenntnis der Verbundenheit als Grundlage der Identität ist nicht nur eine theoretische Frage. Sie verändert unser Denken und folglich auch unser Handeln. Wenn mein Handeln nicht in mir selbst erschöpft ist, wenn jede Geste mit dem Feld in Resonanz steht, dann wird Identität auch zur Verantwortung.

Wir sind keine Inseln, sondern Strömungen. Und das Verständnis dieser Wahrheit – so legt das Feldparadigma nahe – ist vielleicht einer der entscheidenden Schritte hin zu einer neuen Reife des menschlichen Bewusstseins.

Universelles Bewusstsein als das Gewebe der Realität.

Es gibt einen Punkt an der schmalen Grenze zwischen Wissenschaft und Philosophie, an dem eine Frage unausweichlich wird: Was wäre, wenn Bewusstsein nicht ein späteres Produkt des Universums, sondern eine ursprüngliche Eigenschaft davon wäre? Kein biologischer Zufall, der auf einem Randplaneten entsteht, sondern der Faden, aus dem die Realität gewoben ist.

Die Hypothese des universellen Bewusstseinsfeldes entspringt genau diesem Umstand. Nicht als Ablehnung von Physik oder Biologie, sondern als Versuch, das, was beide aus unterschiedlichen Richtungen anzudeuten scheinen, bis ins Extrem zu treiben: dass die Realität in ihrem tiefsten Inneren nicht schweigt.

Zu Beginn des 20. Jahrhunderts sprach Max Planck – der Vater der Quantentheorie – einen Satz aus, der uns noch heute durch seine Radikalität beeindruckt: „Ich betrachte das Bewusstsein als fundamental. Ich betrachte die Materie als vom Bewusstsein abgeleitet." Es war 1931, und Planck verfasste keine mystische Dichtung, sondern reflektierte über die letztlichen Implikationen einer Physik, die gerade die Unmöglichkeit entdeckt hatte, die Welt ohne Berücksichtigung von Beobachtungen zu beschreiben.

Seitdem hat die Quantenphysik das Bild fester, autonomer, autarker Materie zunehmend untergraben. Felder, Fluktuationen, Wahrscheinlichkeiten, potenzielle Zustände: Was wir als „Objekt" bezeichnen, erscheint zunehmend als vorübergehendes Ereignis in einem Meer von Beziehungen.

In der Sprache dieses Buches wird das Feld des Bewusstseins nicht als externe Entität zur Materie hinzugefügt: Es fällt mit der tiefgreifenden Struktur zusammen, die die Entstehung von Materie, Leben und Geist überhaupt erst ermöglicht.

Eines der faszinierendsten Paradoxien der modernen Physik ist das sogenannte Quantenvakuum. Weit davon entfernt, ein Nichts zu sein, ist das Vakuum ein unaufhörliches Wogen von Feldfluktuationen, eine Art energetischer Hintergrund, aus dem Teilchen entstehen und verschwinden.

Physiker wie David Bohm schlugen in den 1970er und 1980er Jahren eine radikale Interpretation dieses Szenarios vor. Sein Konzept der impliziten Ordnung legte nahe, dass das, was wir als explizite Realität wahrnehmen – Objekte, Ereignisse, Individuen –, die lokale Entfaltung einer tieferen, ungeteilten Ordnung ist. Bohm sprach offen von einem „nicht fragmentierten" Universum, in dem Geist und Materie keine getrennten Bereiche, sondern Aspekte einer einzigen Totalität sind. Das universelle Bewusstseinsfeld lässt sich aus dieser Perspektive als die Erfahrungsdimension jener impliziten Ordnung verstehen: nicht nur als energetisches Fundament der Realität, sondern auch als deren sensible, kognitive, innere Seite. Die Quantenbiologie trägt wesentlich zu diesem Bild bei. Wenn es den subtilen Quantenprozessen – Kohärenz, Tunneln, Sensitivität gegenüber Anfangsbedingungen – gelingt, in lebenden Systemen fortzubestehen, erscheint das Leben als ein privilegierter Ort, an dem sich der Kosmos seiner selbst bewusst wird. Der Biologe und Philosoph Hans Jonas sprach bereits in den 1960er Jahren von einer „latenten Innerlichkeit" in der Materie, die im Leben explizit wird. Nicht von einem vollständig reflexiven Bewusstsein, sondern von einer Proto-Subjektivität, einer Tendenz zur Erfahrung, die sich über die gesamte Evolution erstreckt. In diesem Licht ist das menschliche Bewusstsein kein isoliertes Wunder, sondern vielmehr eine Schwelle: der Punkt, an dem das Feld fähig wird, sich selbst bewusst zu erkennen. Das universelle Bewusstsein als das Gefüge der Realität zu begreifen, bedeutet eine starke ontologische Entscheidung: Das Universum ist seiner eigenen Existenz nicht gleichgültig. Es beobachtet nicht von außen, sondern nimmt durch die von ihm erzeugten Formen an sich selbst teil.

Dies impliziert weder einen „denkenden" Kosmos im menschlichen Sinne noch eine naive Anthropomorphisierung der Natur. Vielmehr bedeutet es, dass Erfahrung in irgendeiner Form eine fundamentale Dimension des Seins ist, gleichwertig mit Energie oder Raumzeit. In diesem Licht ist jedes individuelle Bewusstsein – menschliches, tierisches, vielleicht sogar darüber hinausgehendes – kein isolierter Funke in der Dunkelheit, sondern ein Dichtepunkt im Feld, eine Zone, in der die Realität gefühlt, reflektiert und hinterfragt wird.

Wenn Bewusstsein das eigentliche Gefüge der Realität ist, dann ist nichts wahrhaft äußerlich. Jede Handlung, jeder Gedanke, jede Lebensform beeinflusst dieses Gefüge. Nicht durch Magie, sondern durch Resonanz.

Ethik der Resonanz: Leben im Einklang mit dem Feld.

Wenn Bewusstsein kein lokales Epiphänomen, sondern das eigentliche Gefüge der Realität ist, dann lautet die entscheidende Frage nicht mehr einfach, was wahr ist, sondern wie man leben soll. Jedes ausgereifte wissenschaftliche Paradigma generiert früher oder später eine ethische Vision. Der Mechanismus brachte die Idee der Beherrschung der Natur hervor; der klassische Evolutionismus betonte den Wettbewerb. Das Paradigma des Bewusstseinsfeldes weist jedoch in eine andere Richtung: eine Ethik der Resonanz, die auf der tiefgreifenden Verbundenheit aller Seinsformen beruht.

Dies ist keine vorschreibende Moral, kein von oben verordneter Regelkodex. Vielmehr ist es eine natürliche Konsequenz: Wenn alles miteinander verbunden ist, schwingt jede Geste über die Grenzen des Selbst hinaus mit.

In der Physik ist Resonanz ein wohlbekanntes Phänomen: Ein System reagiert mit maximaler Intensität, wenn es auf eine externe Frequenz abgestimmt ist. In der Biologie ist das Leben selbst eine kontinuierliche Resonanz – Moleküle, Zellen, Organismen, die durch unaufhörlichen Austausch ihre Kohärenz aufrechterhalten. Übertragen auf die ethische Ebene legt dieses Bild nahe, dass ein Leben im Einklang mit dem Feld bedeutet, kohärent mit dem Beziehungsgefüge zu handeln, dessen Teil wir sind. Nicht, weil wir „müssen“, sondern weil jede Dissonanz Auswirkungen hat, die früher oder später zurückkehren. Der Philosoph Hans-Georg Gadamer sprach in seinen Überlegungen zur ästhetischen Erfahrung vom „Einrücken“, vom „Eintreten in das Spiel“ dessen, was uns begegnet. Eine Ethik der Resonanz fordert etwas Ähnliches: das

Eintreten in das Spiel der Welt, das Lauschen auf ihre Dynamik, bevor man eingreift.

Verantwortung in einem nicht-trennbaren Universum.

Heute wissen wir, dass Nicht-Trennbarkeit keine Ausnahme, sondern ein Strukturmerkmal der Quantenwelt ist. Wenn diese Nicht-Trennbarkeit auch die Grundlage von Leben und Bewusstsein bildet, beschränkt sich Verantwortung nicht länger auf den unmittelbaren Handlungsraum. Jede Entscheidung – ob ökonomisch, technologisch, ökologisch oder zwischenmenschlich – wirkt sich auf ein viel umfassenderes Feld aus, als uns die gewöhnliche Erfahrung wahrnehmen lässt.

Hier stößt dic Ethik der Resonanz auf sehr konkrete Themen. Betrachten wir die ökologische Krise: nicht als „Umweltproblem", sondern als Bruch der Kohärenz zwischen menschlichem Verhalten und lebenden Systemen. In diesem Licht betrachtet ist Ökologie nicht nur eine Disziplin unter anderen, sondern eine angewandte Form des Bewusstseins für das Feld.

Interessanterweise tauchen viele traditionelle Tugenden mit einer neuen Grundlage wieder auf. Empathie beispielsweise ist nicht länger nur eine psychologische Fähigkeit, sondern eine Sensibilität für die Kontinuität der Realität. Mitgefühl – vom lateinischen „cum-patire", „mitleiden" – wird zur unmittelbaren Erkenntnis, dass der Schmerz eines anderen nicht gänzlich fremd ist.

Der Neurowissenschaftler Vittorio Gallese zeigte in den 1990er Jahren in Parma anhand von Spiegelneuronen, wie das Verständnis für andere in unseren Körperschaltkreisen verankert ist. Aus der Perspektive des Feldes erscheint diese Entdeckung als biologisches Echo eines tieferen Prinzips: Das Leben versteht, weil es bereits in Beziehung steht.

Eine Ethik der Resonanz impliziert auch ein Überdenken des Kontrollbegriffs. Wenn wir nicht der Mittelpunkt der Welt sind, sondern temporäre Knotenpunkte in einem Netzwerk des Bewusstseins, dann verliert Macht ihre absolute Aura und wird zu einer Funktion des Gleichgewichts.

Der Biologe Gregory Bateson warnte: „Die Hauptursache für Irrtümer ist die Vorstellung, der Mensch sei von der Natur getrennt." Heute könnten wir hinzufügen: getrennt vom Feld, das dies ermöglicht. Im Einklang mit dem Feld zu leben bedeutet nicht, auf Handeln zu verzichten, sondern mit systemischer Aufmerksamkeit zu handeln, im Wissen, dass jede Intervention den Kontext verändert, der sie wirksam macht.

Anders als viele traditionelle Spiritualitäten lädt uns diese Ethik nicht dazu ein, uns von der Welt abzukapseln, sondern tiefer in sie einzutauchen. Das Heilige liegt nicht im Verborgenen: Es ist im Gefüge unserer alltäglichen Beziehungen, in der Arbeit, in der Fürsorge, im Wissen verankert.

In diesem Sinne verlangt universelles Bewusstsein keine Anbetung, sondern bewusste Teilhabe. Es verlangt keinen blinden Glauben, sondern Zuhören. Es verspricht keine individuelle Erlösung, sondern ein gemeinsames Bewusstsein.

Letztendlich zwingt die Ethik der Resonanz keine Schlussfolgerungen auf. Sie bietet eine Perspektive. Wenn das Feld die Grundlage von Leben und Geist ist, dann ist jedes Wesen auf seine Weise ein Punkt, an dem das Universum sich selbst wahrnimmt. Die entscheidende Frage bleibt offen und ist zutiefst menschlich: Wollen wir leben, als wäre die Welt taub, oder als würde jede Geste ein Echo im Herzen der Wirklichkeit hinterlassen?

Nicht nur unsere Zukunft hängt von dieser stillen Antwort ab, sondern – vielleicht – auch die Qualität des Bewusstseins selbst, die die Welt durch uns zum Ausdruck bringen kann.

XVII°. Auf dem Weg zu einer Wissenschaft des universellen Bewusstseins.

Kann das Unsichtbare gemessen werden? Die Herausforderung der Überprüfbarkeit des Bewusstseinsfeldes.

Jede neue Weltanschauung durchquert, bevor sie zu einer allgemein anerkannten Wissenschaft wird, eine Grenzzone: ein ambivalentes Gebiet, in dem Intuitionen die Methoden überholen und Fragen die Antworten überwiegen. Die Hypothese eines universellen Bewusstseinsfeldes bildet da keine Ausnahme. Sie stellt sogar einen der sinnbildlichsten Fälle dar. Denn hier geht es nicht nur um ein neues physikalisches oder biologisches Modell, sondern um das Kriterium dessen, was wir als verifizierbar betrachten.

Die Frage ist also nicht, ob das Feld heute „bewiesen" ist – das ist es nicht –, sondern ob es prinzipiell wissenschaftlich überprüfbar ist oder ob es im Bereich der Metaphysik verbleiben sollte. Die Wissenschaftsgeschichte legt nahe, dass diese oft als eindeutig dargestellte Unterscheidung tatsächlich fließend und historisch bedingt ist.

Wenn das Unverifizierbare messbar wird.

Als Einstein, Podolsky und Rosen 1935 das berühmte EPR-Paradoxon veröffentlichten, erschien die Idee, dass zwei Teilchen über eine Distanz verschränkt bleiben könnten, eher als philosophische Provokation denn als reale physikalische Möglichkeit. Einstein selbst sah darin ein Zeichen für die Unvollständigkeit der Quantenmechanik. Doch seit den 1970er Jahren, mit den Experimenten von John Bell und später von

Alain Aspect in Orsay bei Paris, ist die Verschränkung zu einem festen Bestandteil der Laborforschung geworden. Dieser historische Präzedenzfall ist lehrreich. Was jahrzehntelang unbeweisbar schien, war es nur, weil die entsprechenden Konzepte und Werkzeuge fehlten. Die Hypothese des Bewusstseinsfeldes befindet sich heute möglicherweise in einer ähnlichen Lage: nicht widerlegt, aber mit Standardmethoden noch nicht überprüfbar.

Einer der häufigsten Kritikpunkte an der Idee des universellen Bewusstseins ist, dass sie sich jeder objektiven Messung zu entziehen scheint. Doch die Schwierigkeit liegt womöglich nicht im Objekt, sondern in der Methode. Die moderne Wissenschaft entstand aus der Untersuchung von Systemen, die isolierbar, reproduzierbar und vom Beobachter trennbar sind. Das Feld hingegen lässt sich definitionsgemäß nicht isolieren und schließt den Beobachter selbst ein.

Hier stößt die Debatte auf Überlegungen, die bereits im 20. Jahrhundert angestellt wurden. Der Physiker und Wissenschaftsphilosoph Thomas Kuhn bemerkte, dass sich wissenschaftliche Paradigmen nicht durch ihre Widerlegung Punkt für Punkt verändern, sondern durch das Aufkommen neuer Fragestellungen. Und das Problem des Bewusstseins erfordert, wie William James im späten 19. Jahrhundert feststellte, andere Kategorien als jene der klassischen Physik.

Von Verifizierbarkeit zu sprechen bedeutet nicht, einen „endgültigen Beweis“ zu fordern, sondern vielmehr konvergente Spuren, kohärente Anomalien und wiederkehrende Muster zu identifizieren. In diesem Sinne werden einige zeitgenössische Forschungsrichtungen häufig als Hinweise angeführt, ohne jedoch in die laufende wissenschaftliche Debatte einzugreifen.

Studien zur Quantenkohärenz in biologischen Systemen – von der Photosynthese, die Anfang der 2000er Jahre in den Laboren von Berkeley und Oxford analysiert wurde, bis hin zur Magnetorezeption bei Vögeln – zeigen, dass das Leben physikalische Ressourcen nutzt, die bis vor Kurzem als zu fragil für die heiße und geräuschvolle Umgebung lebender Organismen galten. Kurz gesagt: Das Leben scheint etwas über Physik zu wissen, was die Physik selbst erst vor Kurzem entdeckt hat.

Für Anhänger der Feldhypothese sind diese Phänomene kein Beweis für universelles Bewusstsein, sondern ein indirektes Indiz für eine tiefere Ordnung, in der Information, Energie und Bedeutung keine getrennten Bereiche sind.

Der Beobachter kehrt durch die Vordertür zurück.

Ein weiterer entscheidender Punkt betrifft die Rolle des Beobachters. In der Quantenmechanik ist Beobachtung niemals ein neutraler Akt. Niels Bohr betonte, dass ein Quantenphänomen erst existiert, wenn es beobachtet wird. Übertragen auf den biologischen und kognitiven Kontext wirft diese Erkenntnis eine grundlegende Frage auf: Wenn Beobachtung konstitutiv für die Realität ist, woher kommt dann die Fähigkeit zu beobachten?

Die Feldhypothese reagiert darauf mit einer Umkehrung der Perspektive: Das individuelle Bewusstsein erzeugt Beobachtung nicht aus dem Nichts, sondern kanalisiert eine Beobachtungsfähigkeit, die bereits in der Struktur der Realität angelegt ist. Die Überprüfung des Feldes bedeutet demnach nicht, es „von außen zu messen“, sondern seine systemischen Effekte zu erkennen: unwahrscheinliche Stabilitäten, nicht-lokale Synchronisationen, emergente Bedeutungen.

Karl Popper machte das Kriterium der Falsifizierbarkeit als Abgrenzung der Wissenschaft bekannt. Doch bereits in den letzten Jahrzehnten des 20. Jahrhunderts wurde dieses Kriterium durch einen anderen Parameter ergänzt – nicht ersetzt –: die theoretische Fruchtbarkeit. Eine gute Hypothese ist nicht nur falsifizierbar, sondern generiert auch neue Fragen, neue Vorhersagen und neue Experimente.

Aus dieser Perspektive ist die Feld-des-Bewusstseins-Hypothese alles andere als steril. Sie hat den Dialog zwischen Physik, Biologie, Neurowissenschaften und Philosophie angeregt; sie hat Konzepte wie Information und Beziehung wieder in den Vordergrund gerückt; sie hat die Wissenschaft gezwungen, sich mit dem lange verdrängten Problem der subjektiven Erfahrung auseinanderzusetzen.

Der vielleicht heikelste Punkt ist folgender: Die Überprüfung des Feldes kann eine Transformation der eigenen Perspektive des Wissenschaftlers erfordern. Nicht im mystischen oder fideistischen Sinne, sondern in der Erkenntnis, dass das erkennende Subjekt nicht außerhalb des untersuchten Phänomens steht.

Der Mathematiker und Physiker Hermann Weyl schrieb 1949: „Die Realität ist kein Ding, sondern ein Prozess." Wenn Bewusstsein Teil dieses Prozesses ist, dann wird seine Bestätigung kein einmaliger Akt sein, sondern ein Prozess: eine fortschreitende Angleichung von Modellen, Erfahrungen und Erkenntnissen.

Vor diesem Hintergrund erscheint die Feldhypothese nicht als Flucht vor der Wissenschaft, sondern als Herausforderung ihrer Reife. Sie verlangt nicht nach unkritischer Akzeptanz, sondern nach Erforschung mit neuen Werkzeugen, die einer Welt gerecht werden, die – vielleicht – bewusster ist, als wir es uns bisher vorzustellen wagten.

Neue Methoden: Kohärenz, Information, Resonanz.

Wenn die Hypothese eines universellen Bewusstseinsfeldes eine Form wissenschaftlicher Untersuchung anstrebt, dann drängt sich eine zweite, vielleicht noch größere Frage auf: Mit welchen Werkzeugen? Nicht mit denen der Physik des 19. Jahrhunderts, die zur Messung von Massen und Bahnen dienten, sondern mit Methoden, die Beziehungen, Synchronisationen und Informationsflüsse erfassen können. Anders ausgedrückt: Werkzeuge für eine Welt, die nicht einfach existiert, sondern sich selbst organisiert.

In den letzten Jahrzehnten haben drei Konzepte den Wortschatz der Lebens- und Materiewissenschaften grundlegend verändert: Kohärenz, Information und Resonanz. Es handelt sich dabei nicht um poetische Metaphern, sondern um operationelle Kategorien, die neu definieren, was es bedeutet, ein komplexes System zu beobachten – und vielleicht auch, was es bedeutet, es zu verstehen.

Kohärenz: Wenn das Ganze wichtiger ist als die Summe seiner Teile.

In der Quantenphysik bezeichnet Kohärenz die Fähigkeit eines Systems, Phasenbeziehungen zwischen seinen Komponenten aufrechtzuerhalten. Lange Zeit glaubte man, dieses Phänomen sei auf ultrakalte Labore beschränkt. Doch Anfang der 2000er-Jahre änderte sich dies. Experimente zur Photosynthese, unter anderem von Graham Fleming an der Universität Berkeley durchgeführt, zeigten, dass Moleküle, die am Energietransfer in photosynthetischen Komplexen beteiligt sind, über überraschend lange Zeiträume kohärente Zustände beibehalten, selbst bei Raumtemperatur. Für viele Biologen war dies ein konzeptioneller Schock. Leben schien thermischem Rauschen nicht unterworfen zu sein, sondern es als Ressource zu nutzen. Aus dieser Perspektive ist Kohärenz keine fragile Ausnahme, sondern eine evolutionäre Strategie. Und genau hier findet die Field-Hypothese ihren ersten methodischen Ansatzpunkt: Wenn komplexe biologische Systeme Zustände tiefgreifender Ordnung aufrechterhalten können, greifen sie möglicherweise auf eine Organisationsebene zurück, die den einzelnen Teilen vorausgeht. Kohärenz misst in diesem Sinne kein Objekt, sondern die Qualität der Beziehung, die das System zusammenhält.

Information: die neue Währung der Realität.

Als Claude Shannon in den 1950er-Jahren bei den Bell Labs seine mathematische Informationstheorie formulierte, bestand das Ziel darin, die Telefonkommunikation zu optimieren. Niemand ahnte, dass Information wenige Jahrzehnte später zu einer fundamentalen Kategorie der Physik und Biologie werden würde.

Heute wissen wir, dass eine Zelle nicht nur ein Behälter für Moleküle ist, sondern ein Informationsprozessor, der kontinuierlich interne und externe Signale liest, interpretiert und umschreibt. Genomik, Epigenetik und Systembiologie haben gezeigt, dass DNA kein Schicksal, sondern ein dynamischer, kontextsensitiver Text ist.

In diesem Szenario wirft die Feldhypothese eine weitere Frage auf: Sind biologische Informationen nur lokal oder in einen umfassenderen Informationskontext eingebettet? Ohne über die Daten hinauszugehen, hatte diese Erkenntnis den Verdienst, den Fokus von Materie als Substanz auf Materie als strukturierte Botschaft zu lenken. Informationsmessung bedeutet heute die Untersuchung von Korrelationen, Redundanzen und Integrationsfähigkeit. Sie ist noch kein Maß für universelles Bewusstsein, aber eine mögliche Grammatik zur Beschreibung seiner Auswirkungen.

Resonanz: Wenn Systeme einander erkennen.

Es gibt ein Phänomen, das jedem Musiker bekannt ist und das die Wissenschaft sehr ernst genommen hat: Resonanz. Eine in Schwingung versetzte Stimmgabel aktiviert eine andere, die auf dieselbe Frequenz gestimmt ist, selbst über größere Entfernungen. Nichts „reist“ im klassischen Sinne, und doch wird etwas übertragen.

In der Biologie tritt Resonanz in zirkadianen Rhythmen, neuronaler Synchronisation und kollektivem Verhalten auf. In den 1990er Jahren sprach der Neurowissenschaftler Francisco Varela von „transienter Synchronisation“, um zu beschreiben, wie verschiedene Hirnregionen vorübergehend in Phase geraten und so kohärente mentale Zustände entstehen lassen.

Für diejenigen, die die Feldhypothese erforschen, wird Resonanz mehr als ein lokales Phänomen: Sie ist ein mögliches Verbindungsprinzip zwischen verschiedenen Realitätsebenen. Entfernte, aber strukturell ähnliche Systeme könnten einander durch Modalitäten „erkennen“, die sich nicht auf klassischen Energieaustausch reduzieren lassen.

Hier nähert sich die wissenschaftliche Sprache der Philosophie an. Schon Platon sprach von kosmischer „Sympathie“, und Goethe betonte in seinem Naturverständnis, dass Erkenntnis bedeutet, mit dem Beobachteten in Resonanz zu treten. Heute erfährt diese Intuition in der Sprache nichtlinearer Dynamik und komplexer Systeme eine neue begriffliche Bedeutung.

Kohärenz, Information und Resonanz sind keine Werkzeuge im herkömmlichen Sinne – keine Mikroskope oder Teilchenbeschleuniger –, sondern Kriterien zur Interpretation der Realität. Sie zwingen uns, unsere Aufmerksamkeit von isolierten Objekten auf Konfigurationen, von Komponenten auf Beziehungen, von stabilen Zuständen auf Prozesse zu lenken.

Aus dieser Perspektive bedeutet die Erforschung des Bewusstseinsfeldes nicht die Suche nach einem neuen Teilchen oder einer exotischen Energie, sondern die Entwicklung einer Wissenschaft, die die in der Vielfalt zum Ausdruck kommende Einheit erkennt. Eine Wissenschaft, die – um es mit Werner Heisenberg zu sagen – akzeptiert, dass „das, was wir beobachten, nicht die Natur an sich ist, sondern die Natur, die unserer Untersuchungsmethode ausgesetzt ist."

Vielleicht ist die wahre methodische Innovation nicht technischer, sondern kultureller Natur: zu lernen, ein Universum zu beobachten, das nicht einfach nur funktioniert, sondern in Resonanz steht. Und in dieser Resonanz, so der Autor, könnten wir nicht nur Spuren des Lebens erkennen, sondern auch das Echo eines umfassenderen Bewusstseins, dessen temporäre Modulation jede Lebensform ist.

Die Rolle von KI und Neurowissenschaften.

Wenn es einen Punkt gibt, an dem die Hypothese eines universellen Bewusstseinsfeldes auf die konkreteste Gegenwart der wissenschaftlichen Forschung trifft, dann ist dieser Punkt heute die Schnittstelle von künstlicher Intelligenz und Neurowissenschaften. Zwei Disziplinen, die mit unterschiedlichen Zielen begannen – die Ingenieurwissenschaften, die Biologie –, nähern sich beinahe unbewusst derselben grundlegenden Frage: Was ist der Geist wirklich, und wie entsteht bewusstes Erleben?

Diese Konvergenz ist voller historischer Ironie. 1956, während der berühmten Dartmouth-Konferenz, die die offizielle Geburtsstunde der künstlichen Intelligenz markierte, waren Pioniere wie John McCarthy und Marvin Minsky überzeugt, dass wenige Jahrzehnte genügen würden, um menschliche Intelligenz nachzubilden. Sie irrten sich gewaltig. Doch gerade dieses Scheitern eröffnete einen tieferen Weg: die Erkenntnis, dass Intelligenz – und vielleicht auch Bewusstsein – kein Regelwerk ist, sondern ein Phänomen, das aus komplexen Netzwerken entsteht.

Das Gehirn als dynamisches Netzwerk, nicht als Maschine.

In den letzten dreißig Jahren hat die Neurowissenschaft die Vorstellung vom Gehirn als biologischem Computer aus starren Modulen zunehmend aufgegeben. Neuroimaging-Verfahren – von der in den 1990er-Jahren entwickelten funktionellen Magnetresonanztomographie bis hin zu modernen

Konnektivitätsanalysen – zeigen ein Organ, das von temporären Synchronisationen lebt, von Konfigurationen, die sich bilden und wieder auflösen.

Der Neurowissenschaftler Giulio Tononi schlug mit seiner Theorie der integrierten Information vor, dass Bewusstsein nicht von der Anzahl der Neuronen abhängt, sondern vom Grad der Informationsintegration innerhalb des Systems. Eine sicherlich kontroverse These, die jedoch den Vorteil hatte, den Fokus zu verschieben: nicht wo Bewusstsein lokalisiert ist, sondern wie es organisiert ist.

Subtil betrachtet, korrespondiert diese Vision überraschend gut mit der Idee des Feldes: Bewusstsein als relationale Eigenschaft, nicht lokalisiert an einem Punkt, sondern verteilt als kohärentes Muster. Das Gehirn erzeugt in dieser Perspektive Bewusstsein nicht aus dem Nichts, sondern stimmt es ab, ähnlich wie ein Radio mit einem bereits vorhandenen Signal.

Auch die KI hat eine konzeptionelle Metamorphose durchlaufen. Moderne Deep-Learning-Systeme – von Convolutional Neural Networks (CNNs) bis hin zu großen Sprachmodellen – funktionieren nicht, weil sie im menschlichen Sinne „verstehen", sondern weil sie tiefe statistische Strukturen in enormen Datenräumen erfassen.

Es ist eine oft übersehene, aber faszinierende Tatsache: Diese Architekturen werden nicht mit expliziten Regeln programmiert, sondern organisieren interne Repräsentationen selbst. Geoffrey Hinton, einer der Väter des Deep Learning, hat wiederholt betont, wie viele der emergenten Eigenschaften künstlicher neuronaler Netze selbst ihre Entwickler überraschen.

Es geht nicht darum, Maschinen Bewusstsein zuzuschreiben – ein Schritt, der nach wie vor höchst umstritten ist –, sondern darum zu erkennen, dass KI als konzeptionelles Labor fungiert. Sie zeigt, wie Intelligenz aus Systemen entstehen kann, die durch statistische Resonanz und nicht durch lineare Anweisungen lernen. Und es ist schwer, keine Analogie zu lebenden Systemen zu erkennen, die in ein umfassenderes Informationsfeld eingebettet sind.

Wenn Neurowissenschaft und KI wirklich miteinander ins Gespräch kommen.

In den letzten Jahren hat sich der Dialog zwischen KI und Neurowissenschaft zu einer bidirektionalen Beziehung entwickelt. Künstliche Modelle werden zunehmend von neurobiologischen Daten inspiriert, während die Neurowissenschaft KI nutzt, um ansonsten unentzifferbare Hirnmuster zu interpretieren.

Ein Paradebeispiel liefert die Arbeit von Jack Gallant und seiner Gruppe in Berkeley, denen es bereits 2011 gelang, die von einer Versuchsperson wahrgenommenen Bilder anhand ihrer Hirnaktivität zu rekonstruieren. In jüngerer Zeit haben Modelle auf Basis tiefer neuronaler Netze die Dekodierung komplexer semantischer und perzeptueller Inhalte ermöglicht.

Diese Ergebnisse beweisen zwar nicht die Existenz eines Bewusstseinsfeldes, werfen aber eine entscheidende Frage auf: Lässt sich der Geist als dynamisches Muster erfassen, so ist Bewusstsein möglicherweise kein Objekt, sondern ein Prozess der informationellen Abstimmung. Diese Idee knüpft an die großen philosophischen Traditionen von Spinoza bis Whitehead an, in denen die Realität als Kontinuum von Ereignissen und nicht als Menge von Dingen verstanden wird.

Einen Punkt können jedoch weder KI noch Neurowissenschaften umgehen: die subjektive Erfahrung. Das sogenannte „harte Problem des Bewusstseins“, das der Philosoph David Chalmers in den 1990er-Jahren formulierte, bleibt bestehen. Wir können neuronale Korrelationen beschreiben und intelligentes Verhalten simulieren, doch warum „Fühlen“ existiert, bleibt ein ungelöstes Rätsel.

Und genau hier setzt die Feldhypothese an. Wenn Bewusstsein nicht vollständig vom Gehirn erzeugt wird, sondern aus der Interaktion zwischen biologischen Systemen und einer tieferen Seinsebene entsteht, dann werden KI und Neurowissenschaften zu indirekten Werkzeugen: Sie erklären nicht das Bewusstsein, sondern enthüllen die Bedingungen seiner Manifestation.

Der vielleicht bedeutendste Beitrag von KI und Neurowissenschaften liegt nicht in spezifischen Ergebnissen, sondern in dem von ihnen angestoßenen Wandel der erkenntnistheoretischen Haltung. Sie zwingen uns, Wissen nicht als Herrschaft, sondern als Interaktion zu begreifen, nicht als Kontrolle, sondern als Zuhören komplexer Systeme.

In diesem Licht erscheint das universelle Feld des Bewusstseins nicht als mystische, der Wissenschaft fremdartige Entität, sondern als ein Interpretationshorizont, der uns einlädt, die disziplinäre Zersplitterung zu überwinden. KI und Neurowissenschaften ebnen gemeinsam den Weg für eine Wissenschaft, die Beobachter und Beobachtetes nicht länger scharf trennt.

Wir messen das Feld möglicherweise noch nicht. Doch wir lernen langsam, ihre Spiegelungen zu erkennen – in lernenden Maschinen, in resonierenden Gehirnen und in jener subtilen Kontinuität, die künstliche Intelligenz mit natürlichem Bewusstsein verbindet.

Die kommende wissenschaftliche Revolution.

Jede große wissenschaftliche Revolution entsteht nicht nur durch neue Entdeckungen, sondern durch einen Perspektivenwechsel. Kopernikus fügte dem Himmel nicht einfach einen Planeten hinzu: Er verlagerte das Zentrum. Darwin führte keine neue Spezies ein: Er veränderte unser Verständnis vom Leben für immer. Und die Quantenphysik, zwischen Max Plancks Entdeckungen im Jahr 1900 und der Solvay-Konferenz von 1927, korrigierte nicht einfach die klassische Mechanik: Sie stellte die Idee einer objektiven Realität selbst in Frage.

Die wissenschaftliche Revolution, die sich heute am Horizont abzeichnet – die Revolution um das Bewusstsein – könnte derselben Tradition angehören. Nicht weil sie endgültige Antworten liefert, sondern weil sie das infrage stellt, was wir für fundamental halten: Materie, Information, Leben, Geist. Seit über drei Jahrhunderten ist der Erfolg der modernen Wissenschaft an eine präzise Strategie geknüpft: die Reduktion des Komplexen auf das Einfache, die Zerlegung von Systemen in ihre Bestandteile. Dieser Ansatz hat sich in der Mechanik, Chemie und im Ingenieurwesen als äußerst erfolgreich erwiesen. Doch heute, angesichts lebender Systeme, biologischer Netzwerke, Gehirne und bewusster Phänomene, zeigen sich deutliche Schwächen.

Physiker wie Carlo Rovelli – mit seinem Beharren auf der relationalen Natur der Realität – oder theoretische Biologen wie Stuart Kauffman, der von der intrinsischen Kreativität komplexer Systeme spricht, weisen aus unterschiedlichen Perspektiven auf dieselbe Notwendigkeit hin: Integration statt bloßer Analyse. Insbesondere das Bewusstsein scheint nicht aus der Summe seiner Teile, sondern aus deren dynamischer Organisation hervorzugehen.

In diesem Kontext fügt sich die Hypothese eines universellen Bewusstseinsfeldes als kühner konzeptioneller Rahmen ein: nicht nur eine weitere mechanische Erklärung, sondern eine Neudefinition des ontologischen Kontextes, in dem Leben und Geist Gestalt annehmen.

Die Rückkehr der großen Fragen.

Im Großteil des 20. Jahrhunderts vermied die Wissenschaft die „großen Fragen" sorgfältig und betrachtete sie als Domäne der Philosophie oder Religion. Doch heute erleben sie in den modernsten Laboren und Forschungszentren ein kraftvolles Comeback. Was ist Information? Ist Bewusstsein lediglich eine statistische Messung, wie Claude Shannon 1948 vorschlug, oder besitzt es eine tiefere, beinahe ontologische Dimension? Ist Bewusstsein ein zufälliges Produkt der Evolution oder eine fundamentale Eigenschaft des Universums, wie William James Anfang des 20. Jahrhunderts mit seinem „radikalen Panpsychismus" postulierte?

Die kommende wissenschaftliche Revolution könnte genau darin bestehen: Fragen, die als zu gewaltig galten, wieder wissenschaftliche Bedeutung zu verleihen, ohne dabei an Strenge einzubüßen, sondern durch die Erweiterung des begrifflichen Werkzeugkastens. Es ist kein Zufall, dass Philosophen des Geistes, theoretische Physiker und Systembiologen heute mehr miteinander im Dialog stehen als vor fünfzig Jahren.

Jedes wissenschaftliche Paradigma birgt eine implizite Weltsicht in sich. Die Newtonsche Wissenschaft legte ein uhrwerkartiges Universum nahe, die Darwinsche Wissenschaft einen großen Baum des Lebens, die Quantenphysik einen probabilistischen und vernetzten Kosmos.

Wenn Bewusstsein tatsächlich Einzug in die wissenschaftliche Landschaft hält, werden die Konsequenzen nicht nur theoretischer Natur sein. Es wird unsere Denkweise über den Menschen, andere Lebewesen und sogar unbelebte Materie verändern. Die Vorstellung, dass Bewusstsein keine kosmische Ausnahme, sondern eine fundamentale Art der Auseinandersetzung mit der Realität ist, wird tiefgreifende ethische, ökologische und kulturelle Implikationen haben.

Man denke nur daran, wie wir heute die Natur betrachten: nicht länger als einfache Ressource, sondern als komplexes, lebendes System. Eine Bewusstseinswissenschaft, inspiriert von der Idee eines universellen Feldes, könnte diesen Wandel verstärken und zeigen, dass die klare Trennung von Subjekt und Objekt zwar eine nützliche, aber nicht die ultimative Vereinfachung darstellt.

Anders als vergangene Revolutionen wird die gegenwärtige wahrscheinlich nicht plötzlich oder spektakulär sein. Es wird kein symbolisches Datum wie 1543 in „De Revolutionibus“ oder 1859 in „Über die Entstehung der Arten“ geben. Es wird ein allmählicher Wandel sein, bestehend aus stillen Annäherungen, aus sich überschneidenden Sprachen und verschwimmenden disziplinären Grenzen.

Vielleicht werden wir in einigen Jahrzehnten auf diese Jahre als Übergangsphase zurückblicken, in der die Wissenschaft begann zu akzeptieren, dass das Verständnis der Realität zum Teil auch das Verständnis des Bewusstseins bedeutet, das sie wahrnimmt. In diesem Sinne stellt das universelle Feld des Bewusstseins weniger eine Schlussfolgerung als vielmehr einen Kompass dar: eine Leithypothese, die zur Erkundung einlädt, ohne den Dialog voreilig zu beenden.

Die kommende wissenschaftliche Revolution verspricht keine absoluten Gewissheiten. Sie verspricht etwas vielleicht Wertvolleres: ein reiferes Wissen, das Präzision und Offenheit, Berechnung und Sinn, Messung und Bedeutung vereint.

Wie Albert Einstein 1931 in einer oft zitierten, aber selten vollständig durchdachten Passage schrieb: „Das

Unbegreiflichste am Universum ist, dass es begreiflich ist.“ Vielleicht ist es an der Zeit hinzuzufügen: Das Überraschendste ist, dass das Universum, wenn wir es verstehen, etwas von uns selbst widerzuspiegeln scheint.

Wenn diese Erkenntnis in einer neuen Bewusstseinswissenschaft Gestalt annimmt, dann wird die Revolution nicht nur aus neuen Theorien bestehen, sondern auch aus einer anderen Art, die Welt zu bewohnen: bewusster, verantwortungsbewusster und – paradoxerweise – wissenschaftlicher, gerade weil sie weniger reduktionistisch ist.

XVIII°. Das Feld als Ursprung von Leben und Geist.

Ein Universum, das durch uns denkt.

Es gibt einen Moment in der Ideengeschichte, in dem eine Frage aufhört, poetisch zu wirken, und unausweichlich wird. Was wäre, wenn das Universum denken könnte? Natürlich nicht als ein riesiges anthropomorphes Gehirn, sondern als ein diffuser Prozess, eine Fähigkeit zur Reflexion, die dort entsteht, wo Materie komplex genug wird, um sich selbst zu hinterfragen. Aus dieser Perspektive wäre das menschliche Bewusstsein keine wundersame Ausnahme, sondern ein Verdichtungspunkt: der Ort, an dem der Kosmos sozusagen das Wort ergreift.

Diese Erkenntnis durchzieht subtil die Geschichte der westlichen Kultur. Bereits im dritten Jahrhundert sprach Plotin von der Weltseele, während Giordano Bruno in seinem Werk „De la causa, principio et uno“ (1584) ein lebendiges, beseeltes und unendlich schöpferisches Universum entwarf. Heute, nach Jahrhunderten mechanistischer Wissenschaft, kehren diese Bilder in neuer Form zurück, überraschend nah an der Sprache der modernen Physik und Biologie.

Von träger zu reflektierender Materie.

Lange Zeit haben wir die Geschichte des Universums als eine Abfolge von blinden Durchgängen erzählt: Teilchen, Atome, Moleküle, Zellen, Gehirne. Doch bei genauerer Betrachtung wirft diese Erzählung eine entscheidende Frage auf: Wann und wie begann Materie zu „wissen“, dass sie existiert? Die moderne Biologie hat gezeigt, dass selbst die einfachste Zelle ein System ist, das misst, reagiert und unterscheidet. Sie denkt nicht im menschlichen Sinne, sondern verarbeitet Informationen zielgerichtet. Die Quantenphysik wiederum hat ein destabilisierendes Element eingeführt: Der Beobachter ist nicht länger außerhalb des beobachteten Phänomens. Wie John Archibald Wheeler, einer der bedeutendsten Physiker des 20. Jahrhunderts, feststellte, existiert kein Phänomen, solange es nicht beobachtet wird. Ein Satz, der auch heute noch fasziniert und beunruhigt.

Verbindet man diese beiden Aspekte – das Leben als Informationsprozess und die Quantenrealität als Beziehung –, so ergibt sich eine kühne und doch schlüssige Hypothese: Bewusstsein entsteht nicht im Gegensatz zum Universum, sondern mit ihm. Und wir sind eine seiner historisch bedingten Formen.

In diesem Licht erscheint das menschliche Gehirn weniger wie eine Maschine, die Bewusstsein erzeugt, sondern eher wie eine Schnittstelle, ein Resonanzkörper. Diese Idee ist nicht neu: Schon 1907 schlug der Philosoph und Psychologe William James vor, dass das individuelle Bewusstsein ein „Filter“ oder ein „Ventil“ eines größeren Bewusstseins sein könnte.

Die Neurowissenschaft zeigt, dass bewusstes Erleben nicht auf einen präzisen Punkt im Gehirn beschränkt ist, sondern aus globalen Dynamiken, Synchronisationen und verteilten kohärenten Zuständen entsteht. Die Quantenbiologie legt – bei aller gebotenen Vorsicht – nahe, dass die Natur selbst auf mikroskopischer Ebene subtile Korrelationen und fragile Kohärenzen in störungsreichen Umgebungen aufrechterhalten kann. Es ist, als hätte das Leben über Milliarden von Jahren gelernt, einen Dialog mit den Tiefen der Realität offen zu halten.

Es ist kein Zufall, dass diese Ideen gerade heute, im Zeitalter der globalen Vernetzung, aufkommen. In den Laboren von Santa Barbara und in europäischen Forschungszentren für Komplexität, in den philosophischen Debatten von Paris und auf Konferenzen für theoretische Physik in Triest ist dieselbe Spannung spürbar: die starre Trennung zwischen Subjekt und Objekt, zwischen Geist und Welt zu überwinden. Auch die zeitgenössische Kultur trägt ihre Spuren. Als der Astrophysiker Carl Sagan in den 1980er Jahren erklärte, „wir seien ein Weg für den Kosmos, sich selbst zu erkennen", sprach er zwar die breite Öffentlichkeit an, traf aber einen Nerv in der wissenschaftlichen Debatte. Es war keine Mystik, sondern eine erkenntnistheoretische Erkenntnis: Das beobachtete Universum und das beobachtende Universum fallen zumindest teilweise zusammen.

Zu sagen, dass das Universum durch uns denkt, bedeutet weder, die Individualität zu leugnen, noch die persönliche Verantwortung in einem vagen Ganzen aufzulösen. Im Gegenteil, es bedeutet zu erkennen, dass jeder Bewusstseinsakt ein kosmisches Ereignis ist, einzigartig und unwiederholbar, in dem das Feld – um die Sprache dieses Buches zu verwenden – eine bestimmte Form, einen bestimmten Standpunkt annimmt.

Aus dieser Perspektive ist Wissen nicht bloßes Anhäufen von Daten, sondern Teilhabe an einem umfassenderen Prozess der Selbstoffenbarung der Wirklichkeit. Der menschliche Geist wird so zu einer Schwelle: zwischen Biologie und Metaphysik, zwischen dem Endlichen und dem Unendlichen, zwischen dem Schweigen der physikalischen Gesetze und der Sprache der Erfahrung.

Die vielleicht radikalste Schlussfolgerung ist zugleich die einfachste: Wenn wir denken, sind wir nicht allein. In diesem fragilen und kraftvollen Akt, den wir Bewusstsein nennen, hinterfragt sich das Universum – durch uns – fortwährend selbst nach seinem Wesen. Und erkennt sich zumindest für einen Augenblick selbst.

Das Leben als der Weg des Feldes, sich selbst zu erkennen.

Wenn wir im vorangegangenen Kapitel die Idee eines Universums gewagt haben, das durch uns denkt, ist der nächste Schritt hier beinahe unausweichlich: Leben ist nicht nur das Ergebnis des Feldes, sondern auch dessen Instrument der Selbsterkenntnis. Kein zufälliges Nebenprodukt der kosmischen Evolution, sondern vielmehr eine tiefgreifende Strategie, mit der die Realität sich selbst erforscht, prüft und von innen heraus beobachtet.

Diese Perspektive widerlegt eine tief verwurzelte Überzeugung: dass Wissen eine ausschließlich menschliche Tätigkeit sei, spät und peripher in der Geschichte des Universums. Im Gegenteil, betrachtet man das Leben als Ganzes – von Bakterien bis hin zu komplexen Nervensystemen –, so offenbart sich eine überraschende Kontinuität: Leben bedeutet bis zu einem gewissen Grad Wissen.

Eine Pflanze, die ihre Blätter dem Licht zuwendet, ein Bakterium, das einem chemischen Gradienten folgt, ein Immunsystem, das zwischen „Selbst“ und „Nicht-Selbst“ unterscheidet: In all diesen Fällen gibt es kein reflektierendes Bewusstsein, aber dennoch Unterscheidungsvermögen, Erinnerung, Wahlmöglichkeiten. In diesem Licht erscheint das Leben als ein Netz von Perspektiven. Jeder Organismus ist eine verkörperte Sichtweise des Feldes, eine spezifische Art und Weise, wie die Realität „fühlt“ und sich selbst organisiert. Es gibt noch kein Selbstbewusstsein, aber bereits einen ersten, elementaren Akt des Erkennens: Dieser Unterschied ist für mich bedeutsam.

Evolution als Vertiefung des Blicks.

Biologische Evolution kann somit nicht nur als Anpassung an die Umwelt, sondern auch als fortschreitende Verfeinerung kognitiver Fähigkeiten interpretiert werden. Mit dem Auftreten von Nervensystemen vor etwa 600 Millionen Jahren veränderte sich etwas radikal: Information war nicht länger bloße Reaktion, sondern wurde zu innerer Repräsentation, Antizipation, Simulation.

Beim Menschen erreichte diese Entwicklung einen kritischen Punkt. Das Leben beschränkte sich nicht länger auf das Erkennen der Welt: Es begann, das Erkennen selbst zu hinterfragen. Dies ist der Moment, in dem sich das Feld durch eine hochkomplexe biologische Form seines eigenen Prozesses bewusst wurde. Ein Übergang, den der deutsche Philosoph Karl Jaspers als „Grenzsituation" bezeichnet hätte: Die Realität wird sich ihrer eigenen Tiefe bewusst.

Es ist kein Zufall, dass große wissenschaftliche Revolutionen oft dort entstehen, wo Naturbeobachtung mit radikalen Fragestellungen verknüpft ist. In Cambridge stellten Biologen, Mathematiker und Physiker zwischen den 1930er und 1940er Jahren Information und Ordnung in Frage; in Wien warf die Krise des Positivismus bereits in den 1920er Jahren Fragen nach der Rolle des Beobachters auf; in Santa Fe hat die Erforschung komplexer Systeme seit den 1980er Jahren gezeigt, dass Selbstorganisation eine weitverbreitete Eigenschaft der Realität ist.

In all diesen Kontexten tritt dieselbe Erkenntnis hervor: Wissen wird dem Leben nicht übergestülpt, sondern ist eine ihm innewohnende Funktion. Das Leben ist das Labor, in dem das Feld mit Formen, Beziehungen und Möglichkeiten experimentiert.

An diesem Punkt wird die Unterscheidung zwischen Wissen und Bewusstsein subtiler. Wissen im tiefsten Sinne bedeutet nicht, Informationen anzuhäufen, sondern sich selbst im Wissen zu erkennen. Hier treffen Biologie und Metaphysik aufeinander.

Wenn ein Mensch den Sternenhimmel betrachtet – wie Immanuel Kant im 18. Jahrhundert in Königsberg – und gleichzeitig die Unermesslichkeit des Kosmos und die Gegenwart des moralischen Gesetzes in sich spürt, beobachtet er nicht einfach das Universum: Er nimmt an einem Akt der Selbstreflexion der Wirklichkeit teil. Das Leben wird auf dieser Ebene zu einem bewussten Spiegel.

Zu sagen, dass das Leben die Art und Weise ist, wie das Feld sich selbst erkennt, bedeutet nicht, ihm einen äußeren Zweck oder einen starren Plan zuzuschreiben. Es bedeutet, eine innere Richtung zu erkennen, eine Neigung zur Erkundung, zu Beziehungen und Erfahrungen. Wissen wird nicht von oben aufgezwungen, sondern entspringt von unten, aus dem unaufhörlichen Dialog zwischen Ordnung und Neuem, zwischen Stabilität und Risiko.

Aus dieser Perspektive nimmt jede Lebensform – selbst die bescheidenste – an einem Prozess kosmischen Wissens teil. Nicht alle tun dies auf dieselbe Weise, nicht alle sind sich dessen bewusst, aber alle tragen dazu bei. Das Feld ist nicht abstrakt erfahrbar: Es wird durch das Leben selbst erfahren. Und vielleicht liegt darin gerade der tiefste Sinn des biologischen Abenteuers auf der Erde: keine Randerscheinung in einem gleichgültigen Universum, sondern einer der Orte, an denen die Wirklichkeit gelernt hat, sich selbst in die Augen zu sehen.

Von der Biologie zur Metaphysik: der sich schließende Kreis.

Es gibt ein uraltes, fast archetypisches Bild, das die Geschichte des Denkens begleitet: das des sich schließenden Kreises, des Weges, der, nachdem er die Vielfalt der Welt durchquert hat, zu seinem Ursprung zurückkehrt, aber verwandelt. Dieses Bild finden wir in der griechischen Philosophie, in der mittelalterlichen Mystik und in der modernen Wissenschaft, wenn sie, an ihre Grenzen stoßend, gezwungen ist, ihre eigenen Grundlagen zu hinterfragen. In diesem Buch beginnt dieser Kreis in der Biologie und schließt sich in der Metaphysik.

Jahrhundertelang haben wir das Leben als eines von vielen Objekten untersucht, es seziert, klassifiziert und durch Mechanismen erklärt. Dieser Ansatz hat außergewöhnliche Ergebnisse hervorgebracht, doch als wir zum Kern der Lebensprozesse vordrangen, stießen wir auf etwas Unerwartetes: Lebende Materie verhält sich nicht wie die übrige Materie. Sie bewahrt Ordnung fernab des Gleichgewichts, verarbeitet Informationen, antizipiert und kooperiert. Und in ihren tiefsten Schichten scheint sie mit jener Zone der Unbestimmtheit in Dialog zu treten, die die Quantenphysik im 20. Jahrhundert ans Licht brachte.

Bereits 1944 fragte sich Erwin Schrödinger, wie es möglich sei, dass ein Organismus in einem Universum, das zur Unordnung tendiert, geordnet bleibe. Diese Frage, die in Dublin während einer Vorlesungsreihe entstand, war nicht nur biologischer Natur: Sie war implizit metaphysisch. Es sprach über das Verhältnis von physikalischen Gesetzen, Information und Bedeutung.

Seitdem hat jeder Fortschritt im Verständnis lebender Systeme ein Paradoxon offengelegt: Je tiefer die Biologie vordringt, desto weniger lässt sie sich reduzieren. Das Leben eingehend zu erforschen bedeutet, auf Konzepte – Information, Beobachtung, Beziehung – zu stoßen, die nicht mehr allein dem Labor angehören, sondern der Naturphilosophie. An ihre Grenzen gestoßen, kehrt die Wissenschaft zu den ursprünglichen Fragen nach dem Sinn des Seins zurück.

Ähnliches geschah im 20. Jahrhundert in der Physik. Die Quantenmechanik, ursprünglich zur Beschreibung des Verhaltens von Teilchen entwickelt, stellte schließlich den Begriff der von der Beobachtung unabhängigen Realität selbst infrage. Niels Bohr betonte, dass wir nicht von der Natur „an sich“ sprechen können, sondern nur von dem, was wir über die Natur aussagen können. Diese Position erinnert frappierend an das Denken Immanuel Kants zwei Jahrhunderte zuvor.

Wenn diese beiden Entwicklungslinien – die der Biologie und die der Physik – aufeinandertreffen, entsteht keine neue technische Theorie, sondern ein Perspektivenwechsel. Das Leben erscheint nicht länger als lokale Anomalie, das Bewusstsein nicht länger als zufälliges Begleitphänomen. Beides wird zum Ausdruck einer tieferen Realitätsebene, die in diesem Buch als das Feld bezeichnet wird: ein einheitliches, informationelles und relationales Prinzip, aus dem sowohl physikalische Gesetze als auch Lebensformen hervorgehen.

An diesem Punkt verliert die klassische Unterscheidung zwischen Wissenschaft und Metaphysik ihre Strenge. Die Biologie beantwortet die Frage nach der Funktionsweise lebender Systeme; die Metaphysik kehrt zur Frage zurück, warum etwas existiert, das funktioniert, weiß und fühlt. Doch es handelt sich nicht mehr um zwei getrennte Fragen: Die erste führt unweigerlich zur zweiten.

Wenn wir einen sich selbst organisierenden Organismus beobachten, der seine Identität bewahrt und gleichzeitig fortwährend Materie und Energie mit seiner Umwelt austauscht, gehen wir bereits über die Beschreibung hinaus. Wir berühren das Thema Sinn. Wie der Philosoph Hans Jonas in den 1960er Jahren bemerkte, führt das Leben eine embryonale Form von Freiheit und Innerlichkeit in die Welt ein. Es ist noch kein volles Bewusstsein, aber es ist auch nicht mehr reine physikalische Notwendigkeit.

Zu sagen, der Kreis sei geschlossen, bedeutet nicht, dass die Suche endet. Vielmehr bedeutet es, dass sie ihre Einheit wiederentdeckt. Die Biologie, ausgehend von der Untersuchung von Molekülen, führt zur Frage des Bewusstseins; Die Physik, ausgehend von Teilchen, führt zur Frage des Beobachters; die Metaphysik, lange der Abstraktion bezichtigt, kehrt als Raum für die Integration von Wissen zurück.

Aus dieser Perspektive ist das universelle Bewusstseinsfeld keine willkürliche Hinzufügung, sondern eine kohärente Antwort auf einen Weg, den Wissenschaft und Philosophie gemeinsam beschritten haben, oft ohne dies explizit zu benennen. Es ist der Name, den wir dem geben, was Atome, Zellen, Bewusstsein und Bedeutungen im selben Universum ermöglicht.

Hier schließt sich der Kreis: Leben, das Leben erforscht, entdeckt, dass es Teil eines umfassenderen Prozesses der Selbsterkenntnis der Realität ist. Und genau in dieser Erkenntnis – biologisch, physikalisch und metaphysisch zugleich – öffnet sich der Raum für das letzte Thema, vielleicht das heikelste von allen: das der Freiheit.

Freiheit als Echo des universellen Bewusstseins.

Wenn es ein Wort gibt, mit dem die moderne Wissenschaft mit Vorsicht – wenn nicht gar mit offenem Misstrauen – umgegangen ist, dann ist es Freiheit. Zu sehr mit ethischen, philosophischen, ja sogar politischen Implikationen behaftet, um mit einem von Gesetzen beherrschten Universum vereinbar zu sein. Doch mitten in der strengsten Physik und der fortschrittlichsten Biologie hat sich die Freiheit erneut bemerkbar gemacht. Nicht als absolute Willkür, sondern als subtiles Echo einer Dimension, die tiefer als die Realität reicht.

In diesem Zusammenhang erscheint Freiheit nicht als wundersame Ausnahme von den Naturgesetzen, sondern als deren unerwartete Folge, interpretiert im Lichte des universellen Bewusstseinsfeldes.

Als Werner Heisenberg 1927 in Leipzig die Unschärferelation formulierte, wollte er nicht die Tür zu einer Philosophie der Freiheit öffnen. Tatsächlich aber untergrub er die Vorstellung, die Zukunft sei vollständig in der Gegenwart festgelegt. Auf Quantenebene entwickelt sich die Realität nicht wie eine perfekte Uhr, sondern als Spektrum von Möglichkeiten, von denen einige realisiert werden, andere nicht.

Übertragen auf die biologische Welt – unter Berücksichtigung aller notwendigen Vorsichtsmaßnahmen – wird diese Unschärfe zu einem kreativen Spielraum. Lebende Systeme sind keine deterministischen Maschinen: Sie reagieren, modulieren, antizipieren. Sie wählen nicht im menschlichen Sinne, sondern treffen Selektionen. Und jede Entscheidung ist im Grunde eine Form der Freiheit.

Der Chemiker und Wissenschaftsphilosoph Ilja Prigogine, Nobelpreisträger von 1977, sprach vom „Ende der Gewissheiten“: In Systemen fernab des Gleichgewichts, wie etwa Lebewesen, lässt sich die Zukunft nicht aus der Vergangenheit ableiten. Sie ist offen. Diese Offenheit ist kein Fehler des Modells, sondern eine strukturelle Eigenschaft der Realität.

Der Körper als Ort möglicher Freiheit.

In der aktuellen Debatte um das Bewusstsein haben nur wenige Experimente so viel Diskussion ausgelöst wie jene, die Benjamin Libet in den 1980er Jahren an der University of California, San Francisco, durchführte. Seine Forschung schien zu zeigen, dass motorische Entscheidungen vom Gehirn vorbereitet werden, bevor sich das Subjekt ihrer bewusst ist. Für viele war dies der Beweis, dass der freie Wille eine Illusion ist.

Eine genauere Lektüre – die auch Libet selbst vertritt – legt jedoch etwas anderes nahe: Bewusstsein initiiert keine Handlungen, kann sie aber dennoch hemmen. Ein Vetorecht, minimal, aber entscheidend. Ein Spielraum der Freiheit, der den Prozess nicht beherrscht, sondern ihn lenkt.

In diesem Grenzbereich zwischen biologischer Automatie und reflexivem Bewusstsein erscheint Freiheit nicht als totale Kontrolle, sondern als Resonanz mit einer tieferen Seinsebene. Der Körper wird zum Punkt, an dem sich das Feld ausdrückt, ohne sich vollständig zu determinieren.

Die moderne Tradition hat Freiheit oft mit Unabhängigkeit gleichgesetzt: Frei sein hieße, von nichts abhängig zu sein. Doch diese Vorstellung gerät ins Wanken, sobald wir sie mit unserem Wissen über das Leben vergleichen. Jeder Organismus ist Beziehung, Austausch, Interdependenz. Und gerade darin entsteht eine Form wahrer Autonomie.

Aus dieser Perspektive entsteht Freiheit nicht gegen das universelle Feld des Bewusstseins, sondern in ihm. Sie ist ein Echo, kein Bruch. Wie ein musikalischer Ton, der ohne das ihn ermöglichende akustische Feld nicht existieren kann, ist individuelle Freiheit eine lokale Modulation einer umfassenderen, kosmischen Freiheit.

Eine Intuition, die in verschiedenen philosophischen Traditionen widerhallt. Baruch Spinoza sprach im 17. Jahrhundert von Freiheit als einem Verständnis von Notwendigkeit; Henri Bergson sah sie zu Beginn des 20. Jahrhunderts als kreativen Ausdruck der gelebten Zeit. Heute, im Lichte der Quantenphysik und der Biologie komplexer Systeme, finden diese Ideen eine unerwartete Konvergenz.

Wenn Freiheit ein Echo des universellen Bewusstseins ist, dann ist sie niemals rein privat. Jede freie Handlung schwingt im Feld mit und verändert – selbst unmerklich – das Gefüge der Beziehungen. Verantwortung entsteht nicht aus einem äußeren

Gesetz, sondern aus der Tatsache, dass wir an etwas Größerem als uns selbst teilhaben.

In diesem Sinne ist Freiheit nicht das Tun an sich, sondern das Erkennen des genauen Punktes, an dem unser Handeln mit der tiefen Ordnung der Wirklichkeit im Einklang steht. Nicht Gehorsam, sondern Übereinstimmung. Nicht Schicksal, sondern Orientierung.

Die Reise dieses Buches endet hier an einer Schwelle: zwischen Wissenschaft und Metaphysik, zwischen Notwendigkeit und Möglichkeit, zwischen Individuum und Kosmos. Freiheit ist nicht das letzte Wort, sondern das Zeichen dafür, dass das Feld sich durch Leben und Bewusstsein weiter erforscht. Und es tut dies, indem es stets Raum für das Unerwartete lässt.

Kleine Bibliographie

Die folgende Bibliographie ist auf die wissenschaftlichen, philosophischen und metaphysischen Inhalte des Buches abgestimmt und umfasst grundlegende Werke zur Quantenphysik, Biologie, Information, Selbstorganisation und Bewusstseinstheorien. Besonderes Augenmerk liegt dabei auf Autoren, die zum Dialog zwischen Wissenschaft und metaphysischer Vision beigetragen haben. Die Titel sind, sofern verfügbar, in der Originalsprache und alphabetisch nach dem Nachnamen des Autors aufgeführt.

Al-Khalili Jim, McFadden John	Life on the Edge: The Coming of Age of Quantum Biology – Bantam Press
Aspect Alain	Introduction to Quantum Mechanics – Wiley
Atmanspacher Harald	Dual-Aspect Monism and the Deep Structure of Meaning – Routledge
Barad Karen	Meeting the Universe Halfway: Quantum Physics and the Entanglement of Matter and Meaning – Duke University Press
Bateson Gregory	Mind and Nature: A Necessary Unity – Dutton
Bohm David	Wholeness and the Implicate Order – Routledge
Bohm David	The Undivided Universe – Routledge
Capra Fritjof	The Tao of Physics – Shambhala
Capra Fritjof	The Web of Life – Anchor Books
Chalmers David J.	The Conscious Mind: In Search of a Fundamental Theory – Oxford University Press
Davies Paul	The Cosmic Blueprint – Simon & Schuster
Davies Paul	Mind of God – Simon & Schuster
De Broglie Louis	Non-Linear Wave Mechanics – Elsevier
Dennett Daniel C.	Consciousness Explained – Little, Brown and Company
Dirac Paul A. M.	The Principles of Quantum Mechanics – Oxford University Press
Eccles John C.	How the Self Controls Its Brain – Springer
Einstein Albert	Ideas and Opinions – Crown Publishers

Fisher Matthew P. A.	Quantum Cognition: The possibility of processing with nuclear spins in the brain – Annals of Physics
Fröhlich Herbert	Biological Coherence and Response to External Stimuli – Springer
Gell-Mann Murray	The Quark and the Jaguar: Adventures in the Simple and the Complex – W. H. Freeman
Hameroff Stuart R.	Ultimate Computing: Biomolecular Consciousness and Nanotechnology – Elsevier
Heisenberg Werner	Physics and Philosophy: The Revolution in Modern Science – Harper
Henry Richard C.	The Mental Universe – Nature
Hiley Basil J.	The Quantum Implicate Order – Routledge
Horgan John	The End of Science – Addison-Wesley
Huxley Aldous	The Perennial Philosophy – Harper & Brothers
Jung Carl Gustav	Synchronicity: An Acausal Connecting Principle – Princeton University Press
Kauffman Stuart A.	At Home in the Universe: The Search for Laws of Self-Organization and Complexity – Oxford University Press
Kauffman Stuart A.	Reinventing the Sacred – Basic Books
Laszlo Ervin	Science and the Akashic Field: An Integral Theory of Everything – Inner Traditions
Laszlo Ervin	The Connectivity Hypothesis – SUNY Press
Margulis Lynn	Symbiotic Planet: A New Look at Evolution – Basic Books
Maturana Humberto R., Varela Francisco J.	The Tree of Knowledge – Shambhala
McFadden Johnjoe	Quantum Evolution – HarperCollins
Nagel Thomas	Mind and Cosmos: Why the Materialist Neo-Darwinian Conception of Nature Is Almost Certainly False – Oxford University Press
Penrose Roger	The Emperor's New Mind – Oxford University Press
Penrose Roger	Shadows of the Mind – Oxford University Press
Prigogine Ilya, Stengers Isabelle	Order Out of Chaos – Bantam Books
Rovelli Carlo	Reality Is Not What It Seems: The Journey to Quantum Gravity – Penguin
Rovelli Carlo	Helgoland – Riverhead Books
Schrödinger Erwin	What Is Life? – Cambridge University Press
Sheldrake Rupert	A New Science of Life – Icon Books
Sheldrake Rupert	The Presence of the Past – Park Street Press
Stapp Henry P.	Mindful Universe: Quantum Mechanics and the Participating Observer – Springer
Tegmark Max	Life 3.0: Being Human in the Age of Artificial Intelligence – Knopf
Tononi Giulio	Phi: A Voyage from the Brain to the Soul – Pantheon

Varela Francisco J.	Ethical Know-How: Action, Wisdom, and Cognition – Stanford University Press
Vitiello Giuseppe	My Double Unveiled: The Dissipative Quantum Model of Brain – John Benjamins
Wheeler John Archibald	At Home in the Universe – American Institute of Physics
Whitehead Alfred North	Process and Reality – Free Press
Zohar Danah	The Quantum Self – HarperCollins

Was wäre, wenn Leben nicht bloß Chemie und Mechanik wäre, sondern ein Phänomen, das tief mit den geheimnisvollsten Gesetzen des Universums verwoben ist? Dieses Buch nimmt den Leser mit auf eine kühne und faszinierende Reise an die Schnittstelle von Biologie, Quantenphysik und Bewusstseinsphilosophie. Ausgehend von den neuesten wissenschaftlichen Hypothesen bietet der Autor eine neue Perspektive auf das Leben: nicht als einfache Summe biochemischer Reaktionen, sondern als dynamischer Prozess von Information, Kohärenz und Wechselwirkung mit dem Quantenfeld, das die Realität durchdringt.

Von enzymatischen Reaktionen, die den Quantentunneleffekt zu nutzen scheinen, bis hin zur Zelle als System mit niedriger Entropie, das Information organisieren kann, untersucht der Text, wie typische Quantenphänomene in lebenden Systemen eine Rolle spielen können. Er behandelt hochaktuelle Themen wie biologische Verschränkung, Morphogenese als Ausdruck von Informationsfeldern, die Rolle des Quantenvakuums und den Einfluss von Quantenprozessen auf die Sinneswahrnehmung.

Jenseits des klassischen mechanistischen Paradigmas lädt das Buch dazu ein, den Organismus als offenes System zu betrachten, das im ständigen Dialog mit seiner Umwelt und dem Beobachter selbst steht. In diesem Kontext entsteht eine Vision des Lebens als kollektives und emergentes Phänomen, in dem Ordnung und Komplexität aus der Wechselwirkung zwischen Mikro- und Makrokosmos, zwischen Materie, Information und Feld entstehen.

Im letzten Abschnitt weitet sich der Fokus auf eine neue Metaphysik des Bewusstseins aus. Bewusstsein wird als ein nicht reduzierbares, emergentes Phänomen vorgeschlagen, das mit einem möglichen universellen Bewusstseinsfeld verbunden ist, welches das Individuum transzendiert und sich gleichzeitig durch es manifestiert. Biologische Zeit, Selbstorganisation sowie philosophische und spirituelle Implikationen verschmelzen zu einer Synthese, die traditionelle wissenschaftliche Kategorien infrage stellt.

Ein anregendes und provokantes Werk für den neugierigen Leser, der grundlegende Fragen nach dem Ursprung des Lebens und des Geistes erforschen möchte – ein Ort, an dem Wissenschaft auf Mysterien trifft und neue Horizonte des Verständnisses eröffnet.

Über den Autor: Bruno Del Medico, geboren 1946 in Sabaudia (Italien), war zunächst in der Informatik und Softwareentwicklung tätig. Anschließend widmete er sich dem Studium und der Verbreitung aktueller wissenschaftlicher Theorien, wie beispielsweise der Quantentheorie in ihrem metaphysischen Sinne.

L’autore.

Bruno Del Medico, nato nel 1946 in Sabaudia (Italia) nel corso della sua vita lavorativa si è occupato di informatica e sviluppo di software. Successivamente si è dedicato allo studio e alla divulgazione delle teorie scientifiche più attuali, come la teoria quantistica nella sua accezione metafisica. Attualmente Bruno Del Medico è autore di numerose opere pubblicate nelle Edizioni PensareDiverso. Il lavoro di Bruno Del Medico si distingue dalle narrazioni tradizionali nel campo delle scienze tecniche per il suo approccio critico, indipendente e non convenzionale. Invece di limitarsi a interpretazioni standard o al consenso generale su tematiche puramente scientifiche, Bruno Del Medico esplora prospettive alternative che spesso sono controcorrente, mettendo in discussione le assunzioni comunemente accettate.

Una caratteristica peculiare delle sue opere è la capacità di intrecciare scienza, etica e filosofia in un dialogo aperto, che incoraggia il lettore a riflettere autonomamente e a considerare le implicazioni più profonde delle innovazioni tecnologiche e scientifiche.

Quantistica-Biologia-Entanglement,
Coscienza Universale-Campo,
Campo Quantico-Decoerenza,
Vita-Intelligenza- Ordine Implicato,
Campo Coscienza- Filosofia sociale,
Metafisica della Scienza-Origine vita,
PensareDiverso- Bruno Del Medico,

www.ingramcontent.com/pod-product-compliance
Lightning Source LLC
LaVergne TN
LVHW052035200926
848481LV00005B/1687